「科学のキホン」

イラストでわかる

やさしい

物理学

カート・ベイカー［著］
東辻千枝子［訳］

謝　辞

本書の執筆を通して、ひとかたならぬご支援、ご指導をいただいた多くの方に心より感謝を申し上げます。まず最初に、2019年11月にこの企画を紹介し、素晴らしい機会を与えてくれたリンゼイ・ジョーンズにお礼を述べたいと思います。大変だった前半の章の初稿、改稿の際に丁寧なアドバイスをくれたケイト・ダフィーのプロ意識と粘り強さには計り知れないほど感謝しています。サラ・スケートの美しいイラスト、キャシー・スティーデンの編集技術、マイク・ルビアン・スタジオの洗練されたデザイン、そして多くの有益なアドバイスとユーモア、時にはムチを与えてくれたビブ・クロットにもお礼を申し上げます。最後になったれども、いつも忍耐強くサポートしてくれ、私が忙殺されているときには決断力と不屈の精神を与えてくれる、妻ビクトリアと息子のウィリアムとジェイソンにも感謝をささげます。

カート・ベイカー

PHYSICS IN GRAPHICS by Kurt Baker

This translation originally published in English in 2021 is published by arrangement with UniPress Books Limited through Tuttle-Mori Agency, Inc., Tokyo.

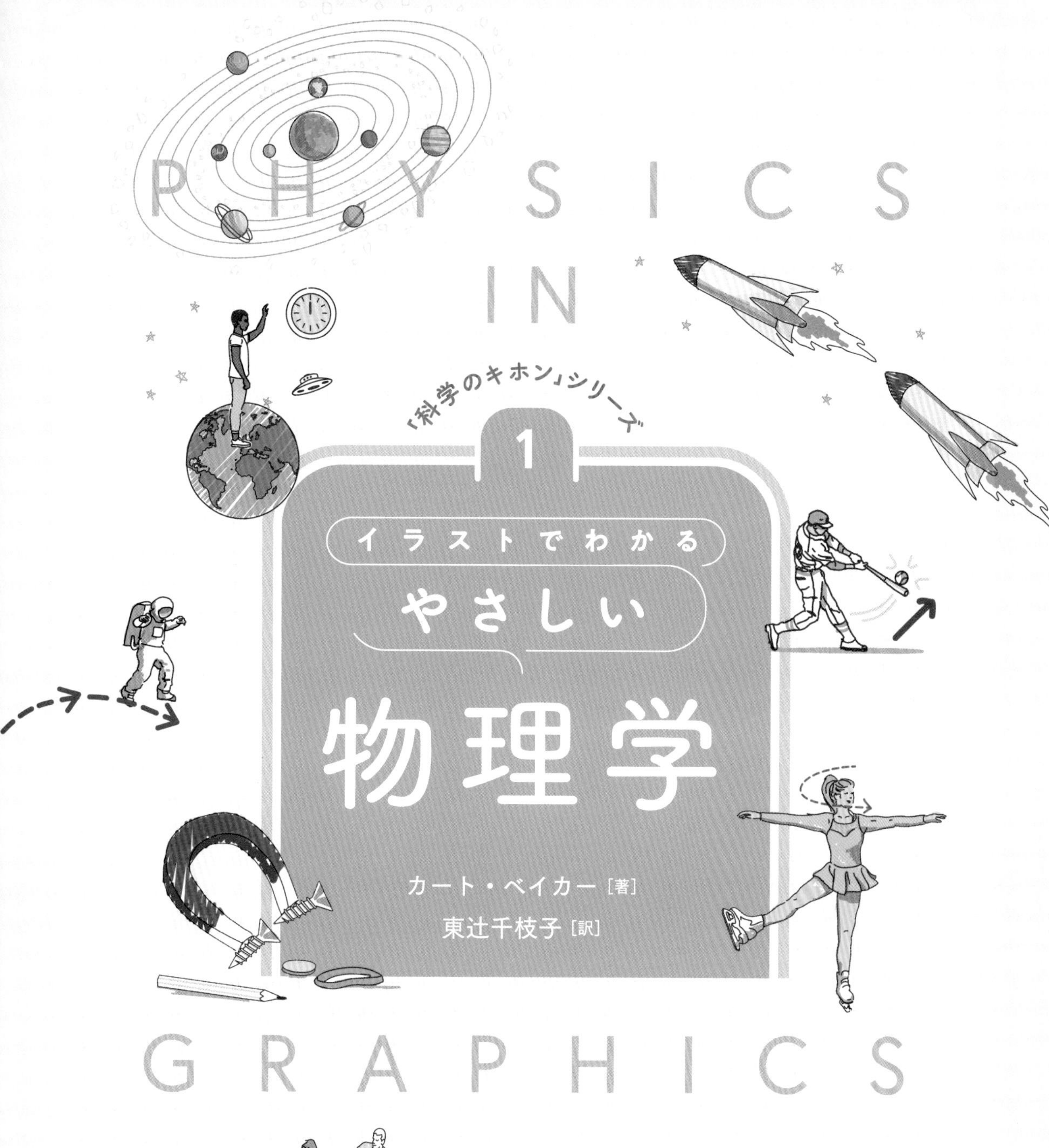

PHYSICS IN GRAPHICS

「科学のキホン」シリーズ 1

イラストでわかる やさしい物理学

カート・ベイカー［著］
東辻千枝子［訳］

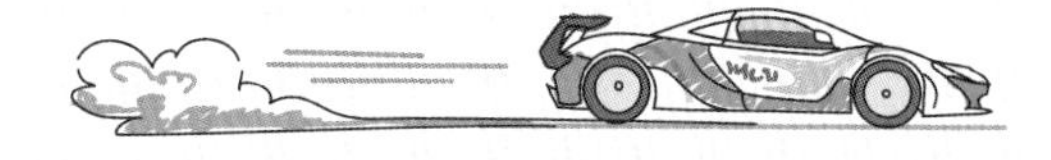

創元社

目次

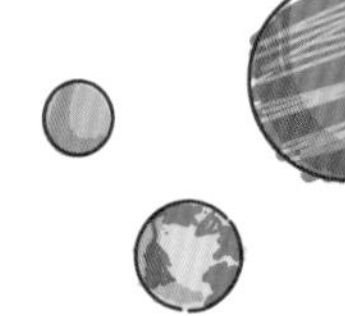

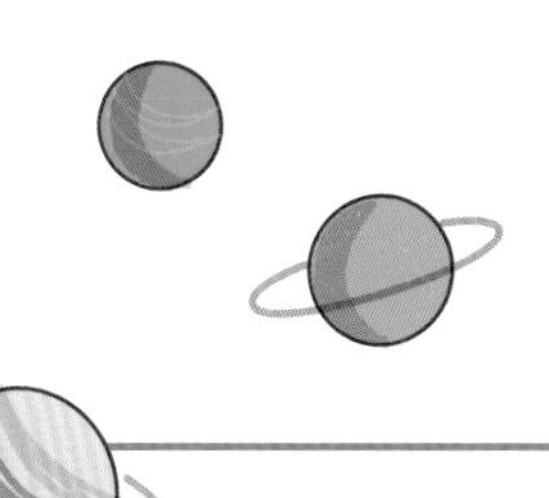

物理学の世界へようこそ！

私たちを取り巻く世界のいろいろな現象の見方、考え方の基礎は何と言っても物理学。私たちの住む多様な世界、その奥に潜む原子や分子の世界、そして頭上に広がる銀河の向こうまで、物理学の目で見れば普遍的で明快な法則に従っている。宇宙に果てがあるかどうか、ヒッグス粒子とは何だろうか、多くの現代の研究者たちが取り組んでいる課題も実はまだ山のようにある。

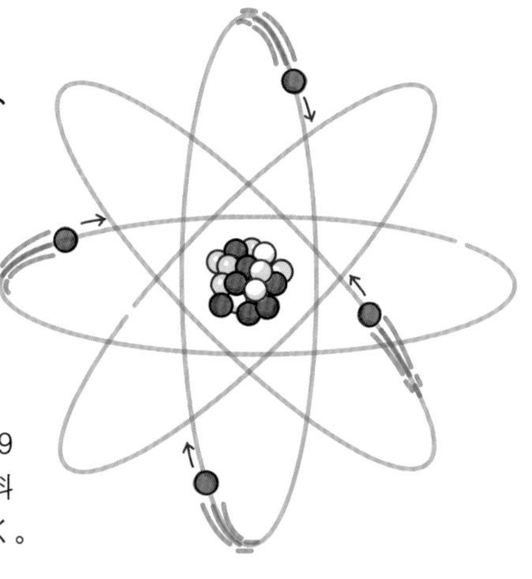

アーネスト・ラザフォードが原子核の秘密を明らかにしたのは1909年

力を加えられた物体の運動の理論をまとめあげたのはイギリスの数学者で物理学者であったアイザック・ニュートン卿（1642-1727）。彼は複雑な物理現象を的確に表現する数式を駆使して、物理学と数学を結びつけた。重力の不思議を解明して古典力学の夜明けをもたらし、量子力学や相対性理論、宇宙論などの未知で不思議な世界へと続く道を開いた。

それから200年近くのち、アルバート・アインシュタインやマックス・プランク、ニールス・ボーアなどの19世紀から20世紀の素晴らしい頭脳が結集してそのような不可解な現象を次々に解明することになった。18世紀には化学と熱力学の知識が集積され、19世紀の電磁気学の発展も経て科学の世界は広がり、現代へと続く。

この世界についての私たちの理解が一歩ずつ、そしてときには飛躍的に進んだのは、かつてニュートンが述べたように巨人たちの肩に乗って遠くを見渡せたからである。多くの先人の業績と新しい発見によって人類は驚くようなアイデアを得て、月面着陸や長距離通信の技術を創出し、深宇宙の探索のために地上あるいは宇宙空間で観測を続ける望遠鏡を開発して、私たちの知識を新しい次元へと拡大したのである。21世紀の素粒子物理学における発見によって量子物理学の領域は統合され、

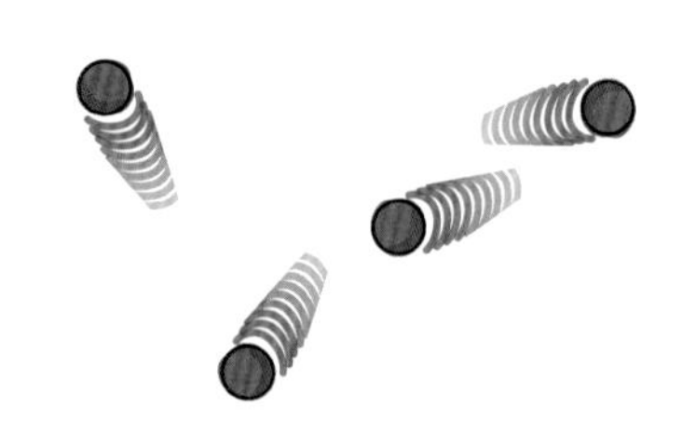

理論的に予言されたエキゾチック粒子と呼ばれる粒子の存在を確認している。科学の進展は指数関数的に加速し、毎年のように新しい発見が報告されている。

すべての偉大な科学者たちを真理の探究へと向かわせた共通する特徴は好奇心！「なぜそうなっているのか？」という疑問が科学の世界を支え、未知であったものが明らかになればなるほど、さらなる疑問が湧いてくる。

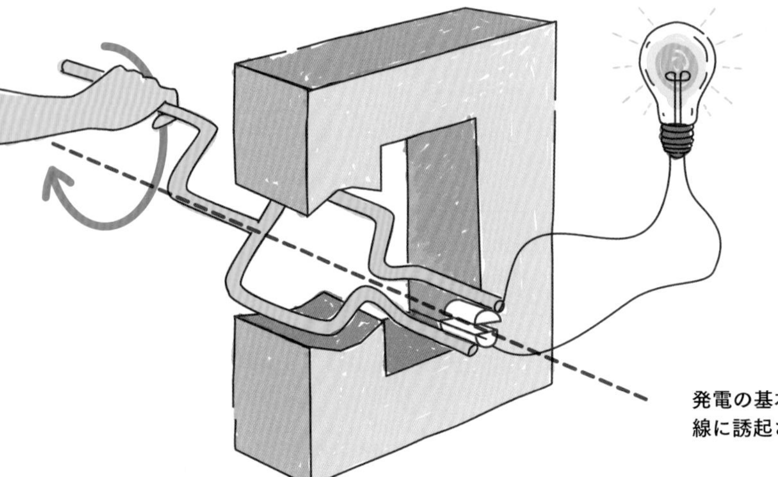

発電の基本は磁場を通過する導線に誘起される電流

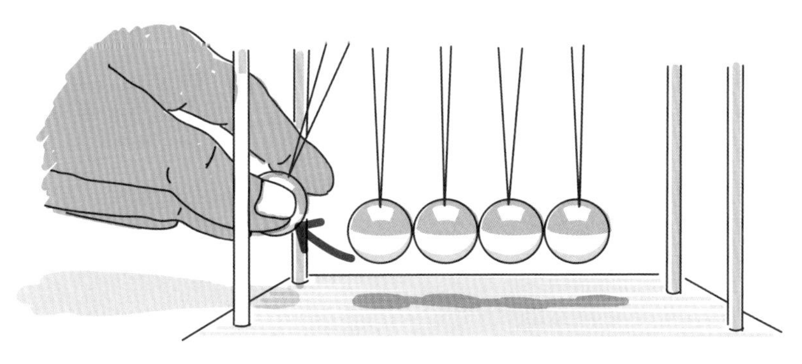

ニュートンの運動の法則を目で見ることができる「ニュートンのゆりかご」

本書の視野は広く、物理学の基礎課程で扱われるテーマを見渡し、さらなる冒険に必要な基礎的な知識と考え方を提供している。

本書は分野ごとに13章に分けられている。まず力（重力など）と運動（直線運動、回転運動など）の基礎と、宇宙のすみずみまであまねく支配するエネルギー保存の法則を学ぶ。さらに現代の生活に欠くことのできない電気と磁気の基礎、いまや世界を結ぶ電波と光、熱力学、空気や水の流体力学にも目を向けよう。

このような基礎を学んだのちに、いよいよアインシュタインを追って、原子核と原子力、奇妙な量子力学などの20世紀の物理学の世界に踏み込む。最後の天体物理学では、広大な星の世界でも万有引力が何よりも重要な役割を果たしていることを知ることになる。

各章の最後には、ここで学んだことを確認できるように、イラストチームが特に力を入れた「まとめ」のページをつけている。

細心の注意を払った説明と説得力のあるイラストを使って、基本的な力学から現代物理学や天体物理学に必要な考え方まで、順を追って進めていく。本書があなたの好奇心を刺激し、そして基本的な法則や概念をあなたのものにする手がかりとなると信じている。考え方の多くは単純ではないけれども、具体的な図解とわかりやすい説明によって理解が深まるに違いない。さあ、本書を手に取って、発見への第一歩となる好奇心に火をつけ、遠大な旅へと着実に踏み出そう。

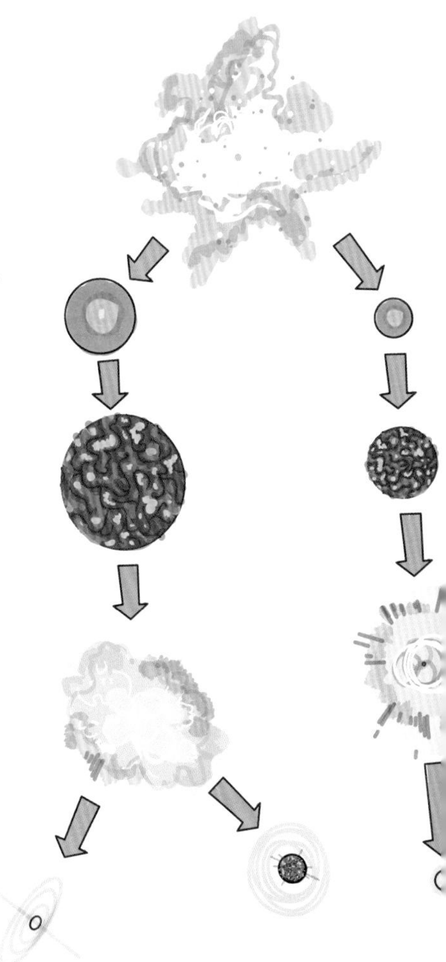

星間雲から超新星を経て中性子星かブラックホールへと進む恒星の一生

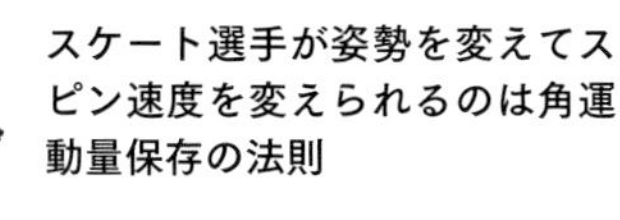

スケート選手が姿勢を変えてスピン速度を変えられるのは角運動量保存の法則

Chapter 1

いろいろな力

力はどこにでもあるけれども、誰も本当には見たことがなくて、その影響や結果を知るだけである。力はあるものから別のものにエネルギーを移したり、エネルギーは移さないけれども何かをその位置に留め置いたりする。惑星を運行させているのも、陽子や中性子を原子核にまとめているのも力である。

力は接触力と非接触力に分けることができる。接触力は物理的にくっついて働くが、非接触力は離れたところからその影響が及んでくる。ここではいろいろな力を紹介するが、見慣れない言葉についての詳しい内容は後のページで説明する。

〔訳注：国際単位系（SI単位系ともいう）とは、科学や技術の分野で、長さm、質量kg、時間s（秒）、電流A（アンペア）、温度K（ケルビン）、などの7種類を基本単位として国際的に定めたもの。さらに基本単位を組み合わせて表現できるものとして、力の単位N（ニュートン）や電圧V（ボルト）、電力W（ワット）、圧力Pa（パスカル）などの使用が決められている。大きい量や小さい量を表すときには接頭辞k（キロ）、M（メガ）、G（ギガ）、T（テラ）、m（ミリ）、μ（マイクロ）、n（ナノ）、f（フェムト）などが使われ、大文字、小文字の区別にも注意が必要である〕

力とは？

国際単位系による力の単位は、アイザック・ニュートンに因(ちな)んでNと書いてニュートンと読む。１Nの力とは、地上でおよそ100 gのものを落ちないように支えるための力の大きさである。

ある１つの物体に働く力がつり合っていなければ、その物体は加速されるか、減速されるかどちらかである（22〜23ページ）。

もし２人のフットボールの選手が、ボールを挟んで同じ大きさの力で押し合っていれば、ボールに働く力は打ち消し合うのでこのボールは**加速も減速もされない**。

物体に働く力がつり合っていないというのは、打ち消されずに残った力がある方向に働いているということである。物体はその力の方向に加速される。物体に働く力がつり合っていれば、その物体の**速度は変化しない**。つまり動かないで静止しているか、一定の速度で運動を続ける。

次の２つの図で右側の選手に働く力のつり合いを考えよう。上では左の選手から押されている赤色の力の大きさよりも、右の選手が地面を後ろに蹴って地面から受ける緑色の力の方が大きいので、右の選手の左向きの動きが加速される。下では左の選手が相手を引っ張る緑色の力の大きさの方が、右の選手が足を踏ん張って地面から受ける赤色の力よりも大きいので、右の選手の右向きの動きは減速される。

ある物体に、つり合わずに残った力が働くとき、同じ大きさの力に対しては、物体の質量が大きい方が加速されにくい。加速されにくいことを「**慣性**が大きい」という。

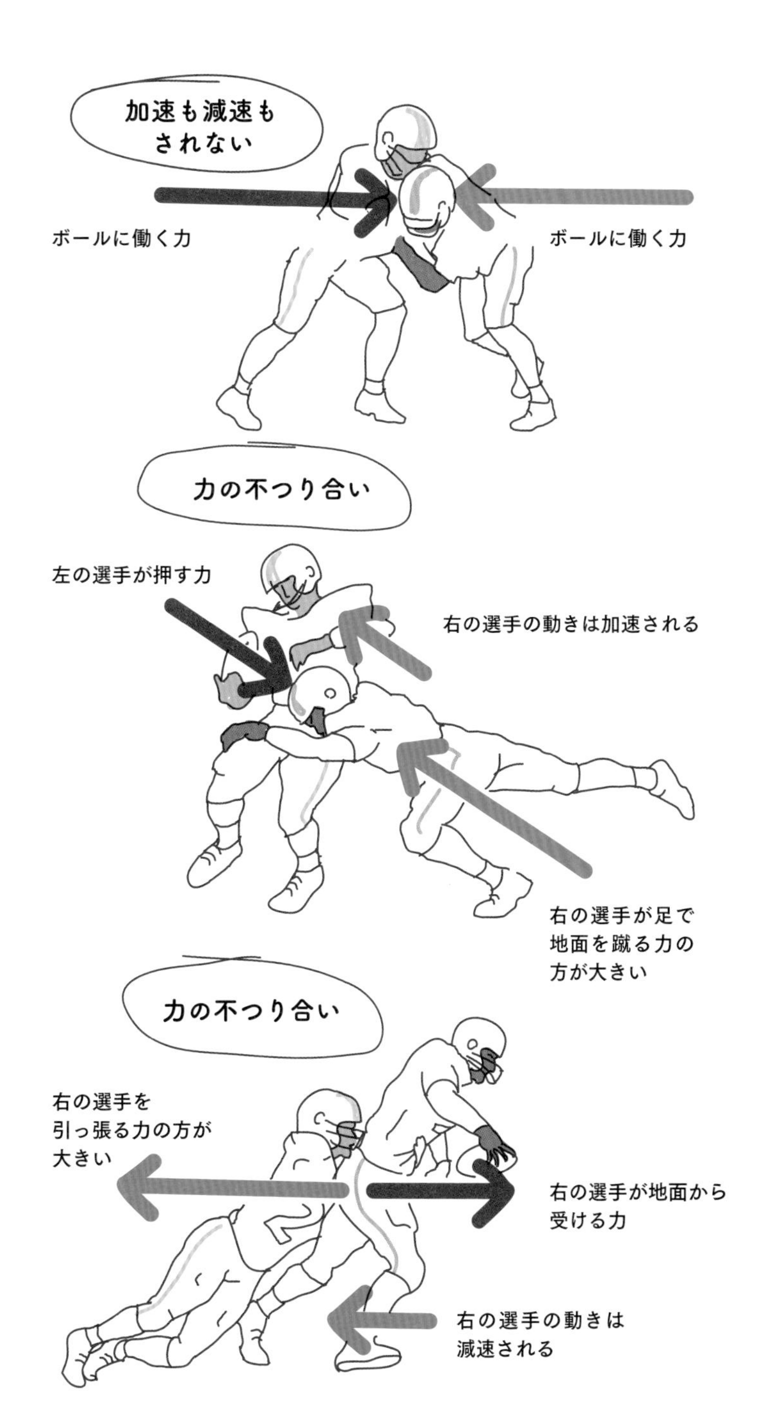

接触して働く力

接触力は、ある物体に接触している別の物体から働く力で、押す力や引く力、空気抵抗などの摩擦(まさつ)力、垂直抗力、ばねの力がある。

押す力は物体を動かす。スケートボードを前進させるには足を使って床を押す力を加えなければならない。

綱引きに必要なのは**引く力**。しくみは押す力と似ているが、方向が逆である。両チームが引っ張ることで綱には張力が働く。

摩擦力というのは押し合っている２つの面の間に働く抵抗である。摩擦力は２つの要素で決まる。１つは両方の面で押し合っている力（たいていは重力）、もう１つは摩擦係数で、摩擦係数は触れ合っている面の性質によって決まる。ゴムは摩擦係数が大きいので車はうまくカーブを曲がることができる。

摩擦力は空気中の小さな粒子でも物体に触れれば生じる。これが**空気抵抗**で、物体の形や大きさと相対的な速度によって決まる。

垂直抗力はテーブルのような硬い表面に本などを置いたときに重力とつり合わせるために発生する。

ばねの力は外からの力によって伸ばされたり縮められたりしたときに、元の長さに戻ろうとしてばねに生じる力で、**復元力**という。

垂直抗力

垂直抗力があれば置かれた本がテーブルにめり込んだりはしない。地球上のすべての物体には地球の引力による**重力**が働いていて、下方、つまり地球の中心に向かって加速されている。にもかかわらず硬い表面に置いてある物体が動かないのは、その表面から重力と同じ大きさで逆向きの力（垂直抗力）が物体に働いているからである。質量が大きくて重力も大きい場合には垂直抗力も大きい。

ばね秤（ばかり）をセットしたエレベーターを考えよう。ばね秤はエレベーターが静止しているときに乗っている人の本当の体重を示すように調整されている。青色矢印はエレベーターの動きを決める力を合計したものである。

エレベーターの加速と減速

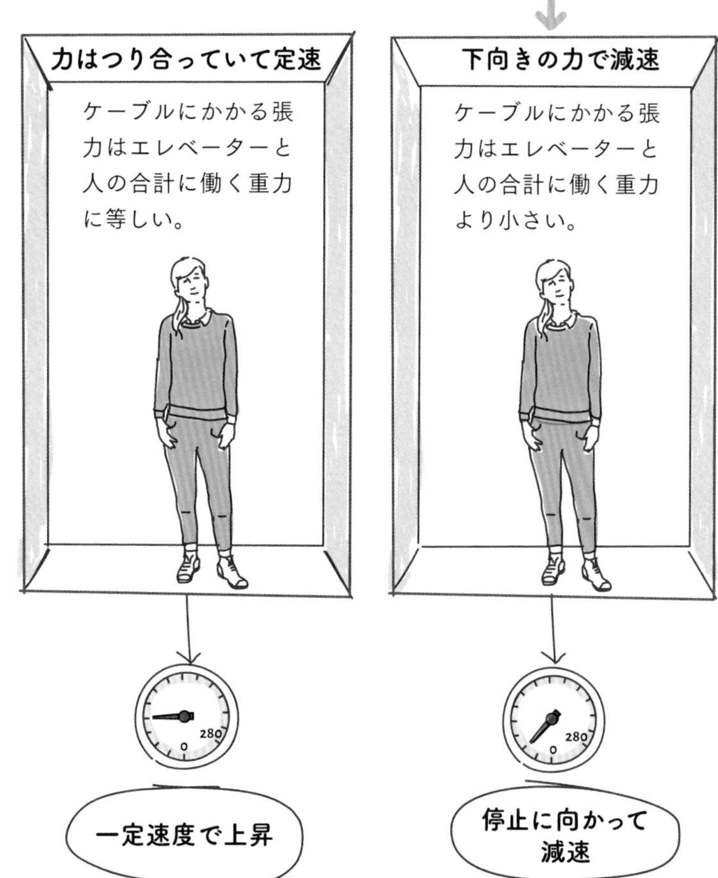

エレベーターの動きはケーブルにかかる張力で決まる。エレベーターが上昇し始めて、上向きの速度の増加中はエレベーターの床は乗っている人の重力を支える他にその体重を**加速**させる力も支えなければならない。このとき、乗っている人は自分が重くなったように感じ、ばね秤の表示は増加する。

エレベーターが一定の速度で動いているときには加速も減速もなくばね秤は乗っている人の正しい体重を示す。

エレベーターが**減速**し始めると乗っている人は軽くなったように感じる。

人が足に感じる反作用（22ページ）はエレベーターの運行中に一定ではなく、速度の増減に応じて増えたり減ったりする。

〔訳注：最近の技術によってエレベーターの加速、減速はとても滑らかになり、乗っている人がここの記述のように床に押しつけられたり、浮き上がったりするような感じを受けることはほとんどない。〕

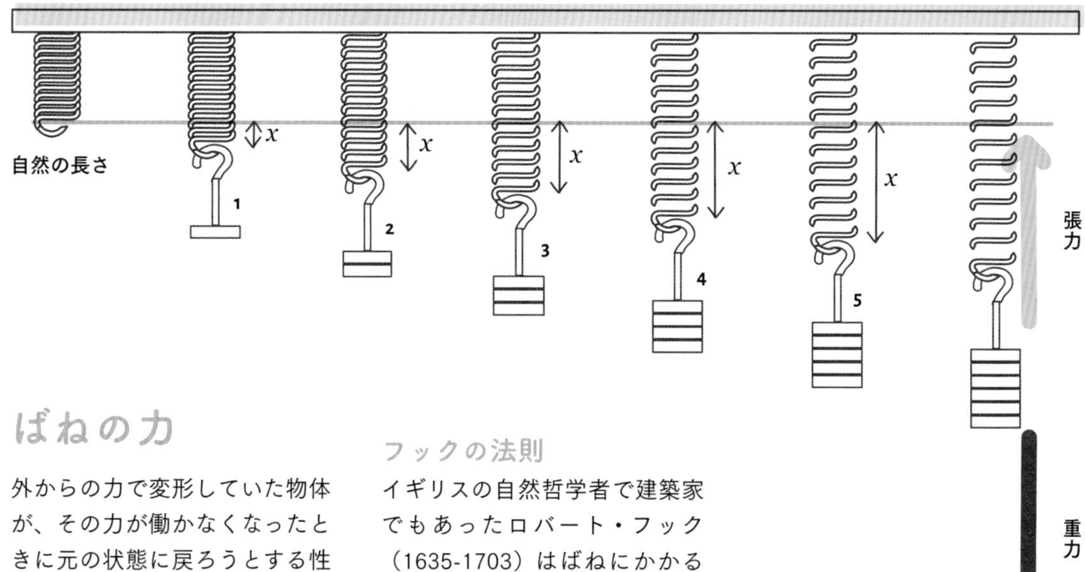

ばねの力

外からの力で変形していた物体が、その力が働かなくなったときに元の状態に戻ろうとする性質を**弾性**と呼び、元の状態に戻ろうとして発生する力を**復元力**という。**ばねの力**は、コイル状のばねが外からの力で伸ばされたり、縮められたりしたときに元の長さに戻ろうとして生じる復元力である。大きさFの力が加えられたときのばねの長さの変化xはばねの強さを表す定数kによって決まる。

ばねの強さを表す定数kは、ばねの材料やコイルの直径などで決まっていて、ばねごとに異なる。kの単位は N/m である。

フックの法則

イギリスの自然哲学者で建築家でもあったロバート・フック（1635-1703）はばねにかかる力と長さの変化の関係を、簡単な式$F=kx$で示した。この関係を**フックの法則**と呼んでいる。伸びきって戻らなくなる弾性限界に至るまではばねの長さの変化は加えられた力に従って単調に増加するので、この関係は下の図のように原点を通る直線となる。

張力が働くばねのふるまいはばねの材質によって異なるという点が重要で、この**グラフの傾き**がばねの強さを表す定数、すなわち**ばね定数**である。

一般に物理や化学のような自然科学では、考えている対象を「**系**」と表現することが多い。１つの物体であったり、何らかの関係をもった複数のものであったりするが、その全体を指して「系」と呼ぶ。

フックの法則はばねの物理的な性質を表すだけでなく、物質の中の原子や波の媒質のように物理で扱ういろいろな系で、つり合いの状態からの振動のようすを理解するのに役立っている。

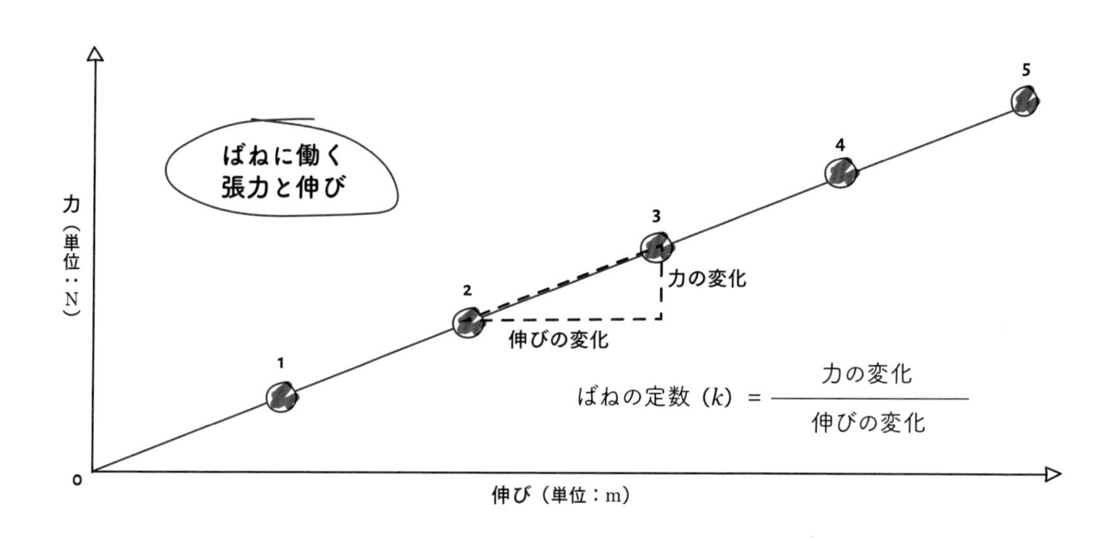

ベクトル

物理学で力を扱うときには、必ずその**大きさと方向**を考える。何かの力を受けた結果としての物体の動きは基本的にその2つで決まるからである。大きさと方向を同時に表現できる数学の道具は**ベクトル**である。

ベクトルを使うと、ある物体に働く複数の力をうまく視覚的に表現し、その結果どのようなことが起こるかを知ることができる。ある物体に働く多くの力の合計（これを**合力**という）は**ベクトルの和**として計算できる。

物体に働く力のベクトルは矢印で表現される。力の大きさは矢印の長さで表し、力の働き方を矢印の方向で表す。文字の上に小さな右向きの矢印を書いてその文字がベクトルであることを表現することが多い。たとえば $\overrightarrow{W}$ のように。本書では、図の中のベクトル（力など）を矢印でわかりやすく示し、本文中や式の中では煩雑になることを避けるためにベクトルの表示はしない。

1つの物体に複数の力が働くことはよくあり、その場合には複数の矢印を描く。一定の速度で巡航している飛行機にはいくつかの力が働いている。エンジンによる**推力** T、空気による**抵抗力** D、機体に働く**重力** W、そして**揚力** L である。一定の速度で水平に飛行しているときには推力と抵抗力、重力と揚力はそれぞれつり合っている。

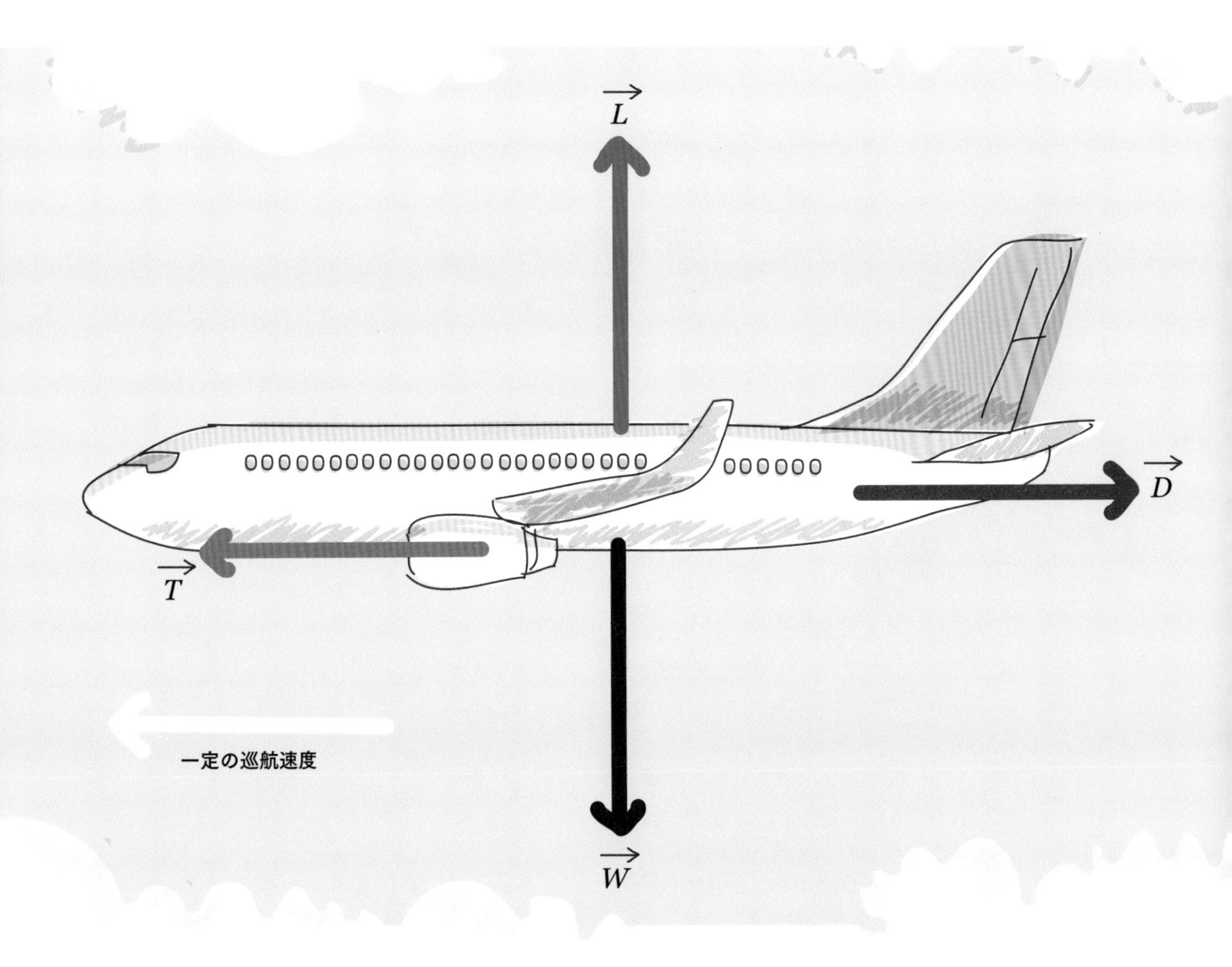

接触せずに働く力

非接触力というのは物体に接触していないのに物体に影響を与えるものである。非接触力は距離によって大きく変化するのがふつうである。このような力には万有引力（重力ともいう）、静電気力、磁気力、核力がある。

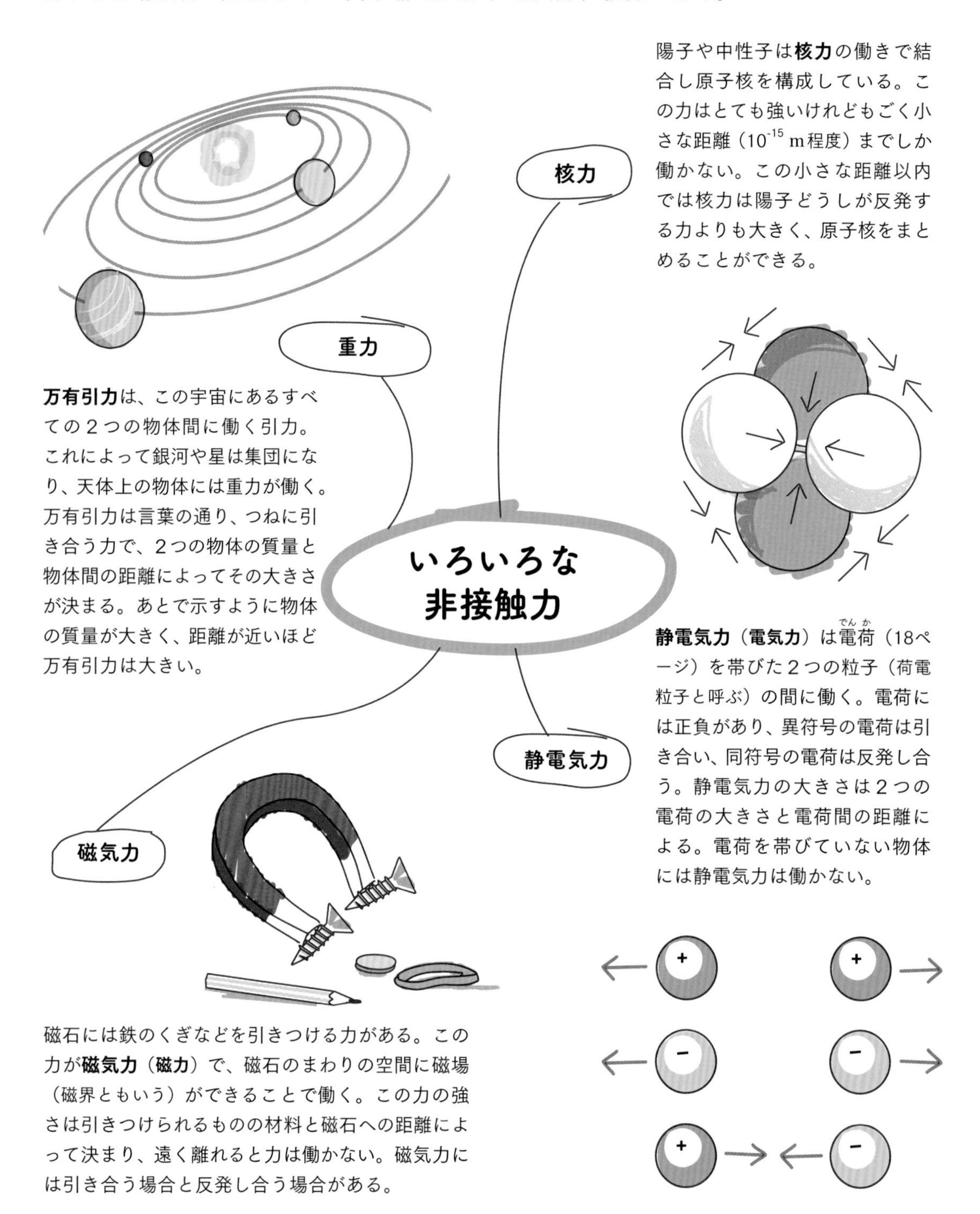

陽子や中性子は**核力**の働きで結合し原子核を構成している。この力はとても強いけれどもごく小さな距離（10^{-15} m程度）までしか働かない。この小さな距離以内では核力は陽子どうしが反発する力よりも大きく、原子核をまとめることができる。

万有引力は、この宇宙にあるすべての２つの物体間に働く引力。これによって銀河や星は集団になり、天体上の物体には重力が働く。万有引力は言葉の通り、つねに引き合う力で、２つの物体の質量と物体間の距離によってその大きさが決まる。あとで示すように物体の質量が大きく、距離が近いほど万有引力は大きい。

静電気力（**電気力**）は電荷（でんか）（18ページ）を帯びた２つの粒子（荷電粒子と呼ぶ）の間に働く。電荷には正負があり、異符号の電荷は引き合い、同符号の電荷は反発し合う。静電気力の大きさは２つの電荷の大きさと電荷間の距離による。電荷を帯びていない物体には静電気力は働かない。

磁石には鉄のくぎなどを引きつける力がある。この力が**磁気力**（**磁力**）で、磁石のまわりの空間に磁場（磁界ともいう）ができることで働く。この力の強さは引きつけられるものの材料と磁石への距離によって決まり、遠く離れると力は働かない。磁気力には引き合う場合と反発し合う場合がある。

重さ

重さというのは重力と呼ばれる力でその単位はNである。質量と重さは同じではない。**質量**は物質の量がどれだけあるかを示していて、その単位はkg、どんな環境にあってもある物体の質量は変わらない。しかし重さは、ある物体に対して重力を働かせている質量（たとえば地球）の大きさと両方の物体の重心間の距離によって決まる。

物理学では力の働いている環境を「場」と表現する（6章）。**磁場**では磁気力が働いている。重力が働いている環境は**重力の場**である。

重力の場の大きさは単位質量に対する重力の大きさを表し、gで表現される。地球上、あるいは地表の近くでは g の大きさは 9.8 N/kg である。質量 M の地球上に質量 m の物体があると、互いに働く重力の大きさは等しいけれども M の方が圧倒的に大きいので、mによる重力が地球に影響を与えることはない。

m

w

重力：$w = m \times 9.8$

重さと質量

mによる重力

M 地球

どちらが速く落ちる？

手で持っていたものを離すと、それは地面に向かって速度を増しながら落ちてゆく。その物体には重力による 9.8 m/s² の加速度が働いているからで、加速度の大きさは物体の質量にはよらない。空気の抵抗がなければ、重いボウリングのボールも軽い鳥の羽根も同じ割合で加速され、同じ高さでそっと手を離したこの2つの物体は同時に着地する。

ニュートンの運動の第2法則（22ページ）によれば、物体に働く重力は質量が大きい方が大きい。質量の異なる物体が同時に着地するのは、重力による加速度の大きさが物体の質量にはよらずいつも同じだからである。現実には羽根がゆっくり落ちるのは重力が小さいからではなくて空気抵抗のせいである。

重力

再びニュートンの登場。ニュートンによれば天体を含むあらゆる2つの物体には引力が働き、その力の大きさは2つの物体の質量の積に比例し、その重心間の距離の2乗に反比例する。この力は質量が大きいほど大きく、また距離が近づくと急激に増加する。この力は**万有引力**と呼ばれ、地球上では**重力**として認識される。天体間の万有引力を重力と表現することも多い。

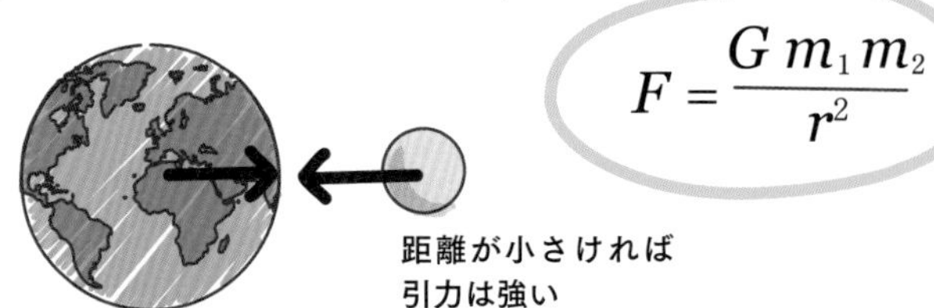

$$F = \frac{G\, m_1 m_2}{r^2}$$

万有引力を表す上の式の、力Fの単位をN、2つの物体の質量m_1、m_2の単位をkgとし、距離をmで表すと、Gは約6.67×10^{-11} N m²/kg²で、**万有引力定数**と呼ばれている。この定数はとても小さいので物体のどちらか、あるいは両方が惑星や恒星などのように大きいときには万有引力は重要になるが、小さな物体どうしの万有引力は極めて小さく、ほとんど感知されることはない。

光を曲げる

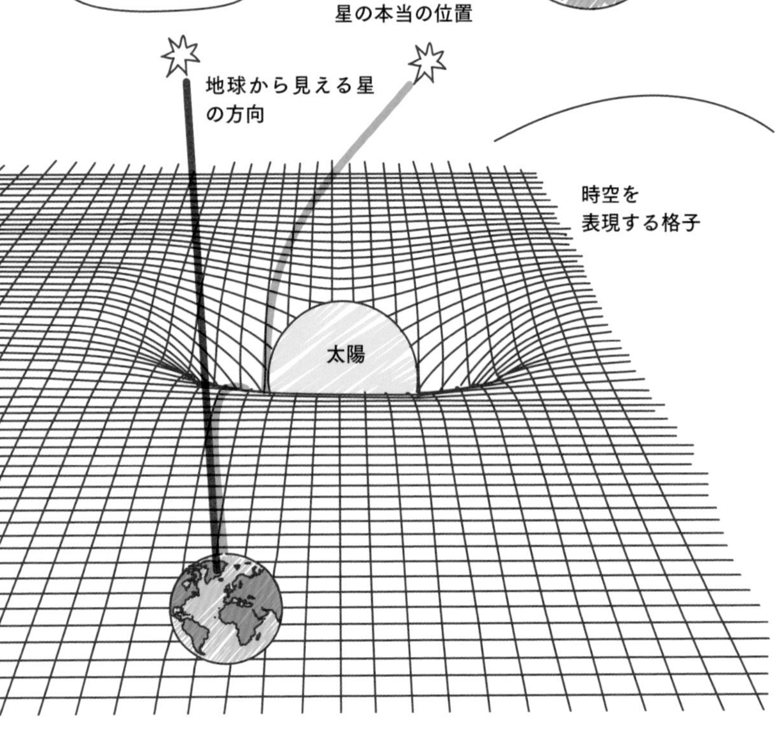

巨大な質量は時空（182ページ）を歪め、その周囲の空間に影響を及ぼし、光の進路を曲げる。小さな質量でさえもごくわずかに時空を歪めている

月面でのジャンプ

月の重力は地球のおよそ6分の1。地上の体重計で45 kgの人は、月に行っても質量は変わらないけれども月面の体重計の表示は7.5 kgとなる。地上で1 mの跳躍（ちょうやく）ができるなら月面では6 mも飛ぶことができる。

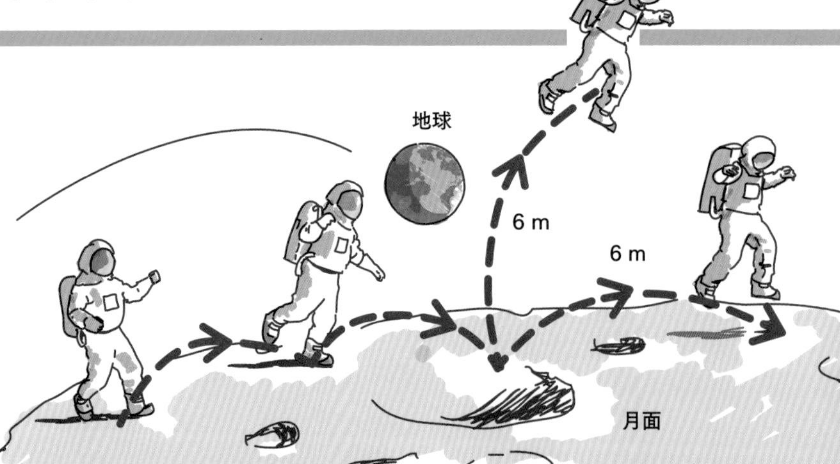

月と地球はたがいに同じ大きさで逆向きの力で引き合っていて、海水のような流体の部分を変形させる。

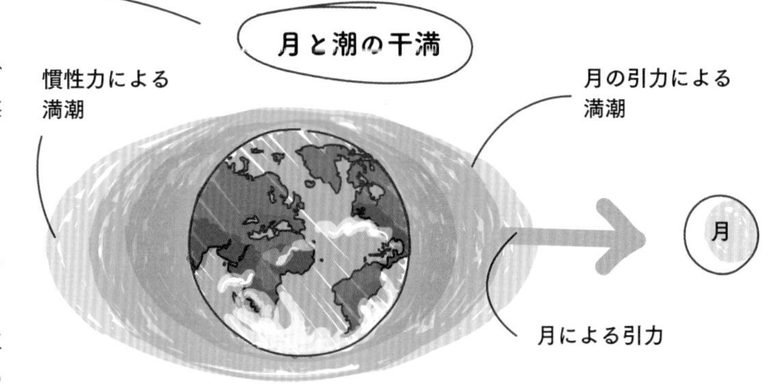

地球の表面の大きな部分を占める海面には潮の干満がある。月に面した海では月による引力が水面を引き上げる。月と反対側の海では月による引力が小さくなり、地球と月がたがいに公転していることによって慣性力と呼ばれる力が地球から見て月とは反対の向きに働いて、海面が上昇する。このように水面を持ち上げる力を**潮汐力**（ちょうせき）という。

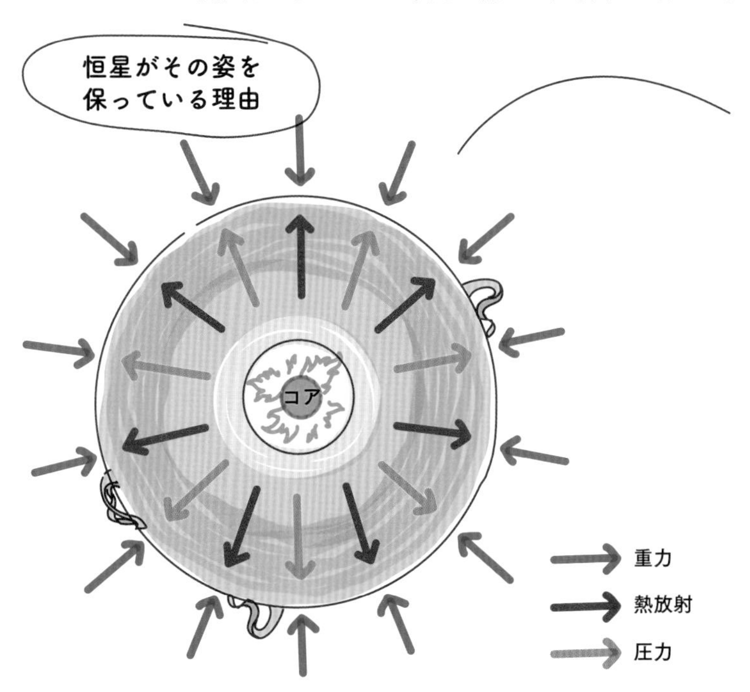

恒星は中心の部分（コア）で水素の核融合（157ページ）反応で莫大なエネルギーを生産し、その結果として熱放射による外向きの圧力が生じている。星の各部分から中心向きに働く重力とその外向きの圧力とがつり合って、安定な球形になっている。太陽程度の質量の恒星は少なくとも数十億年にわたってこの状態が続く。このような深さとともに変化する重力と圧力変化のつり合いを**静水圧平衡**と呼ぶ。コアの水素が枯渇してエネルギーを発生できなくなると外向きの放射の圧力が弱くなって、星は不安定になり、重力によってつぶれてしまう。

地球上の物体を地表に留めているのが重力である。衛星が惑星のまわりを公転し、惑星が恒星のまわりを公転しているのも重力による。銀河の中の多くの星々も重力によってつながっており、宇宙全体の将来を決めるのも重力であろうと考えられている。

重力は私たちの存在の根源であるにもかかわらず、その起源はまだ謎である。重力の伝達にはグラビトンという仮想的な粒子が考えられているけれどもまだ発見されていない。

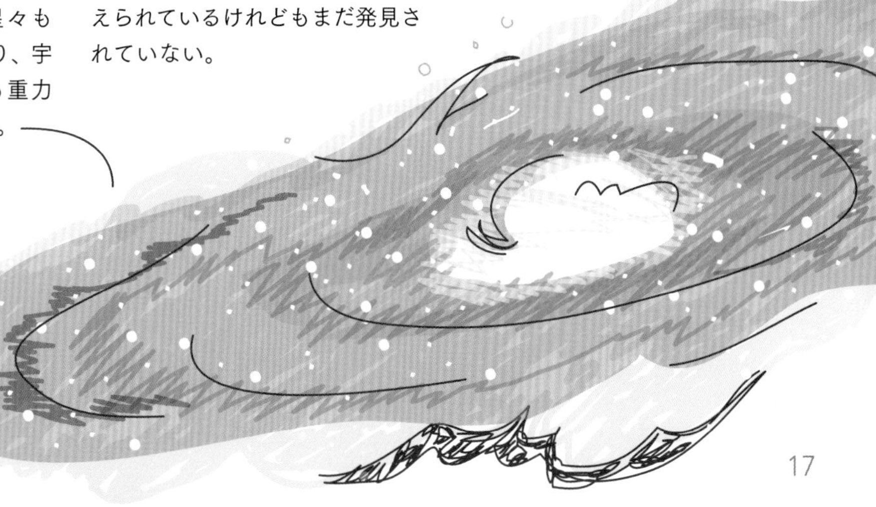

静電気力

物体を摩擦すると別の物体を引きつけるという現象は古くからよく知られていた。摩擦によって生じた電気は物体の表面に静止していて**静電気**と呼ばれる。このように物体の表面に電気が生じることを、電気を帯びる、あるいは帯電するといい、帯びている電気を**電荷**という。電荷の大きさ（電気量ともいう）を測る単位はC（クーロン）である。

電荷と電荷の間に働く力が**静電気力**（82ページ）で、この力には引力と斥力（反発する力）がある。電荷には正負の符号があり、同符号の電荷には斥力、異符号の電荷には引力が働く。

同符号と異符号

引力

\+ → ← −

← \+　　\+ → 斥力

← −　　− → 斥力

あらゆる物質は**原子**でできていて、原子は**原子核**と**電子**でできている。原子核を構成する核子は**陽子**と**中性子**で、陽子は正電荷（＋）を帯び、中性子は電荷を帯びていない。したがって原子核の電荷は正で、負電荷（−）を帯びた電子と結合して原子となる。どの元素の原子でも陽子と電子の数は等しく電荷は**中性**である。

ヘリウム原子

中性子　陽子　電子

静電気

ある物体の表面の電子をいくつか取り去って表面を正に帯電させることができる。ナイロンの布で風船などの表面をこすると、風船の表面の電子は布の方へ移動し、風船は正の電荷を帯びる。この風船を髪に近づけると、風船の正電荷は髪の毛の中の電子を引きつける。

これが静電気力で、この力は髪の毛の重さをしのぎ、髪の毛に働く重力よりはずっと強い力であることがわかる。

核力

核力は極端に短い距離で働く極めて強い力である。あらゆる原子の中心には原子核があり、核力は核子である陽子や中性子の間に働いている。

核力は、原子核の中で1×10^{-15} m（1 fm）程度の距離にある陽子どうしが反発する静電気力に十分に打ち勝つほど強い力で原子核を構成している。核子間の距離がこの2倍程度（2.5×10^{-15} m）を超えると核力はもはや働かない。

原子核分裂と原子炉

原子核の中では、核力は陽子どうしの斥力よりも十分に強いので、酸素や炭素などのほとんどの元素は安定である。しかし、**放射性元素**とよばれる元素の原子核は不安定で、核力が多くの核子をつなぎとめておくほど十分ではないので、もっと核子の少ない安定な元素へと自然に崩壊してエネルギーと放射線を放出する。これが**放射性崩壊**である（156ページ）。

原子炉の燃料棒には天然の放射性元素であるウラン235が濃縮されていて、自然には起こりにくい**原子核分裂**によってエネルギーを取り出す（157ページ）。高速の中性子が燃料棒の中のウラン235に当たると一部が核分裂を起こして、中性子3個とエネルギーを発生させ、セシウム、ストロンチウムなどの放射性廃棄物を残す。

発生した3個の高速の中性子は炉心の中の減速材によって減速され、2個は制御棒に吸収される。こうすることで連鎖反応の暴走を避けつつ、残る1個の中性子で次の核反応を起こさせ、効率よく核エネルギーを取り出すようにしている。

燃料としてウラン235を使う
加圧水型原子炉

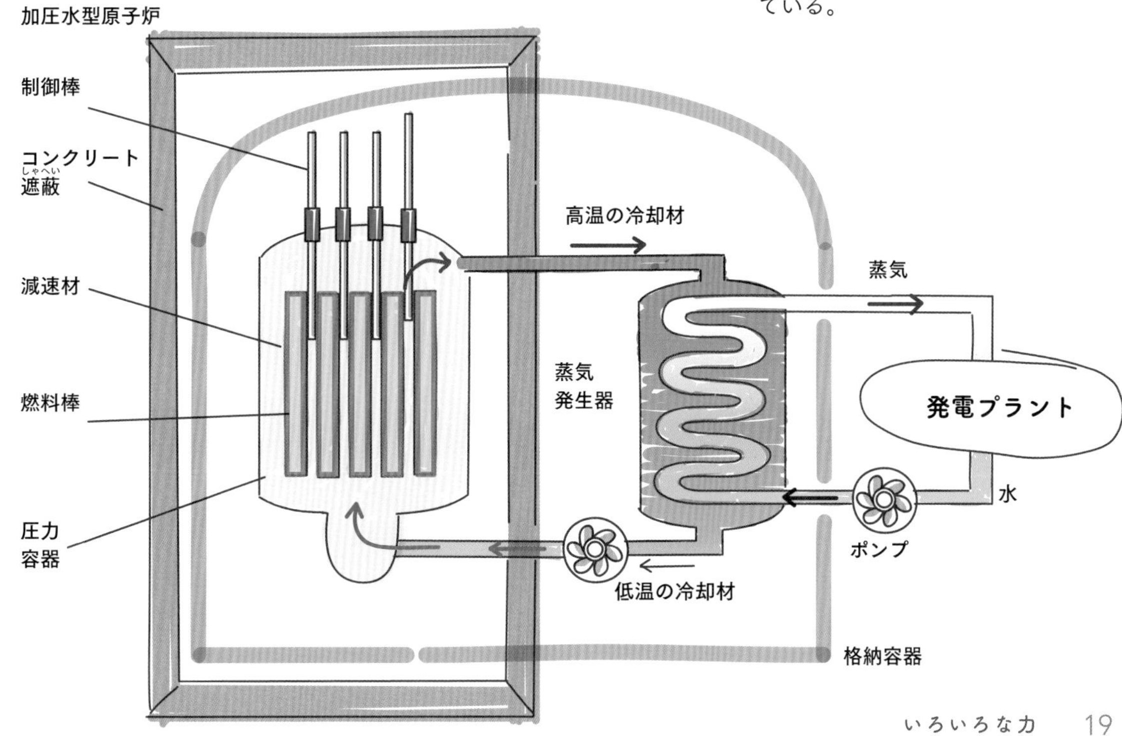

磁気力

磁石が示す性質を**磁性**という。磁石の周囲には**磁場**ができている。磁場の中においた物体が磁性を示すことを**磁化される**という。

2つの磁化された物体間、あるいは磁化された物体と金属などの物体の間で働くのが**磁気力**（あるいは**磁力**）で、この力にも引力と斥力がある。磁化された物体が示す磁性の強さなどの性質は物質によって異なる。

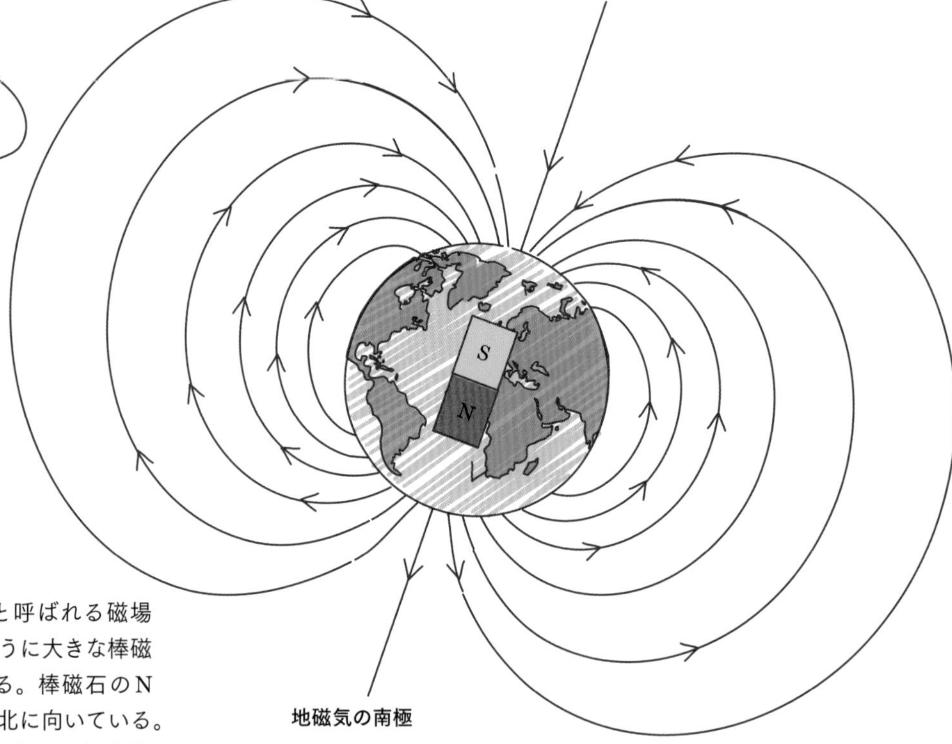

地球には地磁気と呼ばれる磁場があって、図のように大きな棒磁石にたとえられる。棒磁石のN極が南に、S極が北に向いている。現在の地磁気の南極は南極大陸内部、北極はカナダ北部にあり、地理上の南極、北極とは緯度で10°余りずれている。

棒磁石の磁場の観察

棒磁石にはNとSの2つの磁極があって、同じ極どうしは反発し、異なる極は引きつけ合う。
棒磁石と砂鉄、それに紙があれば、棒磁石のまわりの磁場を観察できる。磁石の上に紙を広げて砂鉄をまく。紙をそっとたたいて砂鉄の動きを見ると、磁場ができていることがわかる。砂鉄の1粒ずつが磁場の中で磁化されて小さな磁石となり、地球表面での方位磁針のように磁場の向きに並ぶ。

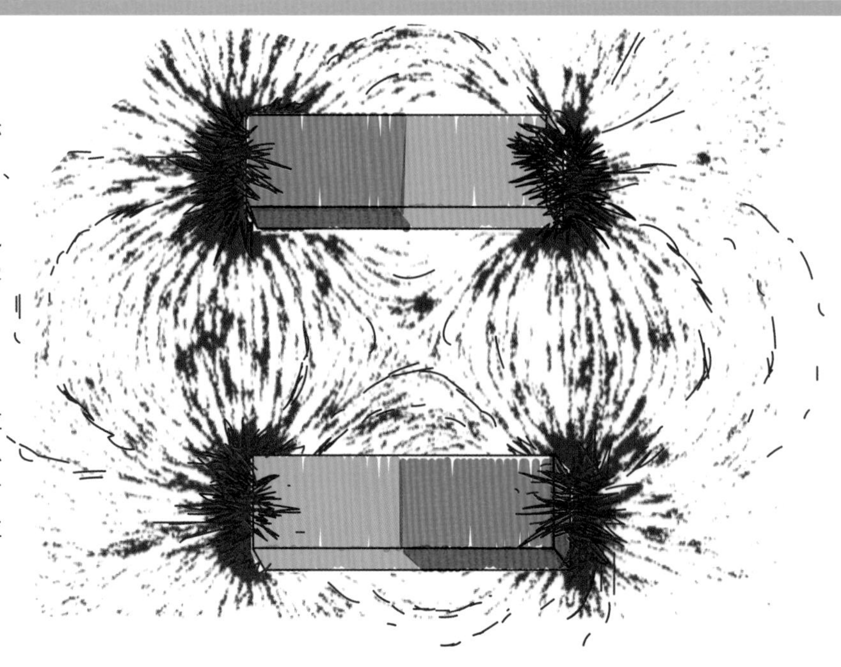

磁石の働き

磁石には**永久磁石**と一時的な磁石とがあり、**電磁石**は電流が流れているときだけ磁場を発生させる。磁場の強さの単位はT（テスラ）。冷蔵庫などにくっつけるような磁石の強さは0.00005 Tと小さいが、医療用のMRI装置では1.5 Tほどの強力な磁石を使う。この単位は電気工学者ニコラ・テスラ（1856-1943）の名に由来するもので、彼はアメリカで交流による電力輸送事業に貢献した。

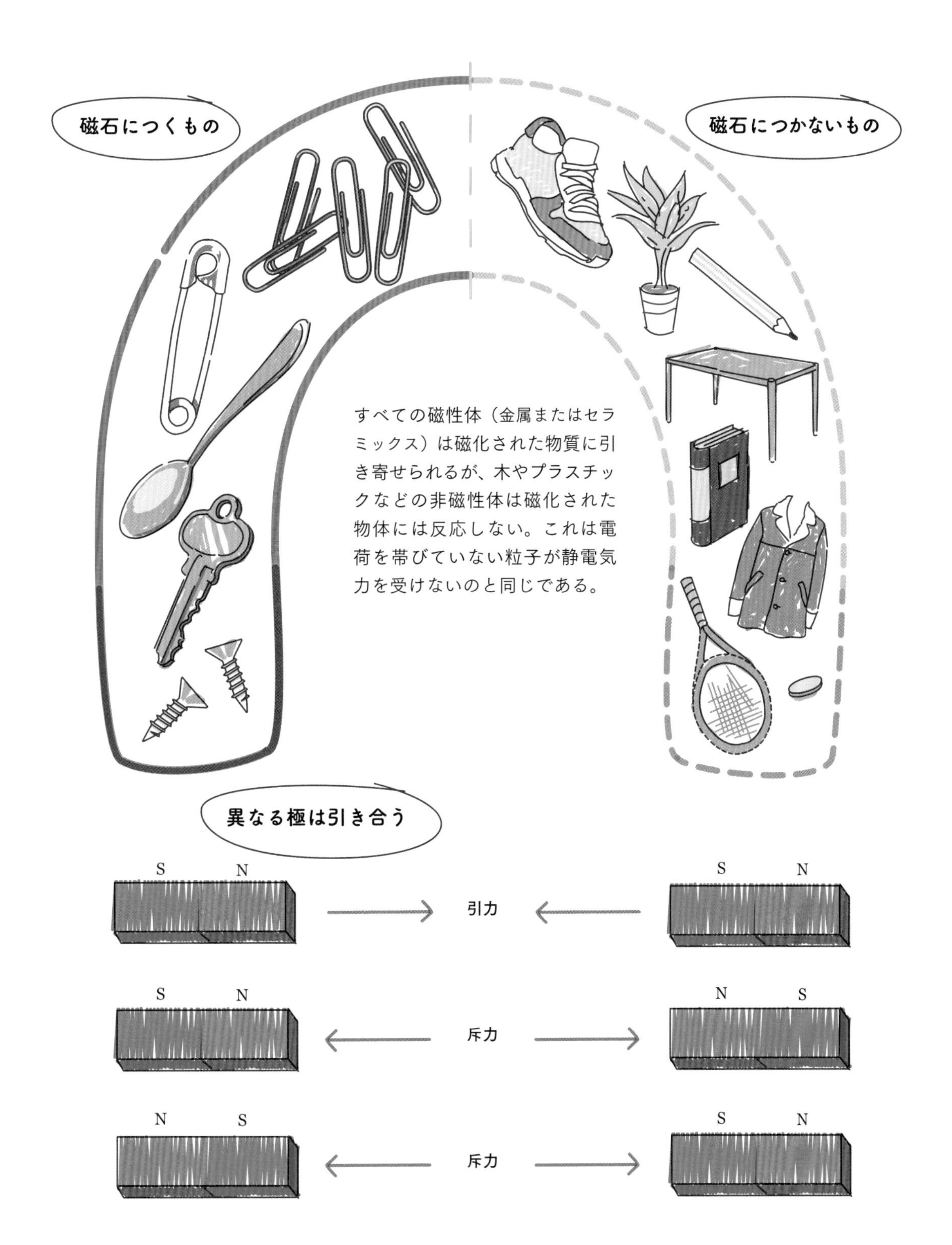

すべての磁性体（金属またはセラミックス）は磁化された物質に引き寄せられるが、木やプラスチックなどの非磁性体は磁化された物体には反応しない。これは電荷を帯びていない粒子が静電気力を受けないのと同じである。

ニュートンの運動の法則

ニュートンは力と運動の関係を次のような3つの基本的な法則として整理した。

第1法則

物体に外から力が働いていなければ、その物体は静止を続けるか、一定の速度で運動を続ける（**慣性の法則**）。

第2法則

物体の加速度の大きさは加えられた力のベクトルの和（合力）の大きさに比例し、その方向は合力の方向である。質量の大きな物体を加速するには大きな力が必要である（**運動の法則**）。

第3法則

すべての作用には、大きさが等しく、向きが逆の反作用がある。つまり、物体が外から力を受ければ、その物体は同じ大きさで逆向きの力を返すということである（**作用反作用の法則**）。

9ページや11ページですでに述べたように、物体に外から力が働いていると、その物体の運動は加速、または減速される。物体の速度の変化する割合が**加速度**である。

右の図のロケットのエンジンは重力と空気による抵抗力の和 $W+D$ よりも大きな推力 T を発生させている。その差によって上向きの加速度が生じる。速度（青色矢印）は、下の速度－時刻のグラフでわかるように増加している。一定の時間間隔でロケットの位置を描いて発射台からの上昇距離（黄色矢印）を調べると、下の距離－時刻のグラフのようになることがわかる。

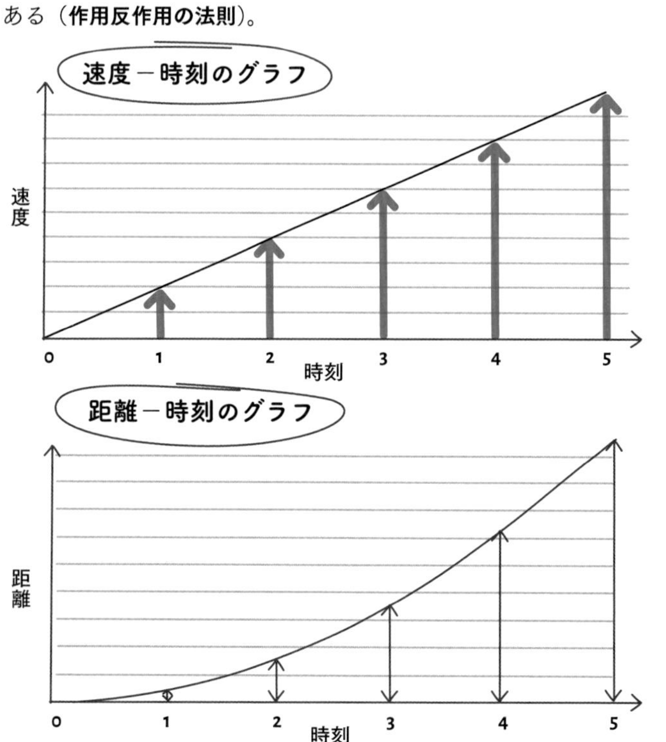

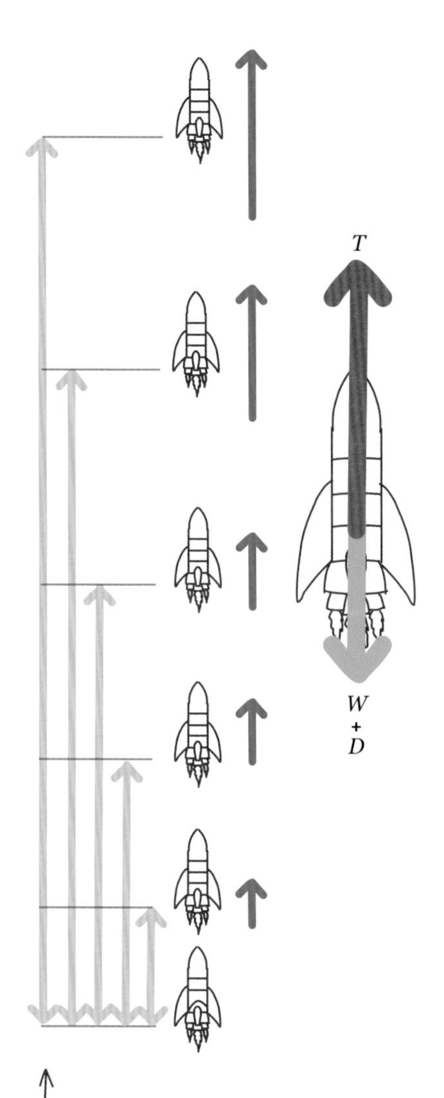

推力 T が重力 W と抵抗力 D の合力よりも大きいので、上向きに加速される。青の矢印は速度の変化、黄色の矢印は上昇距離の変化を表している

物体の速度の増加する割合は、外からの力の大きさと物体の質量で決まる。大きな物体を加速するには大きな力が必要である。

1Nという力

運動の第2法則によれば、1Nの力は1kgの物体の速度を1 m/s² だけ変える。この法則を式で書けば次のようになる。

$$F = ma$$

Fは加えられた力で単位はN、mは物体の質量で単位はkg、aは加速度で単位はm/s² である。質量の大きいものを加速するには大きな力が必要になる。物理学ではこの重要な関係式を運動方程式と呼んでいる。

ここで**運動量**という言葉を紹介しよう。ある物体の質量mと速度vの積を運動量といい、普通はpを使って表現する。式で書けば$p = mv$であるから運動量の単位はkg m/s である。速度vが時間とともに変化する割合が加速度aなので、運動方程式の左辺の力Fは運動量pが時間とともに変化する割合といえる（ここでは質量は時間が経っても変わらないとする）。上の図のように、質量1kgの木箱を押すとしよう。木箱と床の間の摩擦を無視すると、2倍の力を出し続けることができれば、同じ時間に運動量の変化する割合は2倍になる。箱の質量は変わらないから、加速度も2倍になり、箱の動きはどんどん速くなる。

力の大きさと加速度

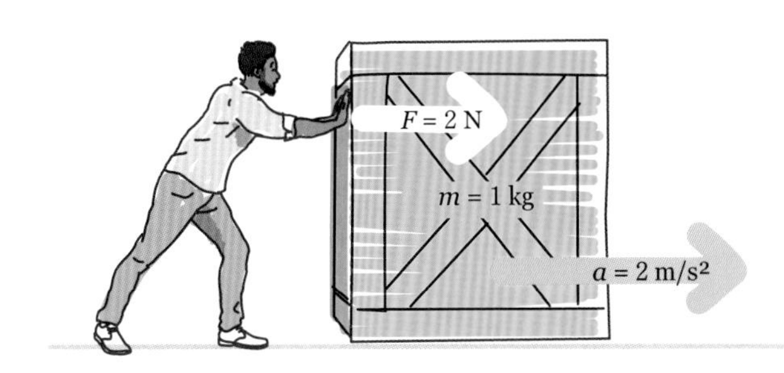

獲物を追って水に飛び込むカワセミはとても素早く、小さな体にもかかわらず大きな運動量を持っている。ゆっくりと歩くホッキョクグマは体が大きくて運動量も大きい。カワセミの運動量はホッキョクグマに比べれば小さいが、体重がホッキョクグマの6,000分の1しかないのに運動量は1,200分の1もある。

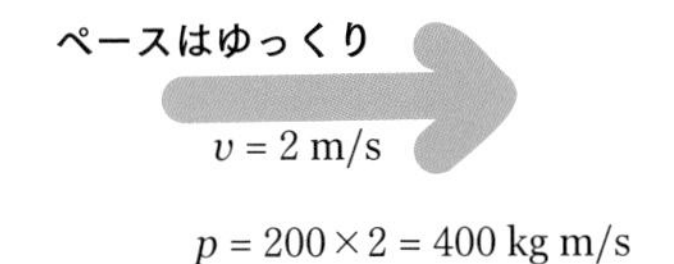

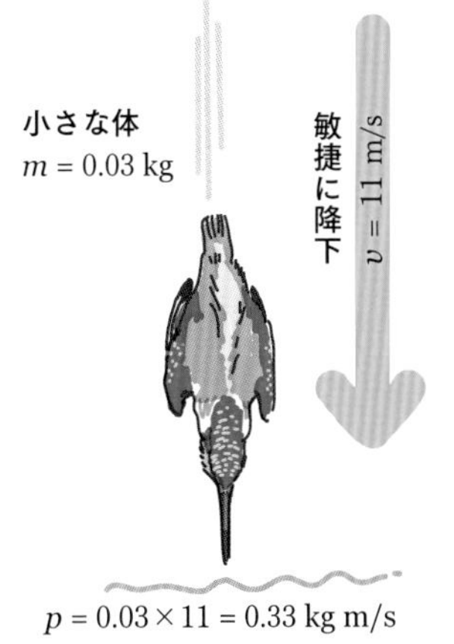

まとめ

いろいろな力

接触して働く力

引く力
引っ張られているものに張力が生じる。

押す力
後ろへ蹴ることによって前進する力が生じる。

摩擦力
２つの物体の接する面と平行に、物体の運動を妨げる向きに働く力。あるいは水や空気などの流体の中を動く物体が流体から受ける力。

ばねの力
外からの力によって伸ばされたり、縮められたりした弾性体に生じる復元力。

フックの法則
ばねを伸ばしたり縮めたりする力はその伸びや縮みの長さに比例する。

垂直抗力
重さのあるものを硬い表面に置くと発生する。

ベクトル
大きさと方向を示す。大きさだけの量はスカラーと呼ぶ。

運動の法則

運動量
運動量は質量と速度の積で単位は kg m/s 。

力の単位はN
1 kg の質量を 1 m/s^2 だけ加速するのに必要な力が 1 N。

ニュートンの３法則

第１法則
外から力を加えられない限り、物体は静止を続けるか、一定の速度で動き続ける（慣性の法則）。

第２法則
物体に働く加速度は加えられた力の合力に比例する（運動の法則）。

第３法則
すべての作用には大きさが同じで逆向きの反作用がある（作用反作用の法則）。

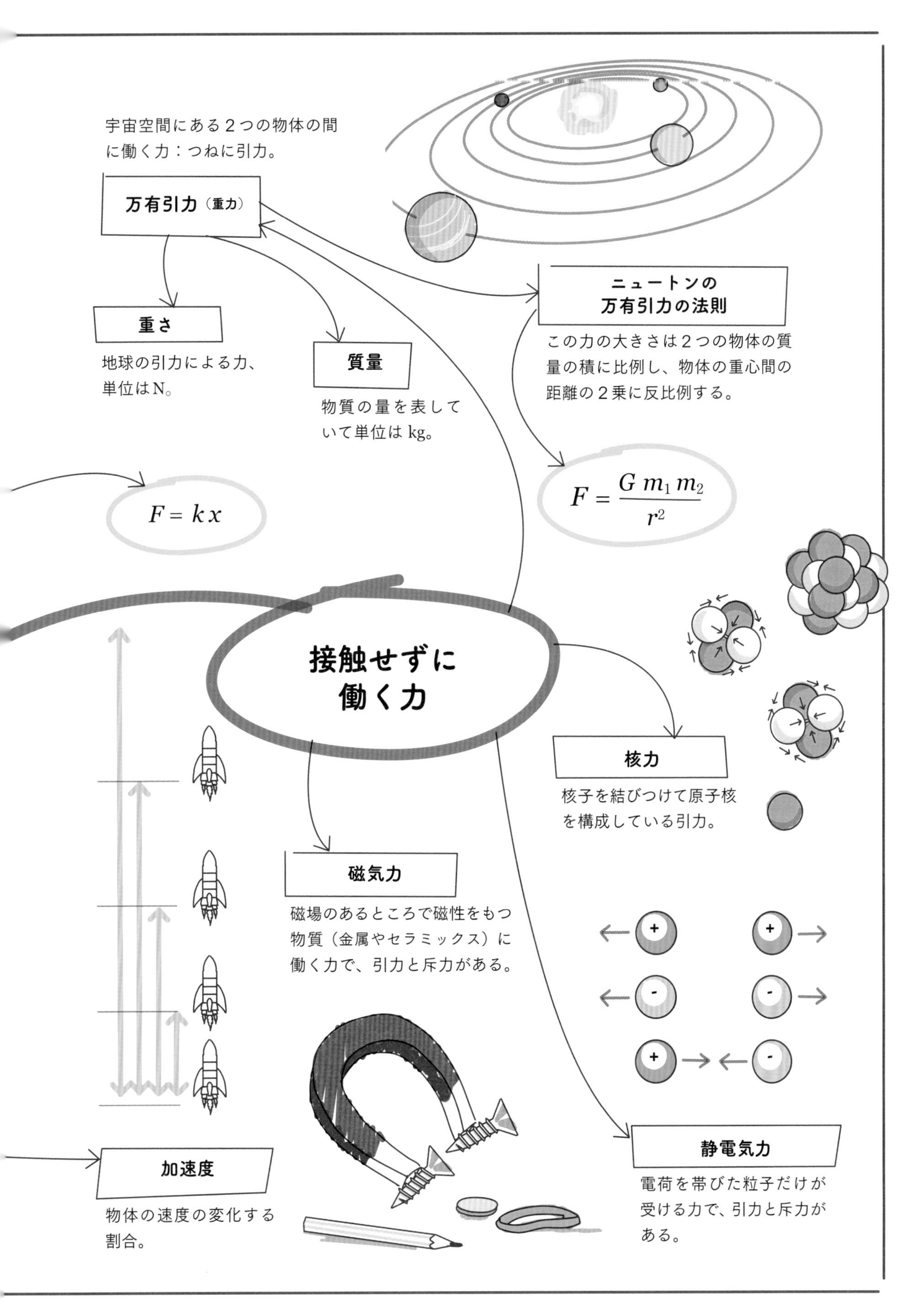
宇宙空間にある2つの物体の間
に働く力：つねに引力。
万有引力（重力）
重さ
地球の引力による力、
単位はN。
質量
物質の量を表して
いて単位はkg。
ニュートンの
万有引力の法則
この力の大きさは2つの物体の質
量の積に比例し、物体の重心間の
距離の2乗に反比例する。
$F = \frac{G\, m_1 m_2}{r^2}$
$F = kx$
接触せずに
働く力
核力
核子を結びつけて原子核
を構成している引力。
磁気力
磁場のあるところで磁性をもつ
物質（金属やセラミックス）に
働く力で、引力と斥力がある。
加速度
物体の速度の変化する
割合。
静電気力
電荷を帯びた粒子だけが
受ける力で、引力と斥力が
ある。
+
-

Chapter

2

直線運動

物理学では、適切な仮定をすれば物体の運動を予測することが可能である。さまざまなパラメーターを使って、物体の運動、つまりその物体がいつ、どこにいるかを記述することができる。重要なパラメーターは、初速度（時刻が0のときの速度）、最終速度、変位（物体の位置の変化）、加速度、時刻などである。

物体が運動している間、加速度は一定であり、運動は一直線上、つまり1次元で、物体の大きさは無視できるほど小さいとする。質量はあるけれども大きさのない（無視できる）物体を物理学では「質点」と呼んでいる。「そんな現実離れした設定で、何がわかるのだろう？」と思うかもしれないけれど、このように仮定することで、物体の運動は数学的にとても簡単になって、その運動の正確な予測が可能になる。複雑な問題の要点がどこにあるかを見極めよう。

質点の位置

質点の運動を扱うときには、空間のどこかに原点を設定して、そこからの移動を考える。時刻０のとき質点はその原点から出発したとする。実際の運動は３次元だけれども、ここでは次のように簡単にして考えよう。

変位と距離

日常生活では**距離**という言葉で移動した長さを表現するけれども、直線的な運動を式で書くときには**変位**という言葉を使って s と書く。変位とは「位置の変化」という意味である。変位は力と同じようにベクトル量で、ベクトルの大きさはある特定の方向へ移動した長さを表している。変位はある時刻 t における質点の原点（出発点）から見た位置で、１次元、２次元、あるいは３次元の座標系を使って表現できる。質点が座標系の負の側へ移動すれば、変位は負になることがある。しかし、原点からの距離は実際の長さを表すので負になることはない。

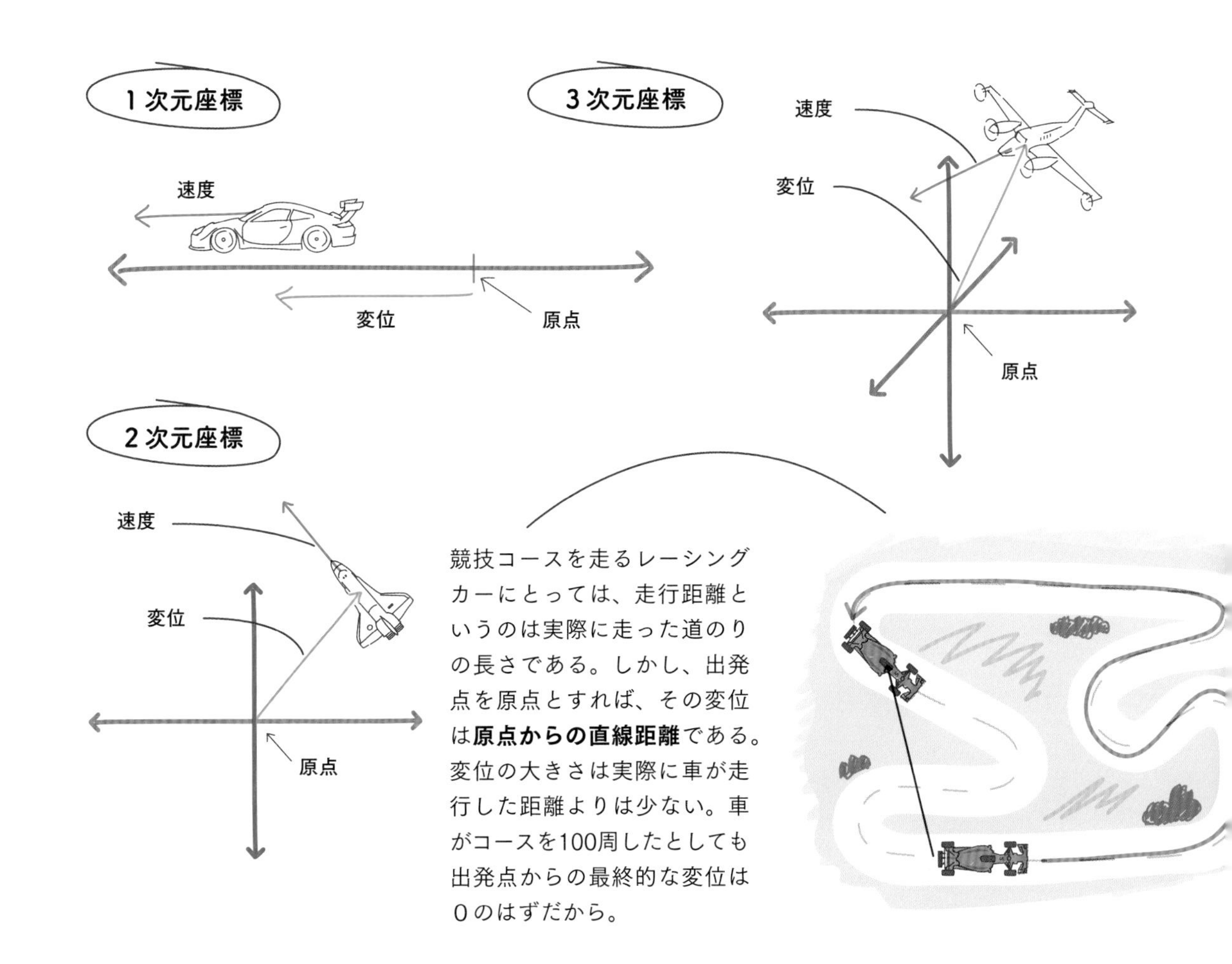

競技コースを走るレーシングカーにとっては、走行距離というのは実際に走った道のりの長さである。しかし、出発点を原点とすれば、その変位は**原点からの直線距離**である。変位の大きさは実際に車が走行した距離よりは少ない。車がコースを100周したとしても出発点からの最終的な変位は０のはずだから。

質点の運動

質点の運動を確定するためには、位置と同じように「速度」の追跡も必要である。速度は、その大きさと方向を表すもう1つのベクトルである。速度の大きさだけを述べるときには「速さ」という。速度の変化を示すのが「加速度」で、加速度は速度の大きさ、あるいは方向、あるいはその両方の変化を示すベクトルである。

速度と速さ

速度vはベクトルで、2次元座標では、座標軸に沿った2成分（x成分とy成分など）か、速度の大きさと1つの座標軸からの角度という2成分かのどちらかで表現される。

1　2次元の平面内を運動するロケットを考える。水平方向（x方向）の速度v_xと鉛直方向（y方向）の速度v_yを使えば、ロケットが上昇している間の速度の成分はどちらも正である。

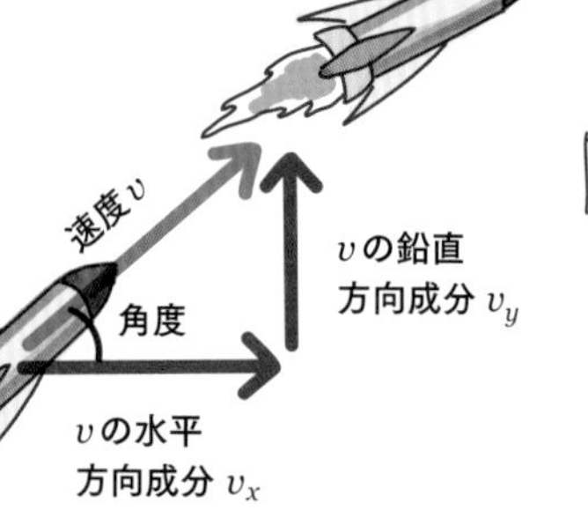

2　最高点を過ぎて下降を始めると速度の鉛直方向の成分は負になる。速度の大きさは直角三角形の斜辺の長さで表され、これはいつも正である。

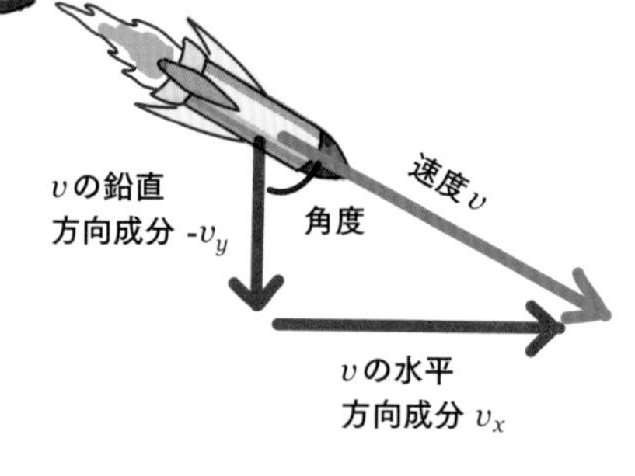

質点の速度が時間の関数としてわかっていれば、その質点がある時刻にはどこにいるか、つまりその変位を予測できる。しかし、ニュートンの運動の第2法則（$F = ma$）によれば、もし質点に外から力が加われば、速度は変化することになる。式を簡単にするために運動は1次元、つまりある直線の上であるとすると、速度が正ならば前進、負ならば後退である。

もっとも簡単な場合には、外から加えられる力が一定で、加速度も一定である。この条件ならば数学はとても簡単になって、質点の速度の変化を計算し、知りたい時刻の質点の速度や位置を求めることができる（34ページ）。

バットでボールを打つには、ボールが飛んできた動きと逆向きの力を与えて向きを変える

ボールは、バットとの接触の角度や速さ、接触時間などによって決まる初速度でバットを離れていく

加速

第1章で見たように、物体に力が加えられると加速度が生じて、物体の速度を変化させる。加速度は加えられた力と同じ方向に働くので、進行方向に加えられた力は物体を**加速**し、進行方向とは逆に加えられた力は物体を**減速**する。質点にある方向の力が加わると、その力は質点の速さを変える（加速、あるいは減速する）ことも、方向を変えることも、その両方を変えることもある。この速さや方向を変えるベクトルが加速度である。同じ大きさの力を加えたときには質量の大きい物体の方が生じる加速度は小さい。

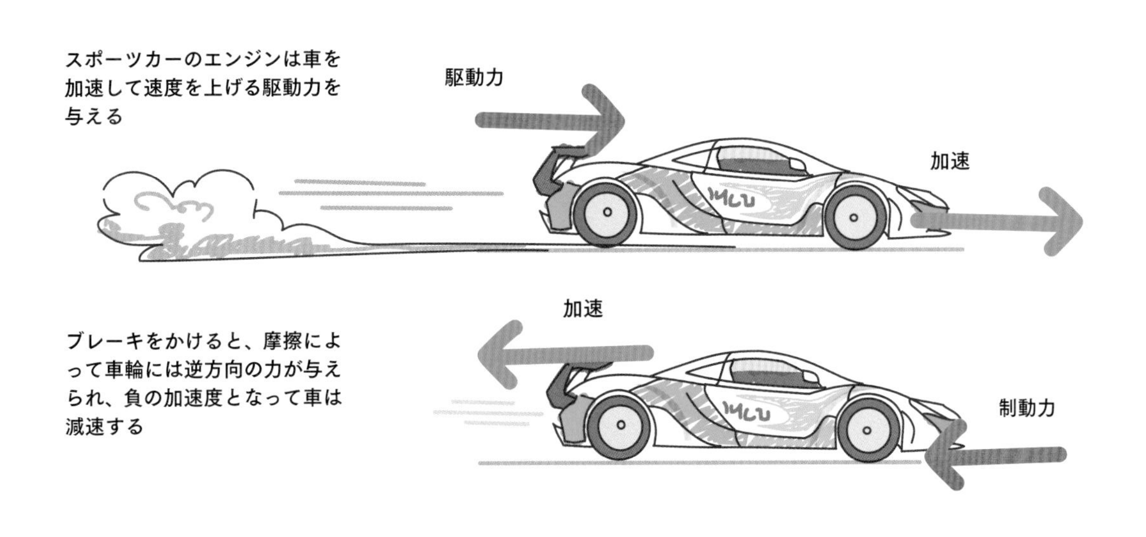

スポーツカーのエンジンは車を加速して速度を上げる駆動力を与える

ブレーキをかけると、摩擦によって車輪には逆方向の力が与えられ、負の加速度となって車は減速する

ここでは加速するための力は変化しない、つまり**一定である**としているので、速度は直線的に変化する。実際には、物体に働く力は一定ではなく、この仮定はあまり現実的ではないけれども、質点の運動を数学的に理解する入り口としてまずここから始めよう。

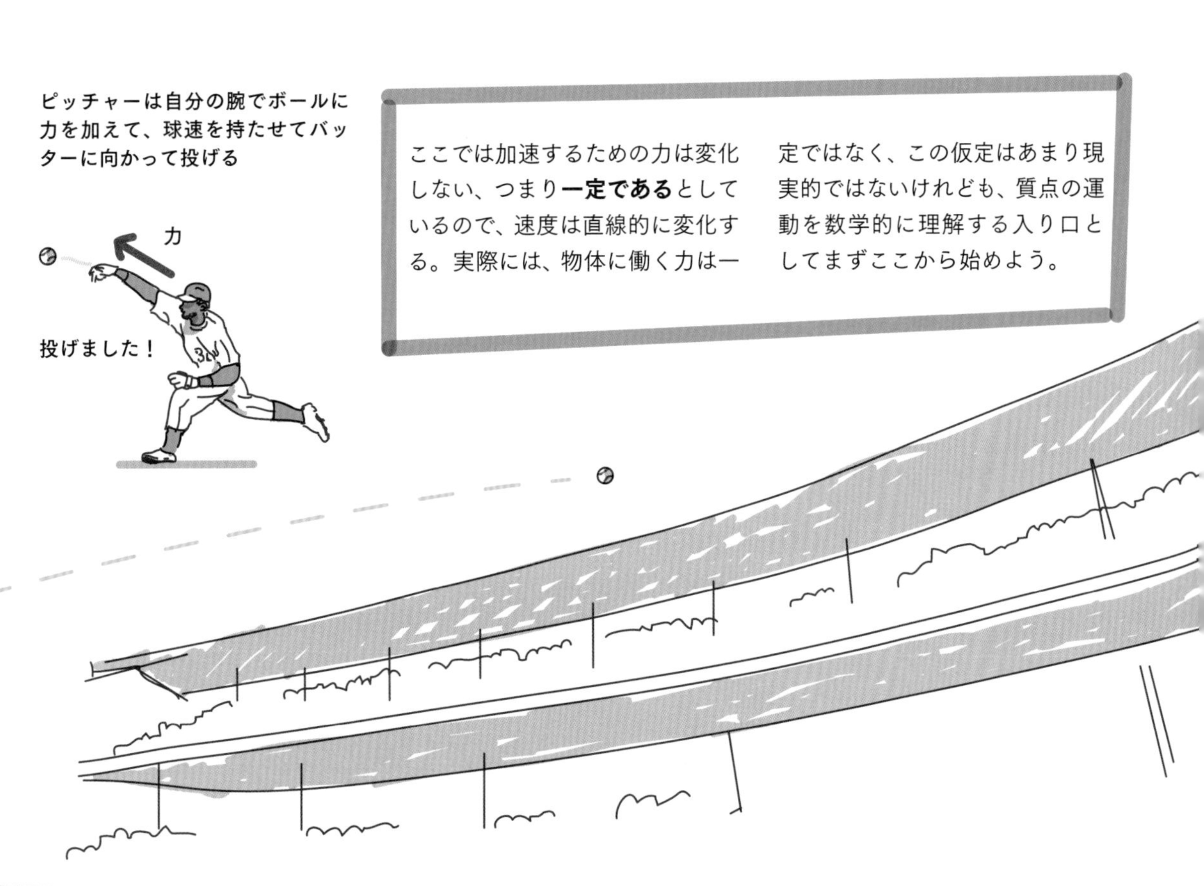

ピッチャーは自分の腕でボールに力を加えて、球速を持たせてバッターに向かって投げる

運動を表すグラフ

質点の運動は、ある時刻tにおける質点の速度vや変位sをグラフに描いて見ることができる。そのグラフを使えば、加速度aや移動距離もわかる。そのグラフから運動の式を導き、計算をすることもできる。それぞれのグラフの意味をしっかりと理解しよう。

速度ー時刻グラフ（$v-t$グラフ）

これはy軸に速度v、x軸に時刻tをとって、質点の**速度の変化**を描いたものである。１次元の運動では質点の速度は正か負で、x軸より上では速度は正、x軸より下では速度は負とするのがふつうである。

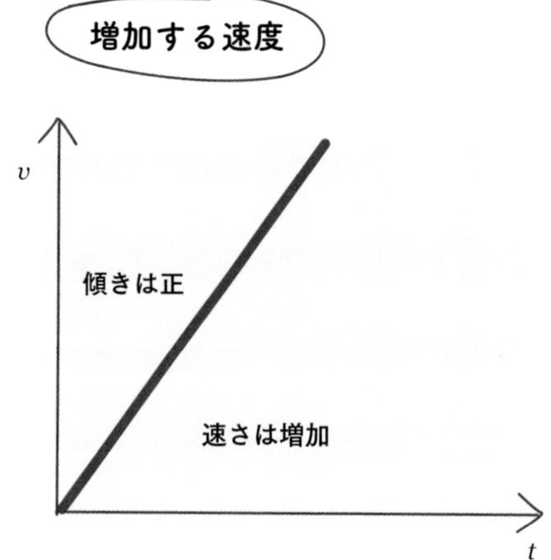

速度が増加している、つまり質点が加速されていると、グラフの傾きは正。

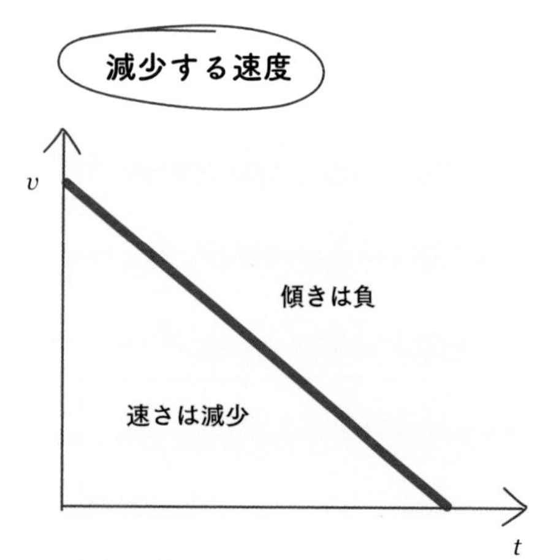

速度が減少している、つまり質点が減速されていると、グラフの傾きは負。

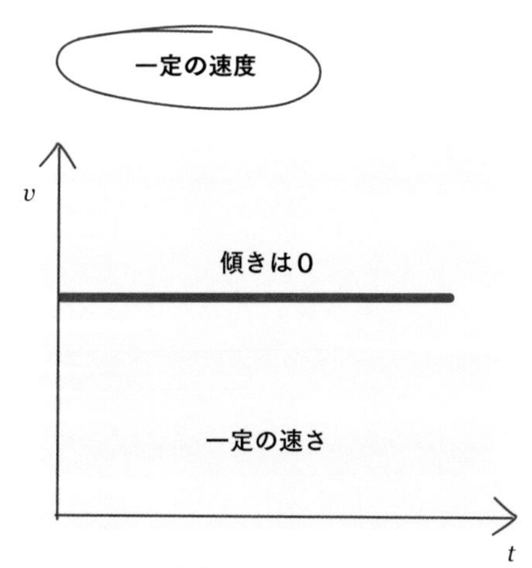

速度が一定ならば、グラフは水平で傾きは0、加速も減速もされない。

1次元の運動を考えよう。速度とかかった時間の積は**移動距離**を表す。加速度が途中で変化しても、速度の変化を多段階の $v-t$ グラフで表示すると、段階ごとの速度とかかった時間の積によって出発からの移動距離が求められる。

加速度が一定の間は $v-t$ グラフの傾きは変わらないが、加速度が変化すると傾きの異なる直線になる。加速度の大きさは速度の変化の大きさを示している。速度の変化が大きければ $v-t$ グラフの傾きは急になる。ある時刻から別の時刻までグラフの傾きが変わらなければ、その間の速度の変化をその時間で割れば加速度の大きさになる。

下の $v-t$ グラフの時間軸（横軸）より下の部分は質点が逆方向（負の方向）へ動いて引き返していることを示している。

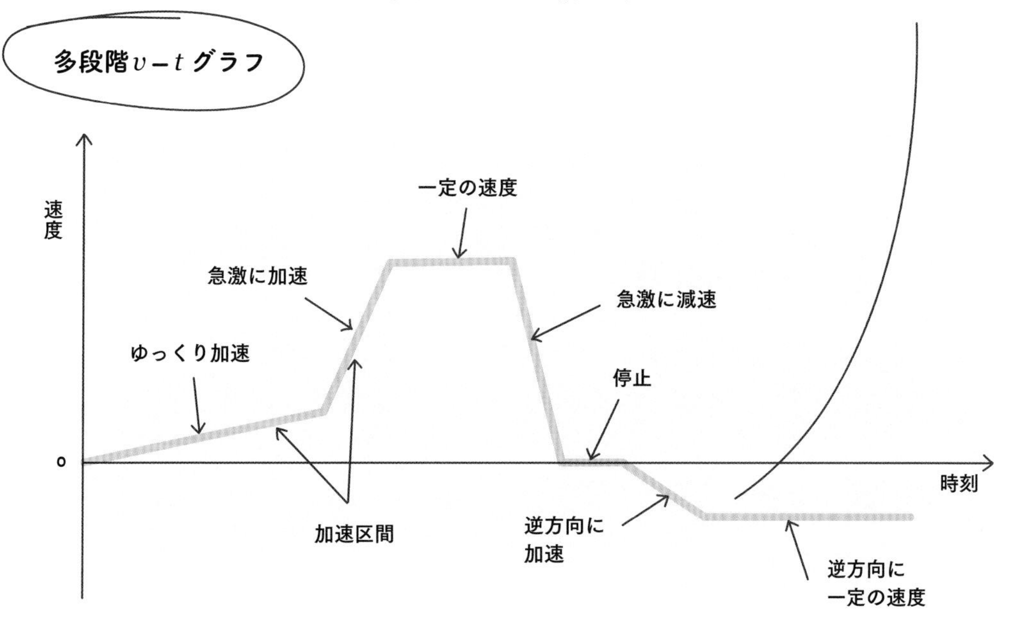

移動距離と変位の計算

移動距離の計算には、等速度の区間はその速度と移動の時間の積、加速や減速の区間はその間の平均速度と時間の積、つまり区間ごとの速度の直線と時間軸の間の面積を積算する。下の例では、最初に加速しつつ前進、さらに等速度で前進、そして減速して停止。グラフに示したような計算をすれば移動距離の合計となり、出発点からの移動距離と変位は等しい。

上の図では途中で引き返している。移動距離の計算には時間軸の下側の面積も積算するが、出発点からの変位の計算には、引き返し区間での面積は負として合計する。途中で引き返したので、出発点からの変位は移動距離より小さい。

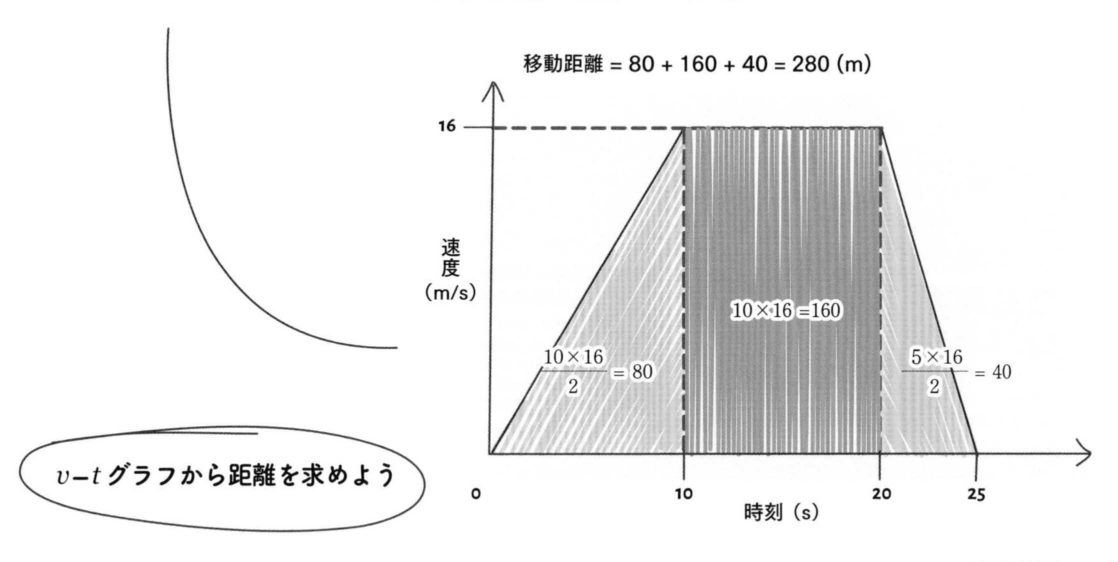

変位−時刻グラフ（$s-t$ グラフ）

これは時刻tに質点がある位置をグラフにしたもの。移動した距離をかかった時間で割れば速さが求められるので、この**変位−時刻グラフ（$s-t$ グラフ）**の傾きが速度である。位置の座標をxとして$x-t$ グラフと呼ぶこともある。

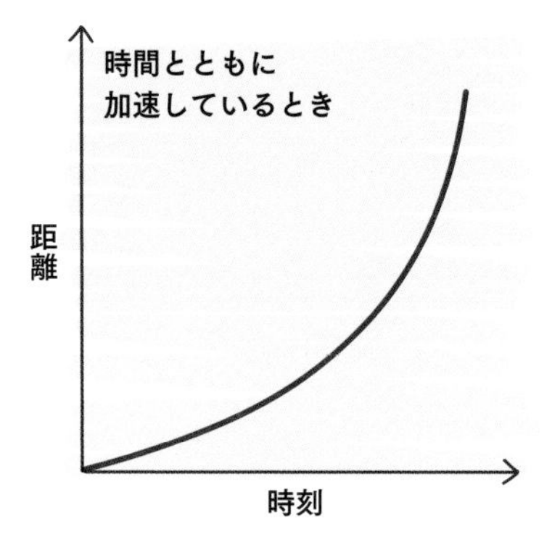

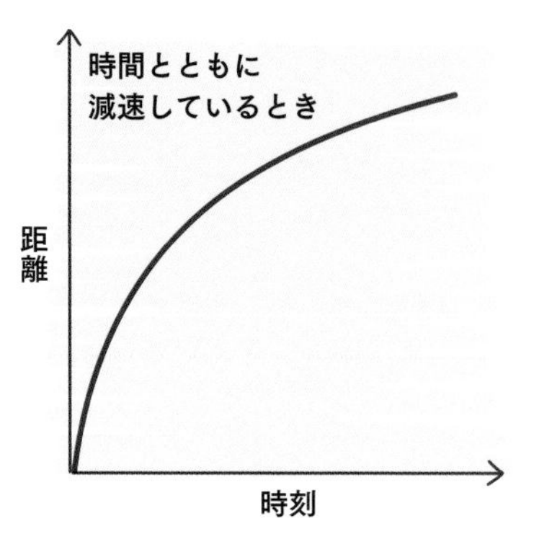

もし、質点の運動が加速や減速をしていれば、グラフの傾きも上のように変化する。加速しているときには時間の経過につれて**傾きが増加**し、減速しているときには時間とともに**傾きは減少**して緩やかになる。

自由落下のグラフ

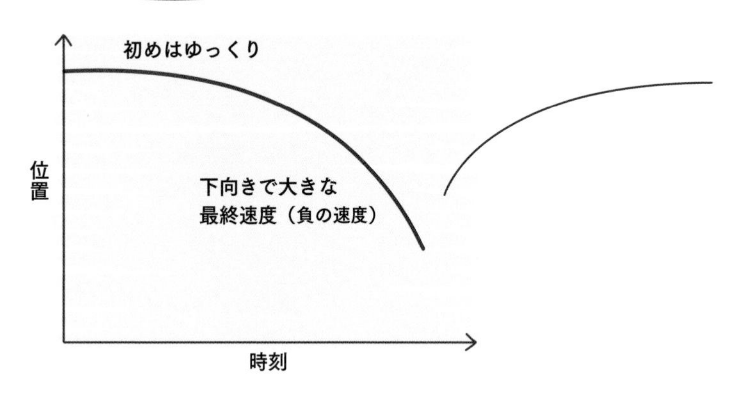

地上のある高さでそっと離された物体は速度０からスタートして、地表に向かってどんどん加速する。その動きを時刻とともに記録すると左のグラフになる。時刻０では**傾きは０**。この運動を自由落下という。

一定の速度（**等速度**という）で運動する質点の変位のグラフは直線で、傾きが速度を表す。傾きが大きいほど速度は大きい。傾きが正ならば質点は前進し、負ならば出発点に向かって後退している。水平であれば質点は静止している。変位−時刻グラフで、変位が時刻の軸よりも下になるときには、質点は出発点よりも逆の負の方向へ動いたということである。
右のグラフの質点はどのような運動をしたのか、考えてみよう。$t=0$から$t=t_1$までは上の左のグラフと同じで速度０から一定の加速度で速度が増加し、$t=t_1$から$t=t_2$まではその速度で等速度の運動を続け、$t=t_2$からは上の右のグラフのように一定の加速度で減速して最後は停止している、ということである。

変位−時刻グラフ

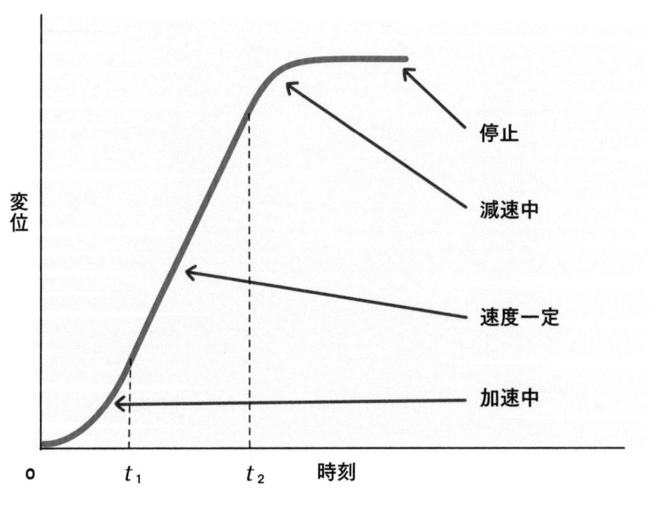

跳ねるボール

ある高さでそっと落とされたボールは地球の重力によって9.8 m/s^{2}という一定の加速度で下向きに加速される。ボールは床に当たって、運動エネルギー（53ページ）の一部が熱と音となって失われる。その結果、当たった速度より小さな逆向きの速度で跳ね返るので、最初の高さより低い位置までしか上がらない。そして最終的にエネルギーがなくなるまで、跳ね返るたびに最高点がだんだん低くなることを繰り返す。

ボールの変位－時刻グラフ

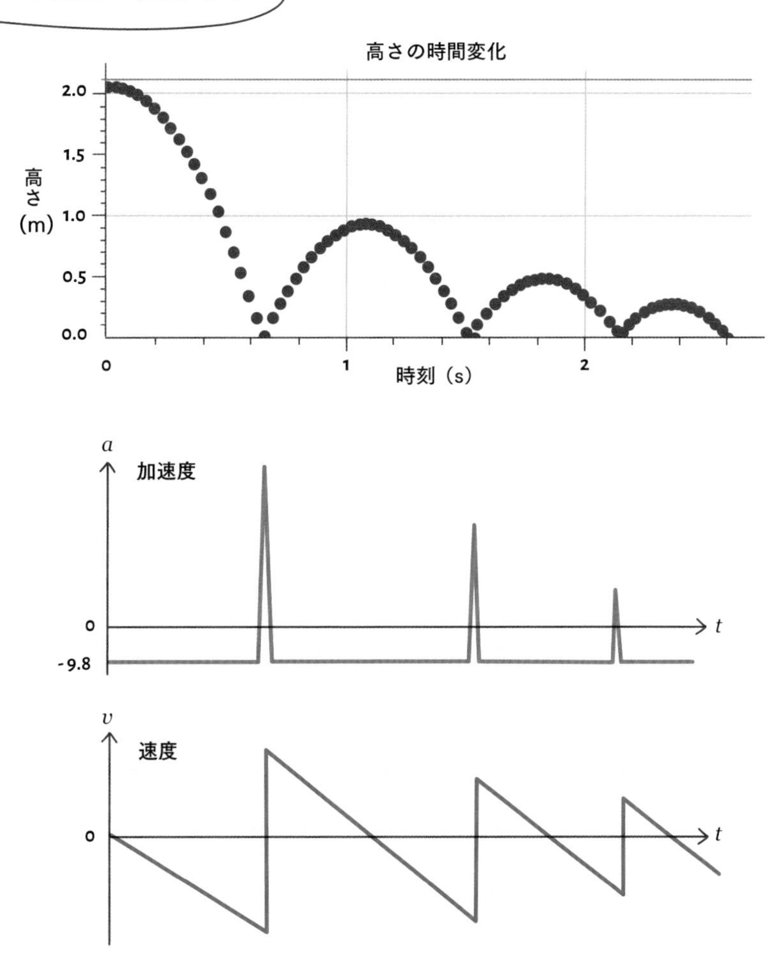

ボールの跳ね返り運動に関する上のグラフ（緑）は加速度、下のグラフ（青）は速度である。$t=0$ でボールが落下し始めると、ボールに働く力は重力だけなので -9.8 m/s^2 という一定の加速度で速度は0から下向きに加速する。最初に床に衝突すると、その瞬間にボールは圧縮され、再び膨らむときに床に及ぼす力の反作用で速度は上向きに変わる。この瞬間的な上向きの加速度が緑のグラフのスパイク（尖ったところ）になっている。そして再び重力による下向きで一定の加速度を受けながら速度が0になるまで上昇する。最高点で速度が0になって、その瞬間に静止したのち、-9.8 m/s^2 という加速度で加速しながら床に向かう。

こうしてボールは床の同じ位置で衝突と跳ね返りを繰り返しながらエネルギーを失って最高点がだんだん低くなり、やがて止まってしまう。

等加速度運動

質点の運動中の加速度が一定であるときの運動を等加速度運動という。この場合の運動のようすは簡単な式で書くことができる。重力による運動のように一定の加速度であれば、速度は直線的に変化する。

運動を記述する式

時刻0での速度、すなわち初速度をu、時刻tでの速度をvとすると、この等加速度運動の速度の変化は右のような$v-t$グラフになる。この間の平均速度は時刻0と時刻tでの速度を使えば計算できる。加速度aは$v-t$グラフの傾きであるから、加速度は図のように最終速度vから初速度uを引いてかかった時間tで割れば簡単に式で表せる。これが質点の運動を表す最初の式である。

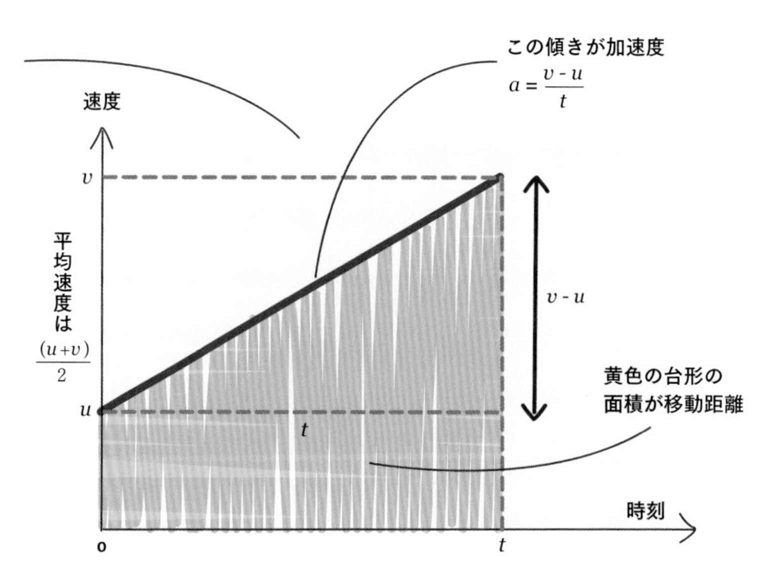

時間tの間に同じ割合で速度がuからvまで変化するときの**加速度**は次の式で書ける。

$$a=\frac{v-u}{t} \quad (1)$$

31ページと同じようにして**変位**sは速度の直線の下の台形の面積として簡単に計算できる。

これはこの時刻0からtの間の質点の平均速度で時間tだけ移動したと考えてもよいのでその結果は次のとおり。

$$s=\frac{1}{2}(v+u)t \quad (2)$$

この2つの式を組み合わせて変形すれば次の2つの式が得られる。

$$s=ut+\frac{1}{2}at^2 \quad (3)$$

$$v^2=u^2+2as \quad (4)$$

この4つの式が等加速度運動を表す式である。初速度と加速度、移動に要した時間がわかればこの運動はすべて理解できる。

式(3)は時刻tにおける変位、つまり考えている質点がその時刻に存在する位置を表している。式(1)を変形すると時刻tでの質点の速度が求められる。

$$v=u+at$$

つまり等加速度運動では、これまでにグラフで見たように、速度の変化は時刻の1次関数、変位の変化は時刻の2次関数なのである。

地球の重力による運動の場合には加速度を**重力加速度**と呼び、aの代わりにgを用いるが、他は等加速度運動と同じ式で運動を調べられる。重力加速度の数値は地表面でおよそ9.8 $\mathrm{m/s^2}$である。力として重力だけが働く場合の運動を次に考えよう。

放物運動

ある高さから落としたり、真上に投げ上げたり、あるいは角度をつけて斜めに投げ出したりした物体には、手を離した瞬間から**重力だけ**が働いている（ここでは空気による抵抗は考えない）。その物体が動いた道筋を**軌跡**というが、これは物体が**発射された角度**と**初速度**によって決まる。

ある高さで手を離れた物体には下向きに重力が働き、鉛直方向の速度v_yは0から下向きに9.8 m/s²で加速されて真下に落ちる。

同じ高さで、水平方向に初速度v_xで発射すると、鉛直方向には重力が働いて、その運動は真下に落ちるときと同じである。したがって同じ時間で地面に落ちる。水平方向には何も力が働いていないので速度は飛んでいる間は変化せず、着地するまでの時間、その初速度のままで水平に移動する。結果としてこの物体の軌跡は下の図の赤い線のようになって、**放物線**と呼ばれる滑らかな曲線を描く。

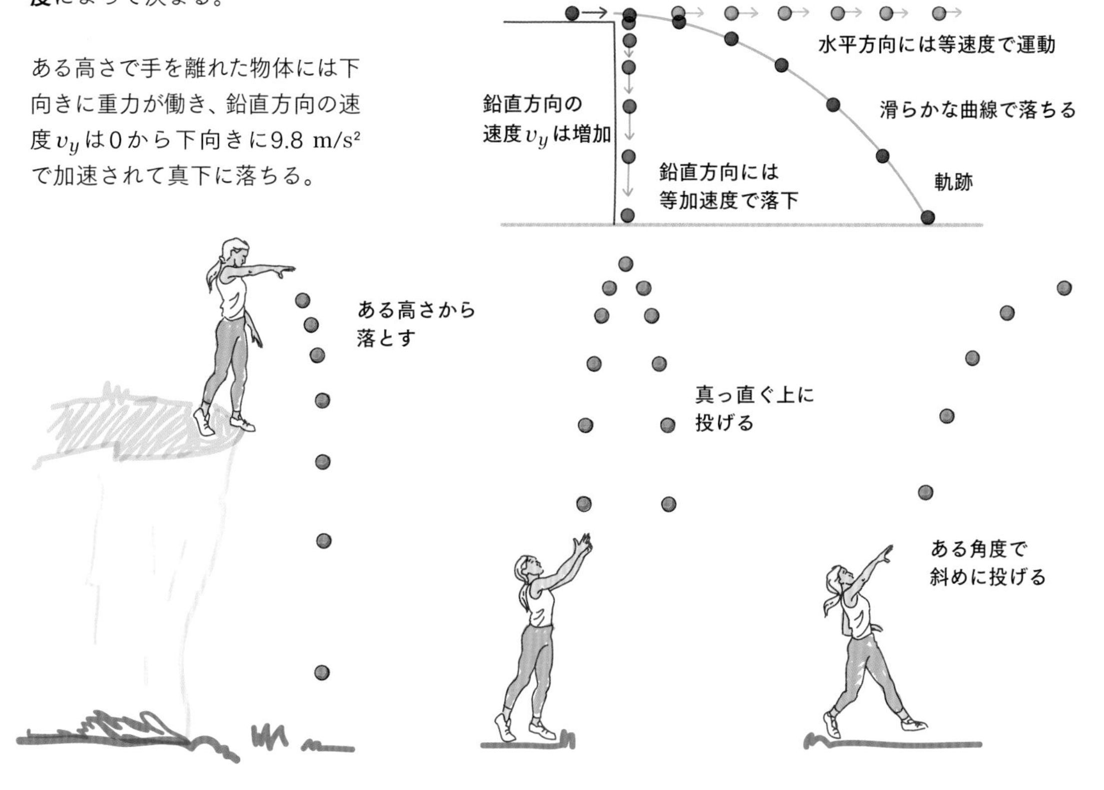

斜めに投げ上げた物体が水平方向に移動した距離を**水平到達距離**といい、物体の水平方向の速度と**移動時間**で決まる。空気による抵抗を考えなければ、最高点に到達するまでの時間と、最高点から出発点の高さに戻るまでの時間は同じである。物体が発射される速さが同じでも、発射の角度によって水平到達距離は異なる。水平到達距離は速度の水平方向の成分と着地までの時間の積であるので、初速度の大きさが同じでも角度が大きければ水平方向の成分が小さくなる。初速度の大きさが同じであれば45°の角度で発射されたときに最も遠くへ飛ぶ。鉛直方向にも初速度があると少し複雑になるが、ここまでに説明した式と数学を少し使えば、もっとも遠くに飛ばすための角度を計算することはそれほど難しくない。

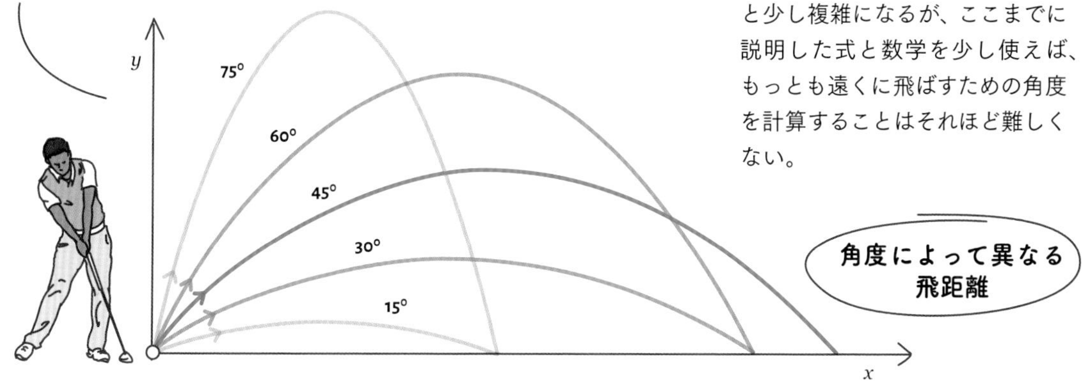

大きさと方向のある量。

ベクトル量

原点

質点の出発点、
または地面など。

時間

運動をしている期間：
時間は大きさだけがあるスカラー量。

質点

大きさや形の無視できる物体で一定の加速度を受けて運動する。

直線運動のパラメーター

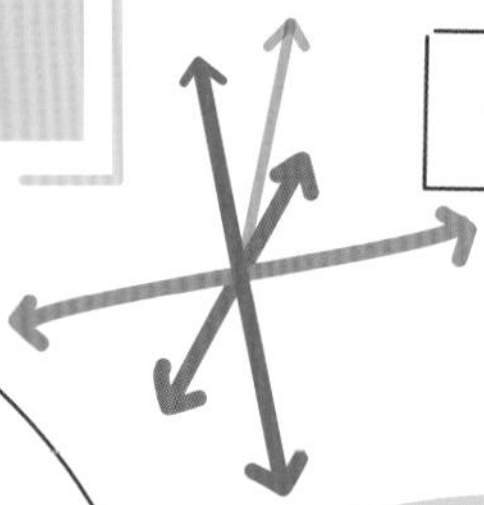

直線運動

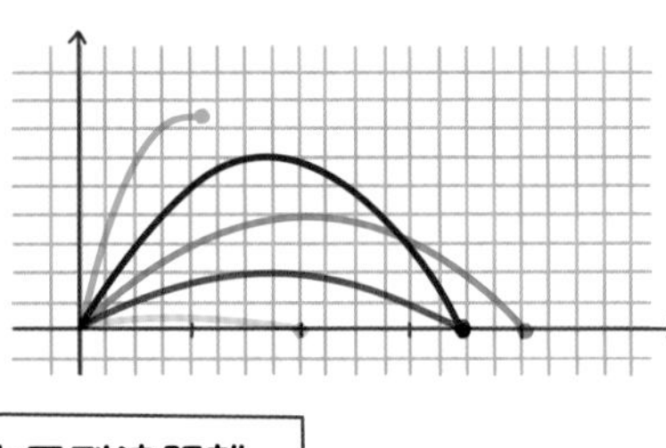

速度の鉛直方向成分は重力によって加速される。地表付近の重力加速度はつねに下向きで大きさは9.8 m/s²である。

速度の鉛直方向成分

水平到達距離

速度の水平方向成分と移動時間をかけて得られる水平方向の変位は発射時の角度と速度の大きさによる。

投げられた物体の運動

軌跡

斜めに投げ上げた物体の経路は放物線を描く。

移動時間

空気抵抗を考えなければ、上昇と落下に要する時間は同じなので、鉛直方向の速度が0になるまでの時間の2倍飛ぶ。

速度 u と v

質点の初速度と最終速度。

加速度 a

運動中に速度の変化する割合。

変位 s

原点を基準にした
質点の位置。

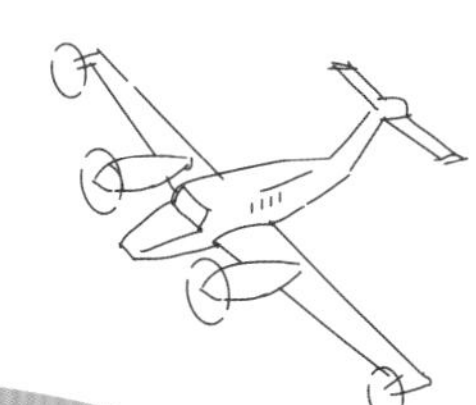

運動の時間経過を示すグラフ

速度ー時刻グラフ

傾きは質点の加速度。速度が負になれば質点は後退している。

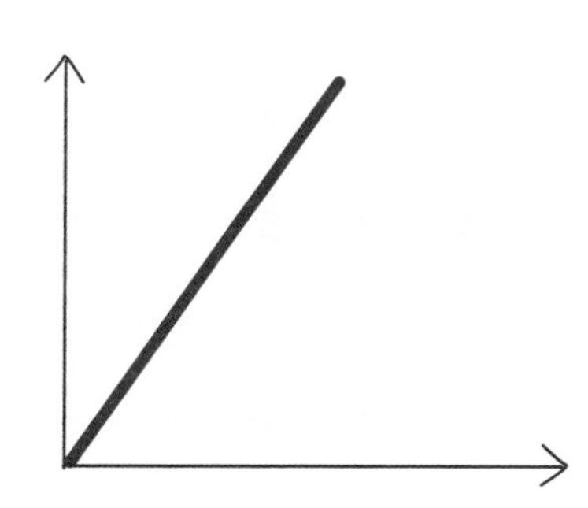

直線運動を表す式

直線的な運動のグラフから導かれる４つの関係式。

$$a = \frac{v - u}{t}$$

$$s = \frac{1}{2}(u + v)t$$

$$s = ut + \frac{1}{2}at^2$$

$$v^2 = u^2 + 2as$$

u と v は初速度と最終速度の大きさ、a は加速度の大きさ、t は時間。

変位ー時刻グラフ

グラフの傾きは質点の速度。変位が負の場合は質点は原点よりも左にある。

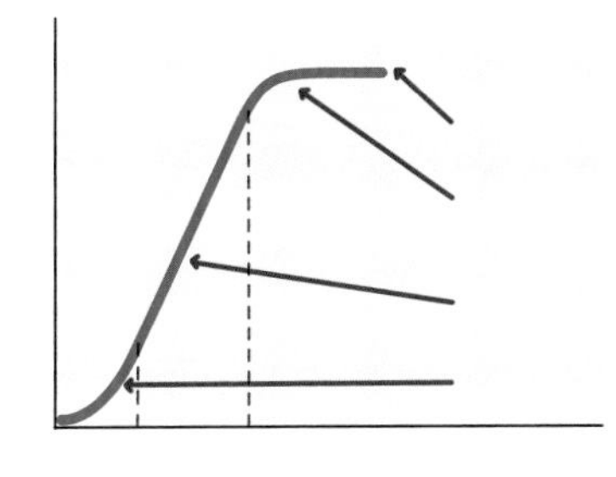

Chapter

3

回転運動

外からの力が働かない限り、運動している物体はまっすぐに進む。ここまでで学んだとおり、運動している方向に沿って力が働けば、物体は「ニュートンの運動の第２法則」の式 $F = ma$ に従って加速、あるいは減速される。

ひものついた重りを振り回すと、重りは円を描く。このように円を描いて運動をする物体にはその軌道から逸(そ)れないようにする力が働いているはずである。この章ではその力について考えよう。このような働きをする力にもさまざまなものがあって、接触力もあるし、非接触の力もある。

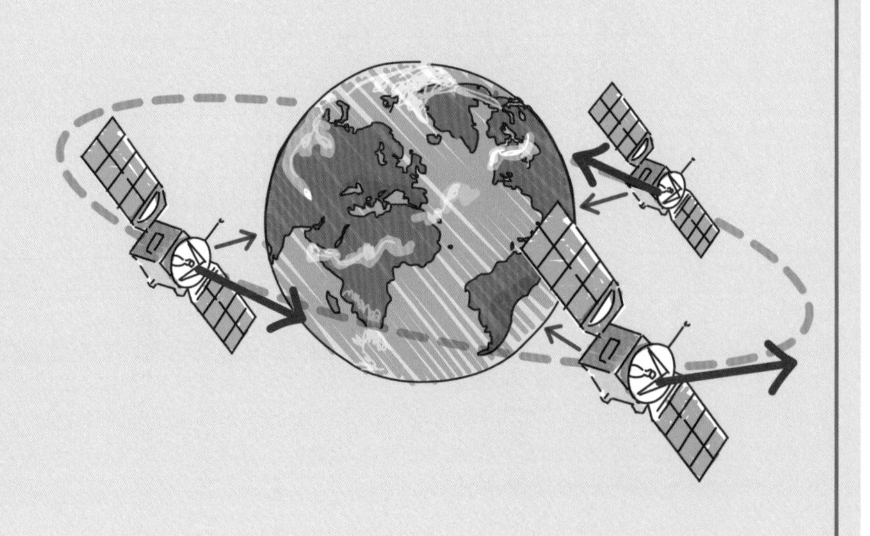

いろいろな回転運動

円を描いて運動するものには原子核のまわりを回る電子のような極微の世界のものから、恒星を公転する惑星のような大きなものまである。

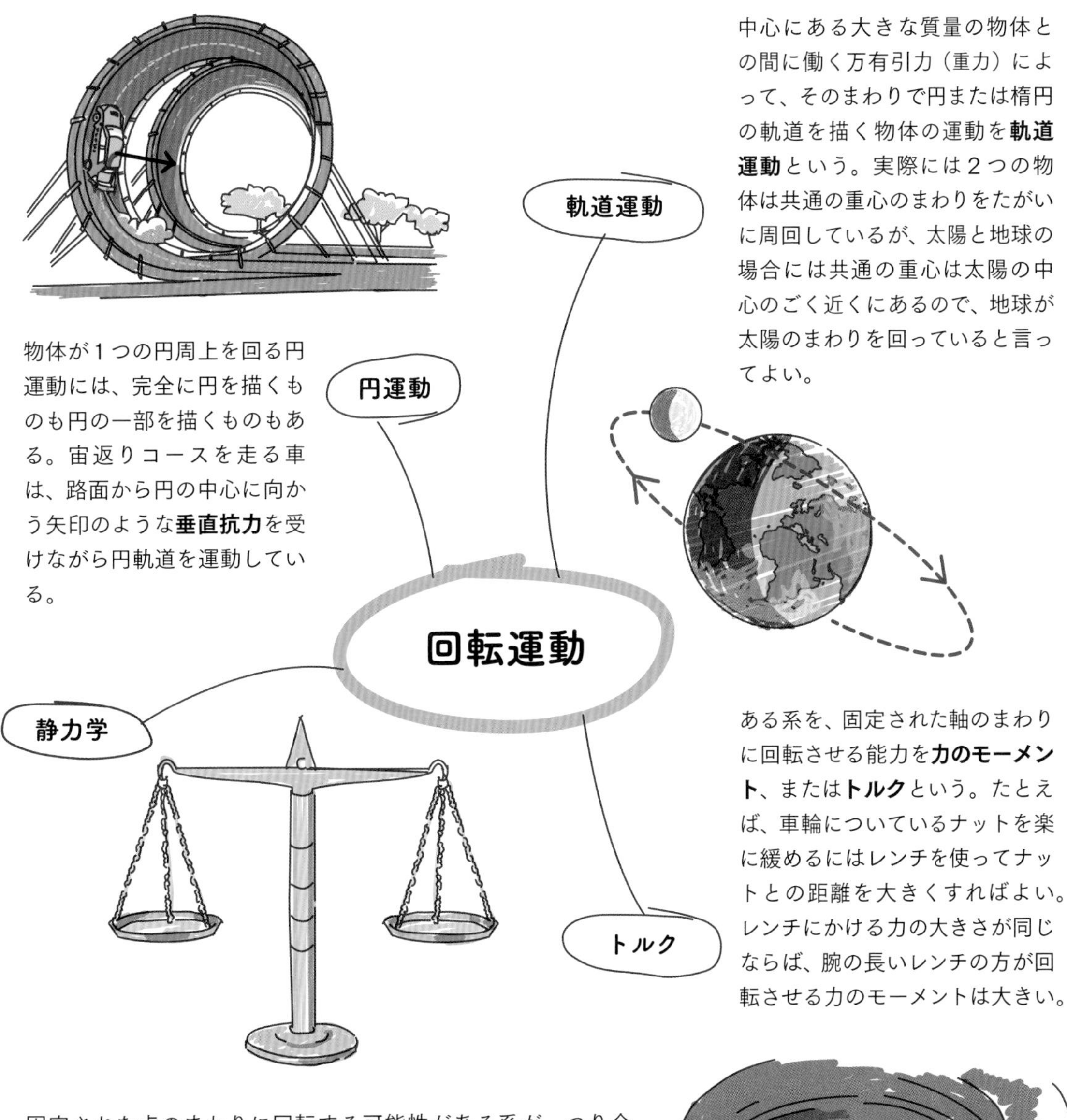

中心にある大きな質量の物体との間に働く万有引力（重力）によって、そのまわりで円または楕円の軌道を描く物体の運動を**軌道運動**という。実際には２つの物体は共通の重心のまわりをたがいに周回しているが、太陽と地球の場合には共通の重心は太陽の中心のごく近くにあるので、地球が太陽のまわりを回っていると言ってよい。

物体が１つの円周上を回る円運動には、完全に円を描くものも円の一部を描くものもある。宙返りコースを走る車は、路面から円の中心に向かう矢印のような**垂直抗力**を受けながら円軌道を運動している。

ある系を、固定された軸のまわりに回転させる能力を**力のモーメント**、または**トルク**という。たとえば、車輪についているナットを楽に緩めるにはレンチを使ってナットとの距離を大きくすればよい。レンチにかける力の大きさが同じならば、腕の長いレンチの方が回転させる力のモーメントは大きい。

固定された点のまわりに回転する可能性がある系が、つり合っていて動かない状態を「静的な平衡」という。図のように左右の腕が中心の支点のまわりに回転できる秤を考えよう。天秤とも呼ばれるこの秤がつり合っているときには、腕はどちらへも動かない。運動を扱う**動力学**に対して、このような静的な平衡を扱う力学を**静力学**という。

いろいろな円運動

円周上を運動する物体は絶えず方向を変えている。速度は大きさと方向のあるベクトルである。加速度の定義は単位時間あたりの速度の変化であり、速度の大きさが変化する場合も、方向が変化する場合も、その両方が変化する場合もある。物体が円周上を運動するときには、速度ベクトルの方向が変化し続けるので、速度ベクトルの大きさである速さが一定であっても、その物体は絶えず力を受けて加速されている。

このように運動が円周から逸れないように方向を変える加速度を**向心加速度**、この加速度を与える力を**向心力**という。向心とは中心へ向かうという意味で、ここでは円運動の速さは変化しないとする。このような円運動を**等速円運動**という。

物体が円運動を続けるために加速する力の発生源は系によって違うけれども、いずれも向心力と呼ばれている。加速する力はいつも円運動の中心を向いていて、真っ直ぐ進もうとする運動の方向を変えている。

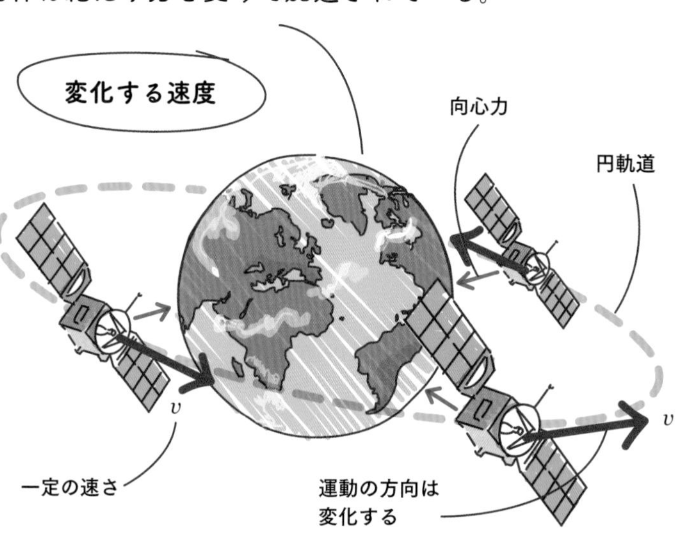

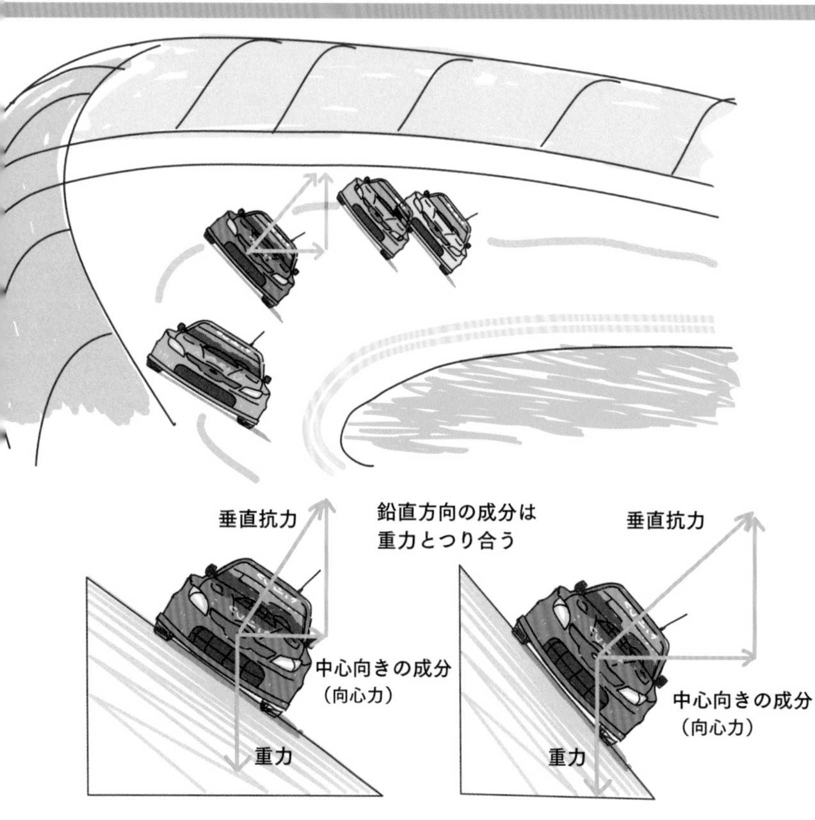

デイトナ24時間レース

アメリカのフロリダ州デイトナにあるこのコースは、コーナーが傾斜していて猛烈なスピードで走行できる。航空機が空中で旋回するときのように、デイトナレースの車はコーナーで少し傾き、路面と車体の間には、鉛直方向ではなく路面に垂直な方向の垂直抗力が働く。接触力である垂直抗力のコースの中心向きの成分が、車体が滑らずに走行させる力の大部分となり、残りはタイヤと路面の間の摩擦力が受けもっている。

路面の傾きが急であるほど、車は斜面を滑り落ちないようにするために高速で走行しなければならない。

向心力の働き

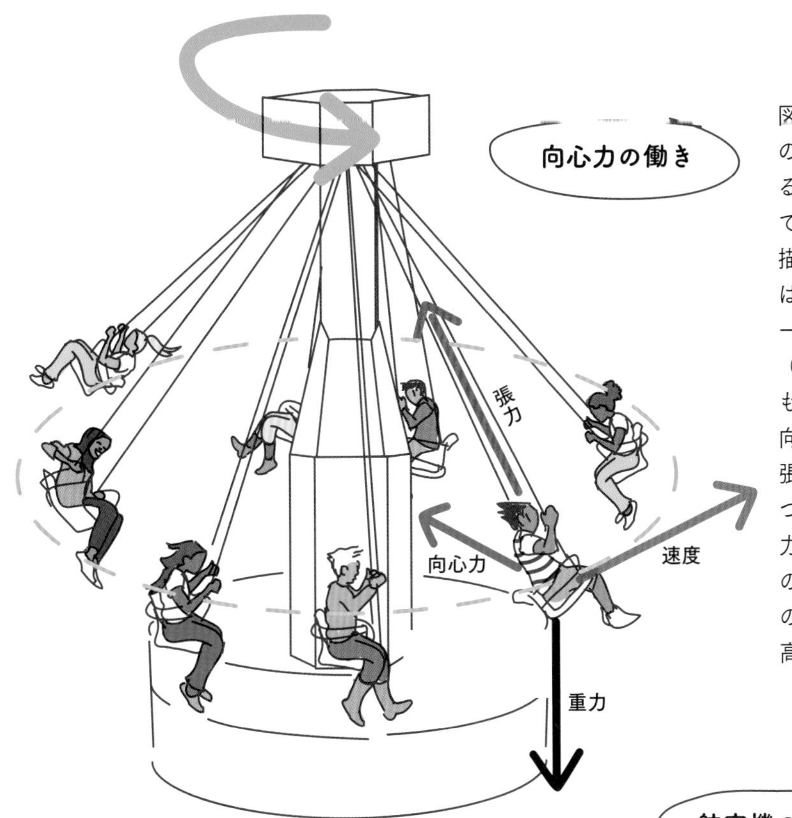

図のようにブランコのついた中心の柱が一定の速さで回転していると、子どもの座席は柱から離れて一定の速さで円（黄色破線）を描く。このとき、子どもの座席には、柱の上部に取りつけられたロープの**張力**がそのロープの方向（赤色矢印）に働き、座席と子どもの質量に対して重力が鉛直下向きに働いている。ロープに働く張力の鉛直方向の成分は重力とつり合い、水平方向の成分が向心力（青色矢印）の働きをして座席の速度の方向（緑色矢印）を円周の方向に加速しているので、この高さで等速円運動が続く。

航空機の旋回

航空機の進行方向を変えるときには、主翼の補助翼を操作して翼に働く左右の**揚力**に差をつけて機体を傾ける。機体がある程度傾くと、翼の揚力は、重さを支える**鉛直方向の力**（青色矢印）と**水平方向の力**（赤色矢印）に分かれる。その水平方向の成分が向心力の働きをして航空機は円軌道を描いて旋回する。機体を水平に戻せば、そのときに向いている方向へまっすぐに飛行を続ける。

水平方向の成分
旋回後の体勢
鉛直方向の成分
揚力
水平面
旋回するための体勢
重力

ハンマー投げ

接線方向
張力

ハンマー投げの選手は小さなサークルの中で、ワイヤーのついたハンマーを持って回転する。ワイヤーの**張力**は回転の中心を向いていて、選手がワイヤーを離すまでハンマーは円運動を続ける。ワイヤーを離すとハンマーはその瞬間の円軌道の接線の方向にまっすぐに飛んでいく。実際にはハンマーの回転面は水平からかなり傾いていて、最高点に向かうところで離すとハンマーは斜め上向きに飛んでゆく。

軌道運動

ある惑星が恒星のまわりを完全な円軌道で公転しているならば、その速さは一定である。しかし惑星の進行方向は絶えず変化しているので、速度のベクトルは向きを変え続けている。つまり惑星は中心の恒星に向かってつねに加速されている。恒星と惑星の間の万有引力が惑星を周回させるための向心力の働きをしている。

公転速度

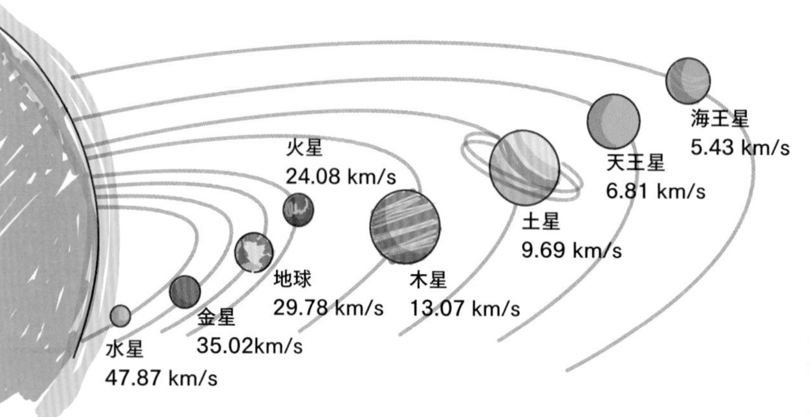

惑星が１回の公転に要する時間（**公転周期**）は軌道の半径と中心の恒星の質量によって決まる。地球の場合はおよそ365日で、これを１年としている。

地球の**公転軌道**はほぼ真円に近く、太陽にもっとも近いときは約1億4,710万 km、もっとも遠いときは1億5,200万 km である。天文学では太陽から地球までの平均距離1億4,960万 km を**１天文単位**（記号はau）と呼んで、距離の単位として使っている。

地球の軌道

地球上のほとんどの地域に季節の移り変わりがあるのは、地球が公転軌道上のどこにいるかによって太陽光の受け方が違うからである。地球の自転軸（地軸）が公転の軌道面に垂直な方向から23.4°傾いているので、北半球では4月から9月までは日射量が多くて夏、10月から3月までは逆になって冬になる。

地球は地軸のまわりを24時間で一周する。太陽はいつも地球の半分だけを照らしているため、地表には昼と夜がやってくる。

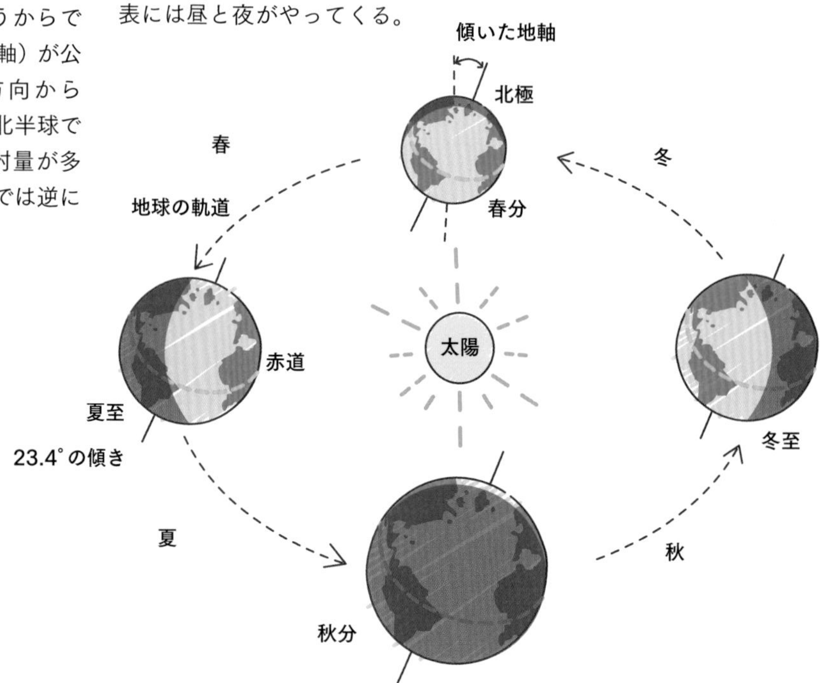

惑星の公転周期

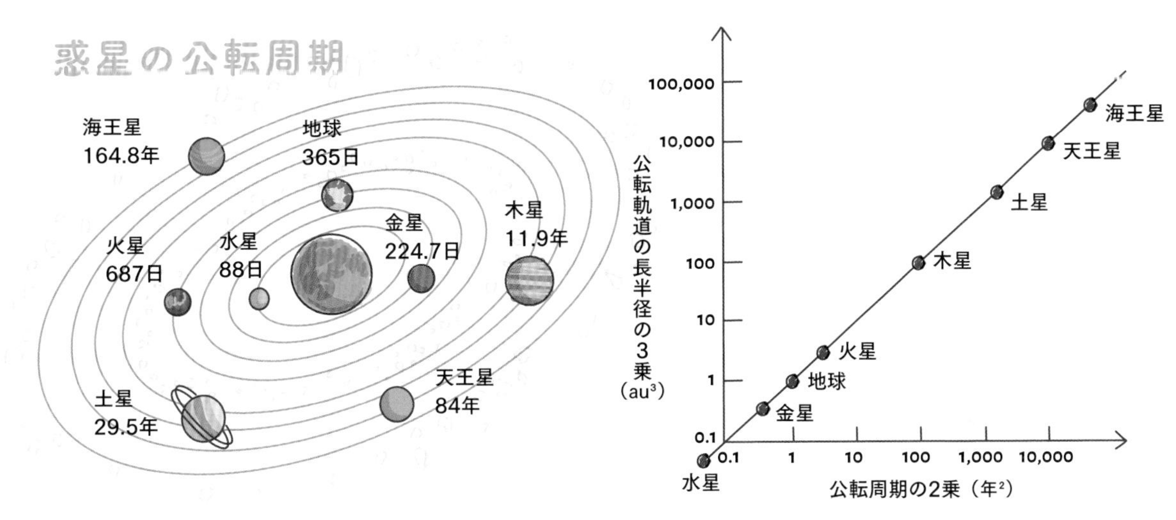

ドイツの天文学者ヨハネス・ケプラー（1571-1630）は公転軌道の長半径と公転周期の関係を式で表現して惑星の動きとぴったり合っていることを示し、観測から得られた惑星の運動に関する３法則をまとめて1609年と19年に発表した。ニュートンは1687年に『プリンキピア』に運動の３法則と万有引力の法則を記述し、数学を用いてケプラーの法則を証明した。

ケプラーの第３法則によれば、惑星の公転周期Tと公転軌道の長半径rの間には次のような関係がある。Mは太陽の質量、Gは万有引力定数（16ページ）である。上の図は地球の１年を単位とした各惑星の公転周期の2乗と、天文単位で測った公転軌道の長半径の3乗の関係を示している。数値の範囲が広いので縦軸も横軸も対数をとっている。すべての惑星がケプラーの第３法則が示す通りに直線上に並ぶ。

$$T^2 = \frac{4\pi^2}{GM} r^3$$

逆行

太陽系の動きは地球が中心であるという**天動説**ではなくて、太陽が中心であるという**地動説**を主張したのは、ポーランドの天文学者で数学者のニコラウス・コペルニクス（1473-1543）であった。彼は1543年に『天球の回転について』という著書で、地動説に基づいて火星の複雑な動きを説明した。それは、ケプラーが惑星の運動を法則にまとめるより数十年も前のことであった。

地球から火星を観測していると、時期によっては火星は後戻りしているように見える。この動きは**逆行**といわれるが、天体の軌道とその公転の速度が十分に理解されていなかった時代には簡単には説明できないことであった。

地球と火星の軌道、そして矢印で示されている相対的な速度を眺めると、この不思議な現象がなぜ起こるのかが理解できるだろう。

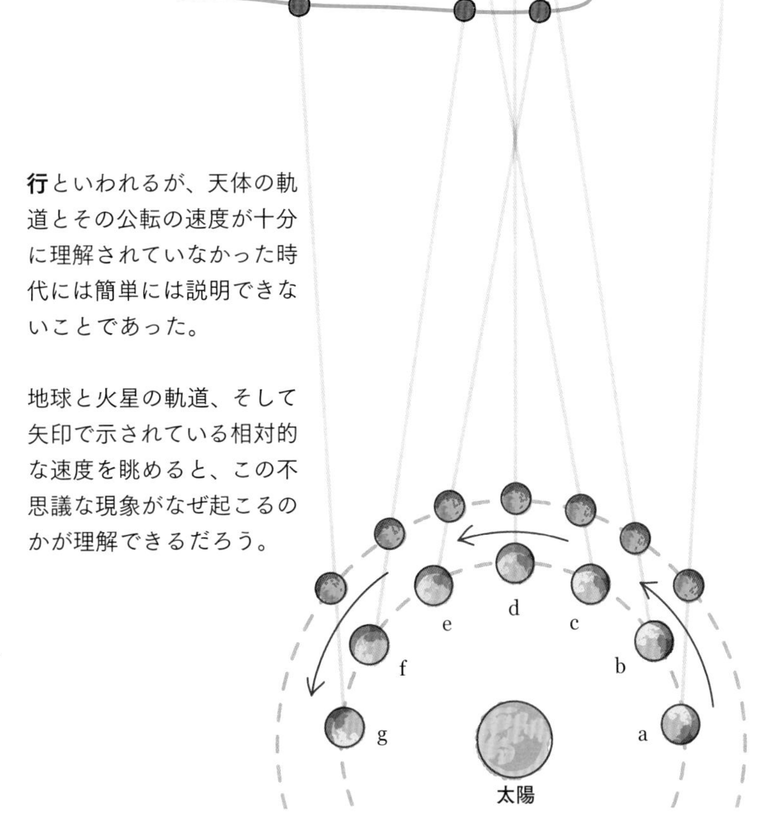

力のモーメント

図のようなレンチに力を加えてナットを回転させるときの力のモーメントMは、加えられる力の大きさFと、ナットから力を加える位置までの距離、つまりレンチの長さLの積である。物理学では物体に力が働いてその物体が動いたときに、「力が物体に対して**仕事**をした」という。仕事は、物体の移動経路の長さと力の移動方向の成分の大きさの積で定義される。仕事の単位は力のモーメントの単位と同じでN mである。するとナットを回すのに必要な仕事Wは力の大きさFと経路の長さsの積となる。

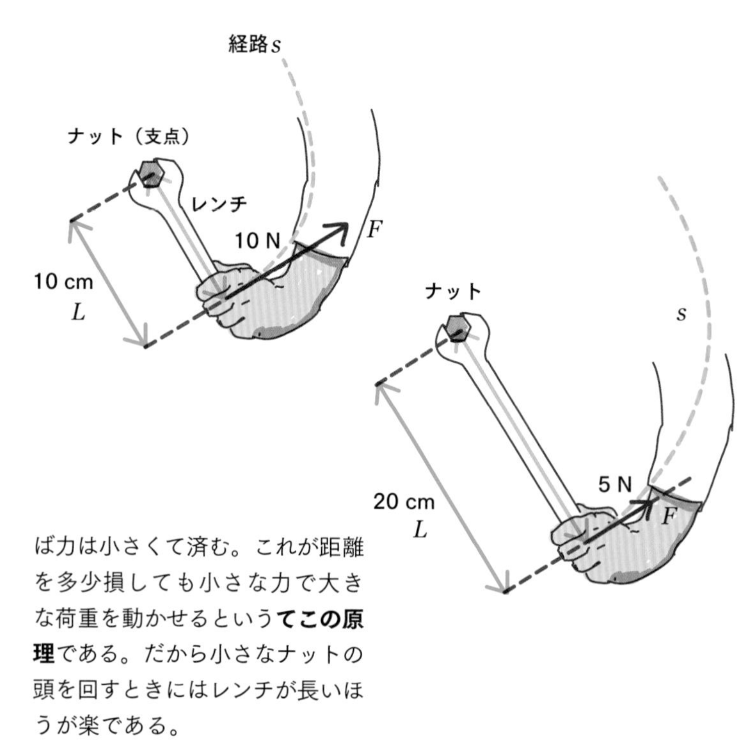

レンチを使って図のようにナットを回すときに、レンチが長くなれば動かすべき経路も長くなる。しかしナットを回すために必要な仕事は同じなので、経路が長くなれば力は小さくて済む。これが距離を多少損しても小さな力で大きな荷重を動かせるという**てこの原理**である。だから小さなナットの頭を回すときにはレンチが長いほうが楽である。

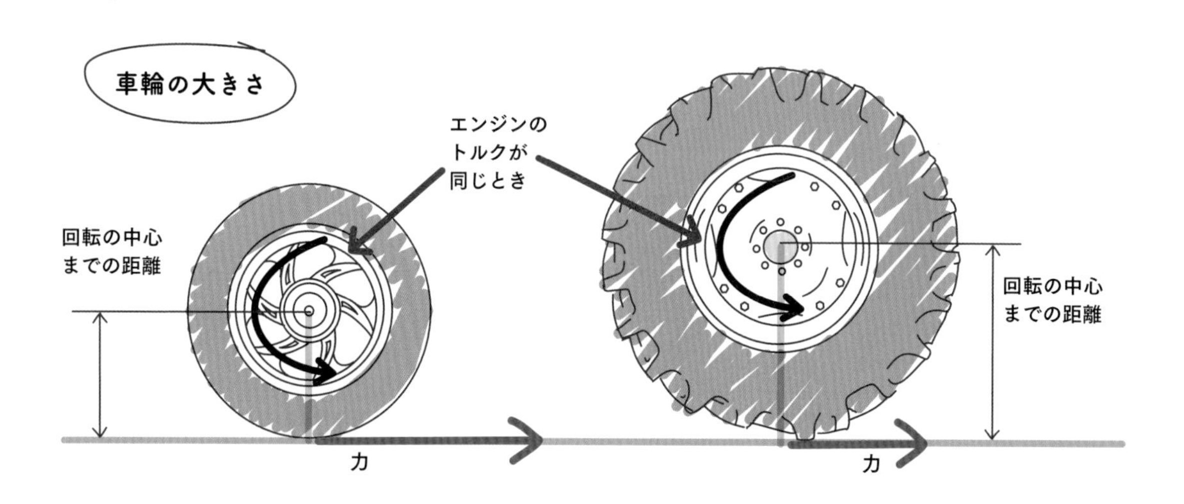

自動車のエンジンの回転は車軸に伝えられて車輪を回す。車軸に直角な方向に働く力は、人が地面を蹴って歩くのと同じように、摩擦によって車輪が滑らずに地面を後ろに蹴る力となって車体を前進させる。そのときの地面を蹴る力と車輪の半径との積がエンジンのトルクである。車輪の小さい小型車とトラクタのような大きな車輪の車体とに同じトルクのエンジンを使ったのでは、車輪が大きいほど力は小さい。しかし、1回転で進む距離は車輪の大きさに比例するから、エンジンが1回転でする仕事は同じである。

このページの例のように他の物体に対して仕事をする能力をエネルギーという。力がエネルギーを伝達するが、回転する系で伝達されるエネルギーは、回転軸から力までの垂直距離（46ページ）と力との積に比例している。

回転の運動と力学

回転する系は、何にも邪魔をされなければ中心のまわりに回転し続ける。しかし、ある点のまわりで物体が回転をしないようにつり合わせることが必要なこともある。このつり合いの力学を静力学という。

円運動とは

平面内の１つの円周上を繰り返し回る回転運動を円運動といい、**速度**v、円軌道の**半径**r、**向心加速度**a、および**角速度**ω（オメガ）で表現される。角速度というのは単位時間（１秒間）に質点が移動した円周上の長さに対応する中心角で、円周上の速さvは$v = r\omega$となる。１周にかかる時間を周期Tといい、単位は秒である。

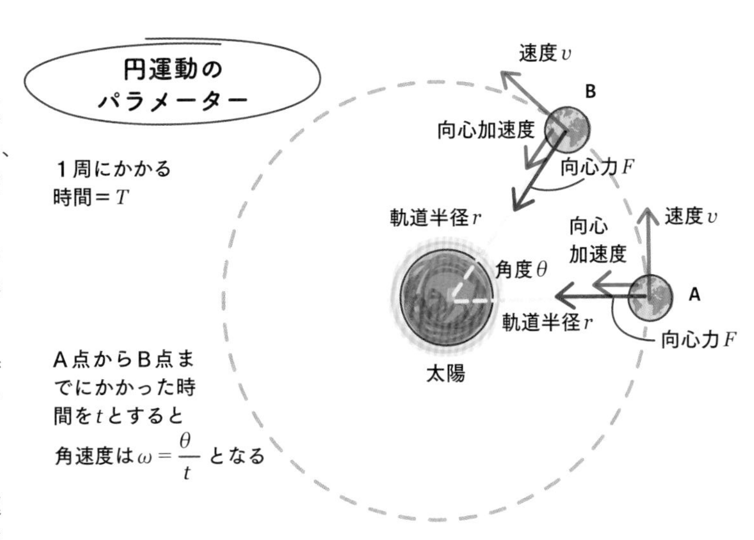

地球は太陽のまわりを一定の速さで公転している。月や他の惑星の存在を無視すれば、地球に働いている力は太陽からの万有引力だけなので、地球の公転の向心力の働きをするのは太陽の引力に他ならない。ニュートンの運動の第２法則により、物体に働く力とそれによる加速度は同じ方向のベクトルなので、向心力による加速度ベクトルも万有引力の方向である。ある瞬間の地球の速度ベクトルは公転軌道の接線方向である。この速度ベクトルが中心方向の加速度ベクトルによって少しずつ向きを変えながら円周上を進んでいく。この加速度は向心加速度と呼ばれるが、円運動の向心加速度の導出は本書のレベルを超えるので結果だけを紹介しよう。向心加速度aは速度v、半径r、角速度ωと次のような関係がある。

$$a = \frac{v^2}{r}$$

または $a = r\omega^2$

質量mにこの加速度を与えている向心力Fは次の式で書ける。

$$F = \frac{mv^2}{r}$$

または $F = mr\omega^2$

一定の速さで走行する車を考えよう。円周上を走行するときには路面とタイヤの間の**摩擦力**が向心力として働く。周回の半径が小さくなれば、同じ速さでその軌道を走るためには大きな向心加速度が必要になる。摩擦力は車体の重さと路面の条件で決まるので、必要な向心力が摩擦力を超えたら車は横滑りするだろう。

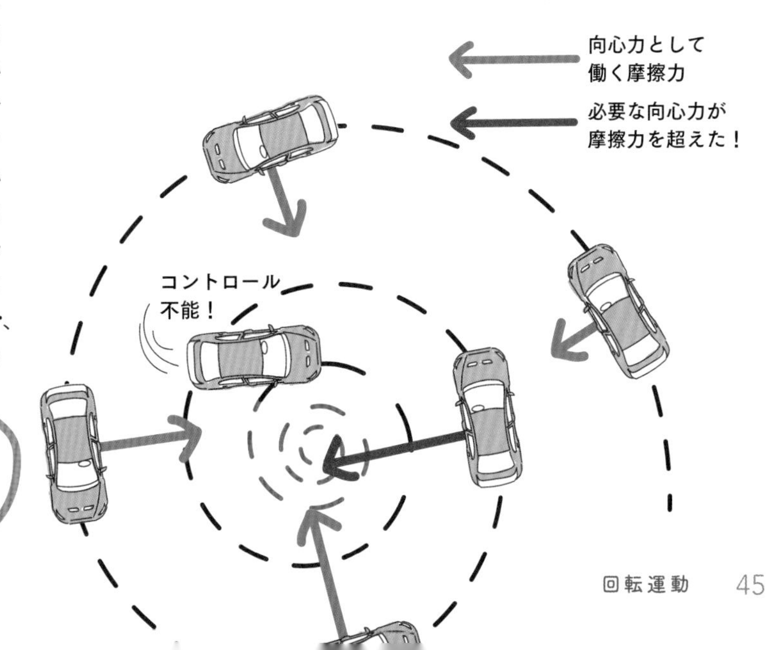

つり合いの力学

ここまで見たように、回転軸のある系は、力を加えれば中心のまわりに回転する。しかし、最初の力にちょうどつり合うような力を反対側に加えれば、運動は止められる。そのとき、その系はつり合っている、物理学の言葉では「平衡状態にある」という。

図のような遊具のシーソーを考えよう。子どもが1人で片方の端に座れば、シーソーは支点を中心にして地面に着くまで回転する。もしもっと体重の重い子どもが反対側の端に座ればバランスは崩れて、シーソーは逆方向に回転する。

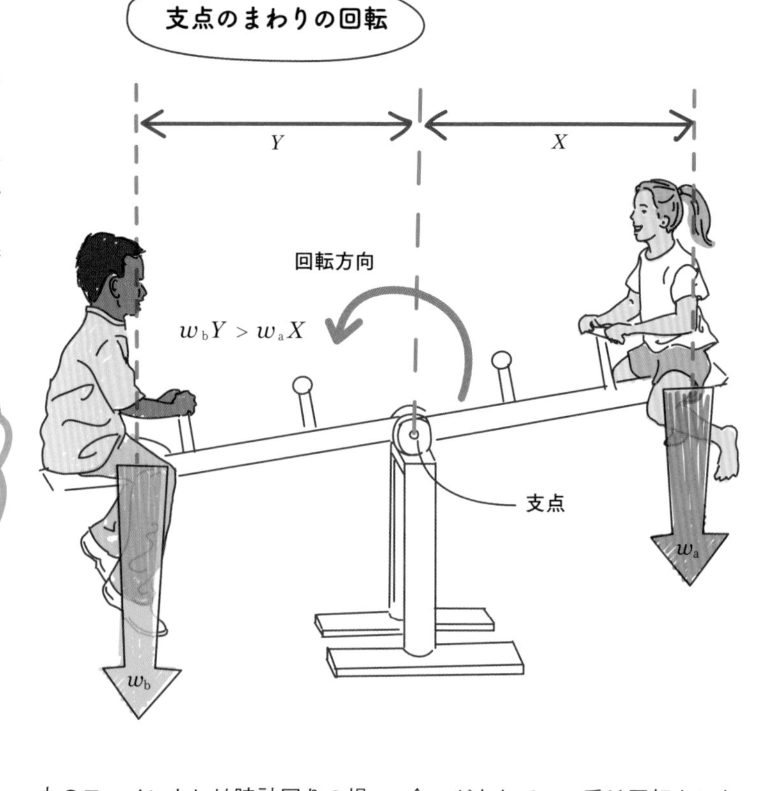

このシーソーの回転を決めるのは、両方の子どもの重さと座っている位置による力のモーメントの大小で、重力と**支点**からの**垂直距離**の積で与えられる。ここで垂直距離とは、支点から重力の方向を示す線までの距離で、図のXやYに当たる長さ、ナットを回すときのレンチの長さである。

力のモーメントには時計回りの場合と反時計回りの場合があり、単位はＮｍでエネルギーの単位と同じである。

力のモーメントの**つり合いの原理**によれば、時計回りのモーメントの合計と反時計回りのモーメントの合計が等しいときには、つり合いがとれてこの系は回転をしない。体重の重い方の子どもが支点の方へ近づいて支点からの垂直距離が減少すると、支点のまわりのその子どものモーメントは減少する。時計回りのモーメントと反時計回りのモーメントが等しくなるところでシーソーはつり合う。

力のモーメントのつり合い

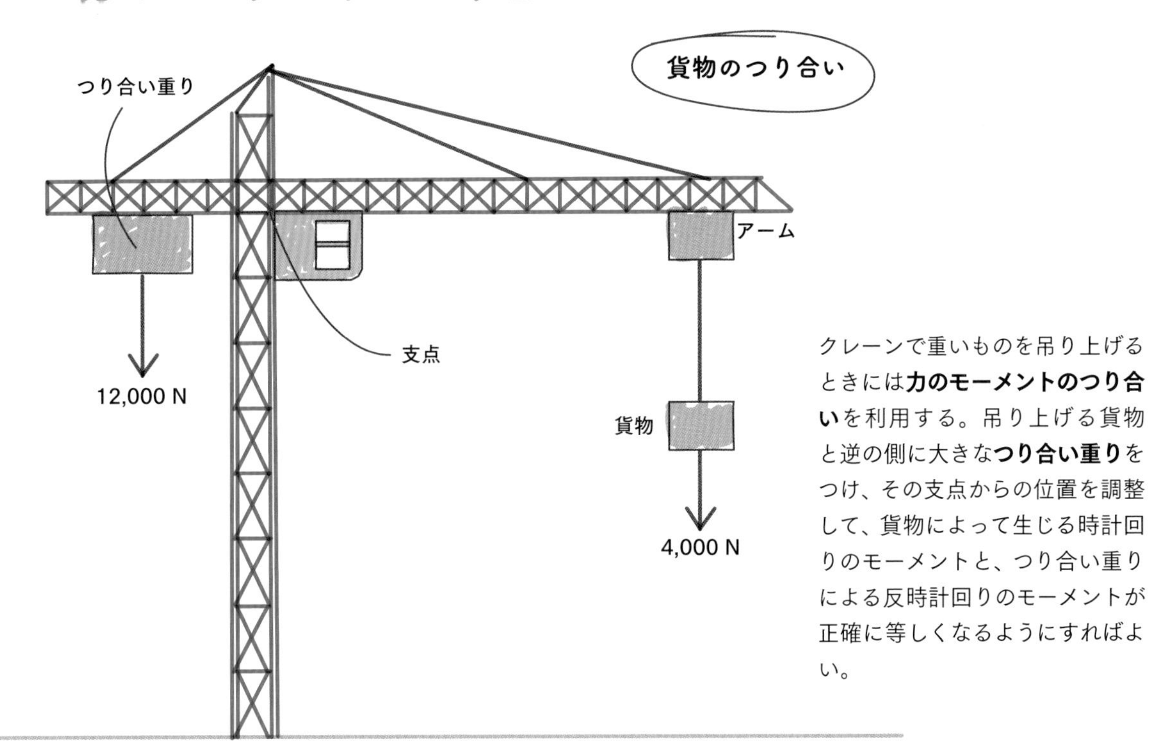

クレーンで重いものを吊り上げるときには**力のモーメントのつり合い**を利用する。吊り上げる貨物と逆の側に大きな**つり合い重り**をつけ、その支点からの位置を調整して、貨物によって生じる時計回りのモーメントと、つり合い重りによる反時計回りのモーメントが正確に等しくなるようにすればよい。

トラックが橋を通過するときには、老朽化していなければ実際に橋が回ったり落ちたりはしないけれども、回転系のつり合いが実現しているもう1つの例である。

両端の橋脚は橋と通過するトラックの重さを支えている。

P点を力のモーメントの支点と考えると、橋とトラックにかかっている重力はどちらも反時計回りのモーメントを発生させる。これが反対側の橋脚が橋を支えている力F_Aと橋の長さをかけた時計回りのモーメントにつり合う。

トラックが橋の上を進むにつれて橋脚が橋を支えている力F_AとF_Bの大きさは平衡を保つように変化して橋の安定が保たれる。

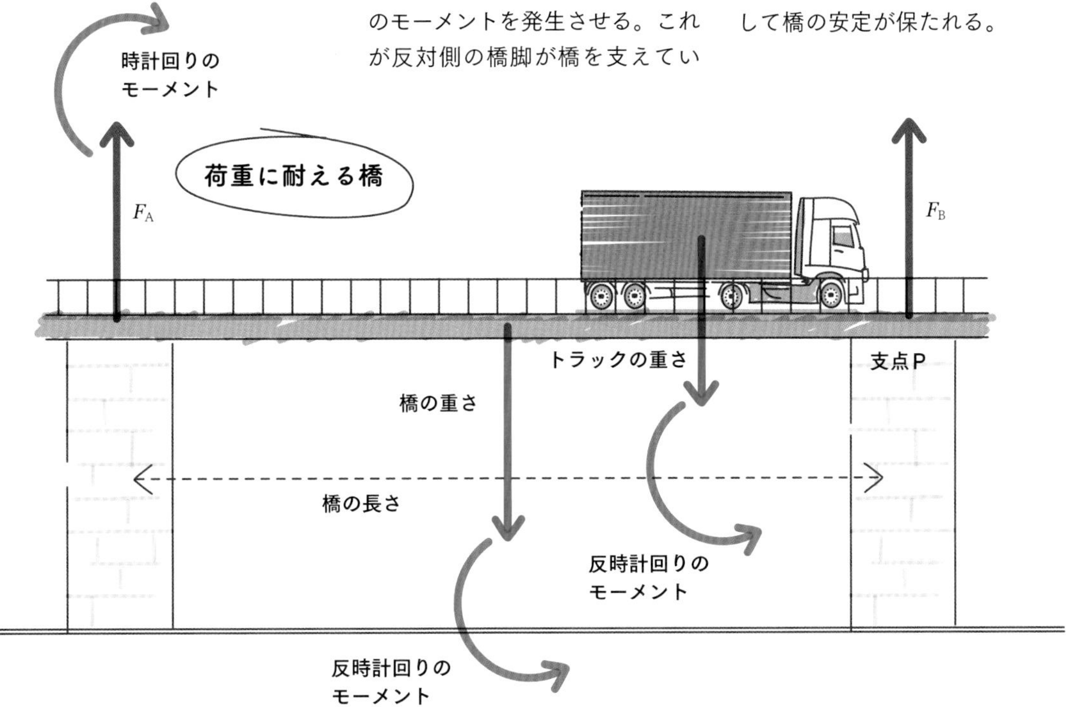

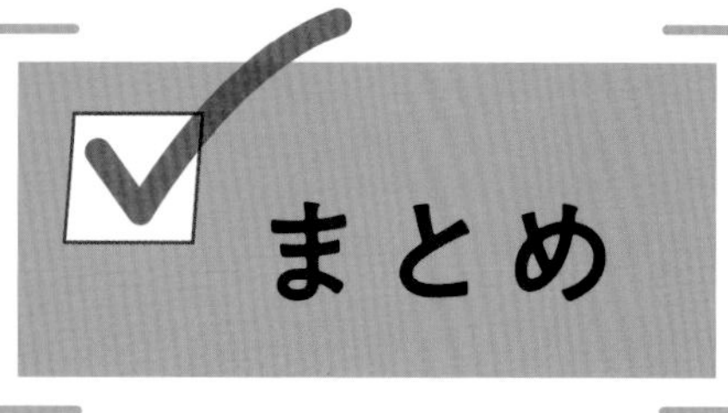

まとめ

いろいろな力

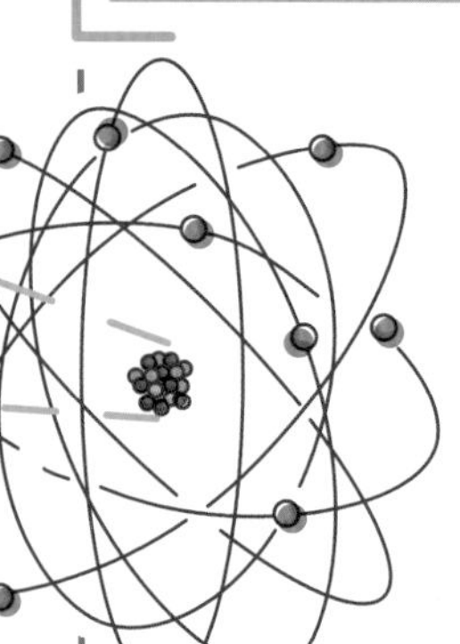

静電気力

電子は原子核との間の静電気力によって軌道に留まっている。

摩擦力

車輪と路面との間に摩擦があるので車は前進したり曲がったりできる。

向心力

回転遊具に乗った子どもは鎖の張力の働きによって円運動をしている。

円運動

重力

惑星は恒星のまわりを互いの万有引力によって公転する。

回転運動

つり合いの力学

回転のモーメント

自由に回転できる硬い物体に加えられた力と、その力が働いている点から回転軸までの垂直距離の積。

つり合った状態

時計回りの力のモーメントと反時計回りの力のモーメントが等しい。

回転運動の力学

向心加速度

運動の中心に向かって外から力が加えられている物体は中心に向かって加速される。

$$a = \frac{v^2}{r}$$

または $a = r\omega^2$

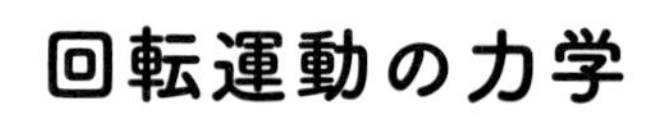

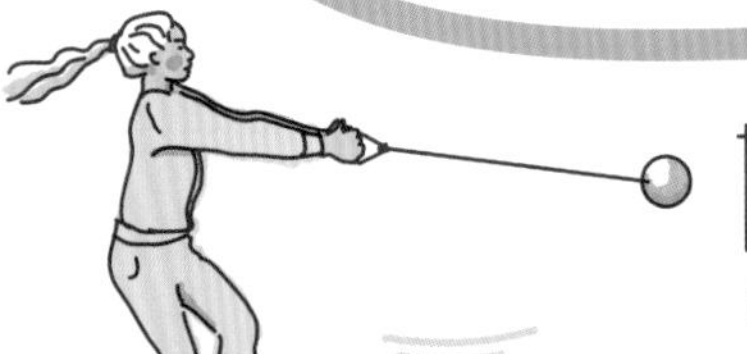

向心力

円形の経路の中心に向かう力はロープの張力などによって与えられる。

軌道とは？
公転速度
惑星の公転軌道が恒星に近いほどその公転速度は速い。
円軌道
公転軌道が完全な円であれば惑星の公転速度は一定である。
軌道運動
公転周期
惑星が恒星のまわりを公転する周期は恒星の質量と恒星から惑星までの距離で決まる。
楕円軌道
太陽系の惑星の軌道はわずかに楕円なので、公転速度は太陽に近いときと遠いときで変化する。
力のモーメントとは？
支点のまわりに物体を回転させる能力。
力のモーメント
回転運動のパラメーター
回転運動を記述する要素。
速度
半径
向心加速度
角速度
周期
てこの原理
てこを使うと、力が働く点から離れるほど、かける力は少なくて済む。

Chapter

4

保存の法則

宇宙のあらゆるものは物理学の法則に従っている。物理学の法則を理解して利用すれば、観測が可能なエネルギーや運動量、電荷などの量から、別の量を予測することが可能になる。物理学には「ある量は閉じた系の中では変化しない」という決して破られない法則があり、それを「ある量が保存する」、「保存される」と表現している。宇宙に存在するエネルギーの総量は、宇宙の始まりから現在に至るまで変っていない。エネルギーは他の物体に対して仕事をする能力と定義され、20 kg の荷物を地面から 1 m 持ち上げることができる、などと仕事として測定できる量である。たとえば、太陽光が電気エネルギーに変わるように、形態は変わっても、決して新たに発生したり、消滅したりすることはなく、宇宙全体のエネルギーは保存されている。

いろいろな保存則

物理学には、さまざまな反応や相互作用の結果を説明する絶対的なルールがある。それは、ある種の物理量はつねに保存されるということ。この章ではなかでも重要な、エネルギー、運動量、角運動量、そして電荷の保存則について説明しよう（63ページ、70ページ、155ページも参照）。

角運動量は角速度と慣性モーメントの積で定義される。慣性モーメントとは、物体の回転軸に対する形状で決まり、回転速度の変化のしにくさを表す量である（59ページ）。

23ページで述べたように、ある系の質量とその速度との積が**運動量**である（これを角運動量と区別して線運動量ということもある）。ビリヤードの玉の運動量は衝突の際に保存される。突き玉は当たった全部のまと玉に運動量を渡すが、後で述べるように閉じた系では運動量の合計は一定で、衝突の前と後でも等しい。

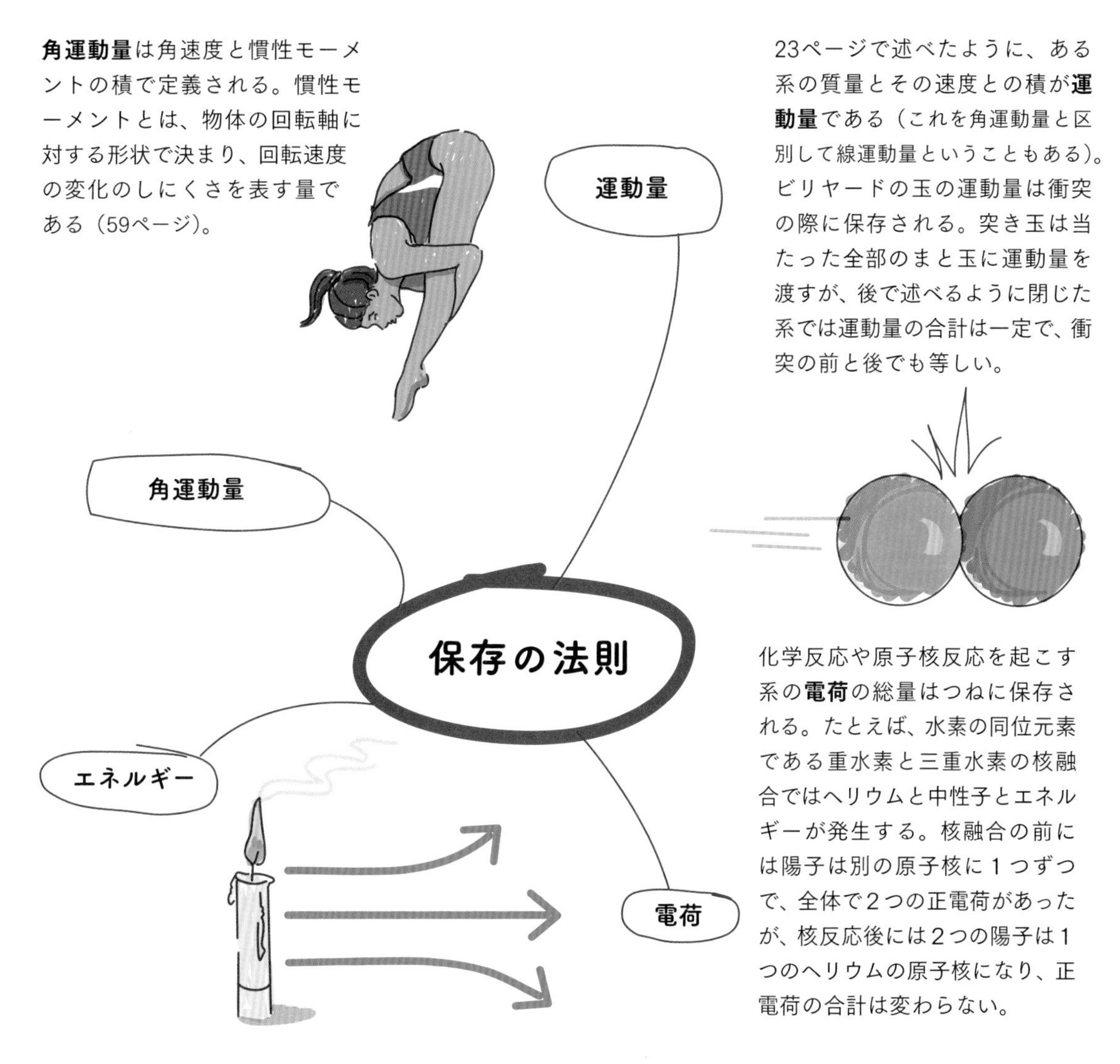

化学反応や原子核反応を起こす系の**電荷**の総量はつねに保存される。たとえば、水素の同位元素である重水素と三重水素の核融合ではヘリウムと中性子とエネルギーが発生する。核融合の前には陽子は別の原子核に１つずつで、全体で２つの正電荷があったが、核反応後には２つの陽子は１つのヘリウムの原子核になり、正電荷の合計は変わらない。

エネルギーは、化学エネルギー、運動エネルギー、熱、光、などいろいろな形をとる。系の中と外でエネルギーのやりとりがないような閉じた系ではエネルギーの合計は不変で、別の形に変わることはあるが、エネルギーが失われることはない。ろうそくのろうは化学エネルギーをもっている。ろうそくに点火すると、このエネルギーは熱や光に変わり、そしてときには音にも変わるかもしれない。

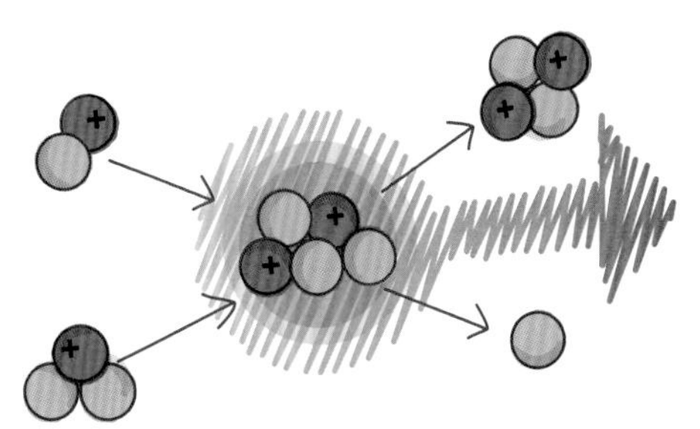

閉じた系

物理系ではいろいろな量を測定することができ、何かの現象の結果や、進行中の現象のなりゆきを予測することができる。測定できる量には、ある系に含まれるすべての粒子の位置、運動量、全エネルギーなどがある。閉じた系、すなわちエネルギーや質量の出入りがないと想定される系には、容器内の気体の粒子のような多数の物体が含まれている場合もあるし、1個のバスケットボールのような単独の物体であることもある。

完全に閉じた系

閉じた系の中の合計のエネルギー、電荷、運動量、角運動量は決まっているが、これらの量のなかには系の中で別の粒子に移動できる、あるいは移動するものもある。

閉じた系の1つの例として、ある容器にいっぱいの空気を考えよう。この容器は完全に断熱されていて、容器の中の粒子と外部とで熱の移動はできない。粒子間でのエネルギーの移動はあるかもしれないが、系のエネルギーの合計は変わらない。

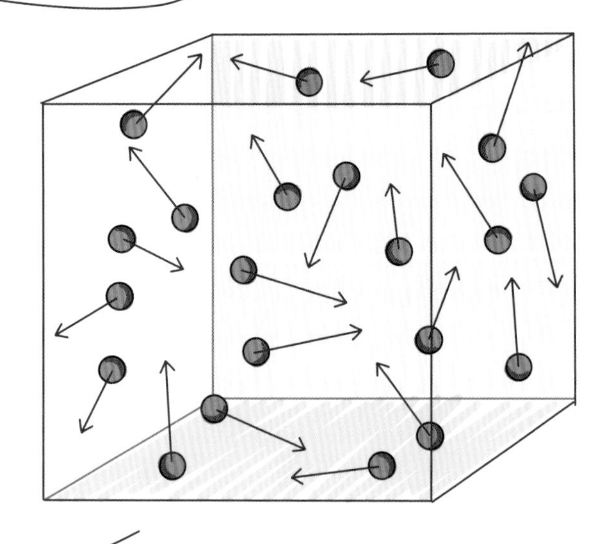

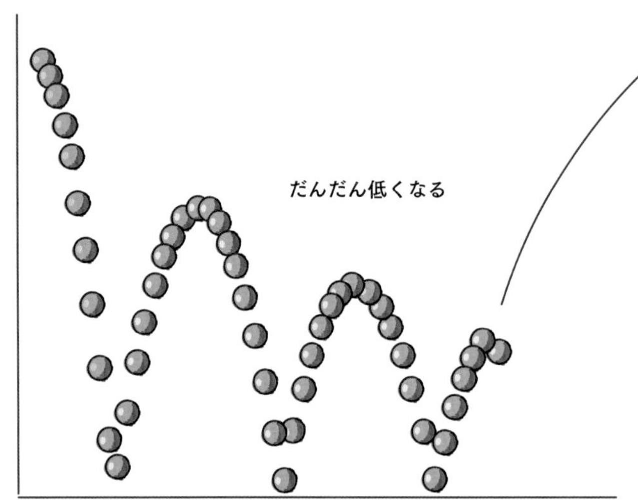

床で跳ね返るボールも、周辺の空気と床とを含む閉じた系として扱うことができる。ボールが跳ね返るとエネルギーの一部は音と熱となって周辺へ散逸する。するとボールの運動量は跳ね返るたびに減少し、やがて0になる。

現実には、このような理論的に考えられる状況が孤立して存在することはない。宇宙はつながっているので、エネルギーの交換は必ず起こっている。しかし、系全体の成り行きを調べるために、孤立していると仮定したモデルを考えることはできる。

エネルギーの保存

エネルギーには、静止しているときの位置エネルギー、動いているときの運動エネルギー、あるいは熱や光、化学エネルギーなどいろいろな形態がある。エネルギーは容易に別の形態に変化するし、物体間で交換することもできる。しかし何もないところから出現したり、消滅したりはしないというのが本質である。

動いている物体には、**運動エネルギー**と運動量がある。真空中でない限り、物体は水や空気などの流体中を移動し、流体の粒子による抵抗力を運動と逆の方向に受ける。

ダイバーは水の粒子に触れてエネルギーを水に移動させる。ダイバーの体の運動エネルギーは水の粒子の運動エネルギーに変化し、水の温度が上がる。ダイバーはエネルギーを失って減速する。

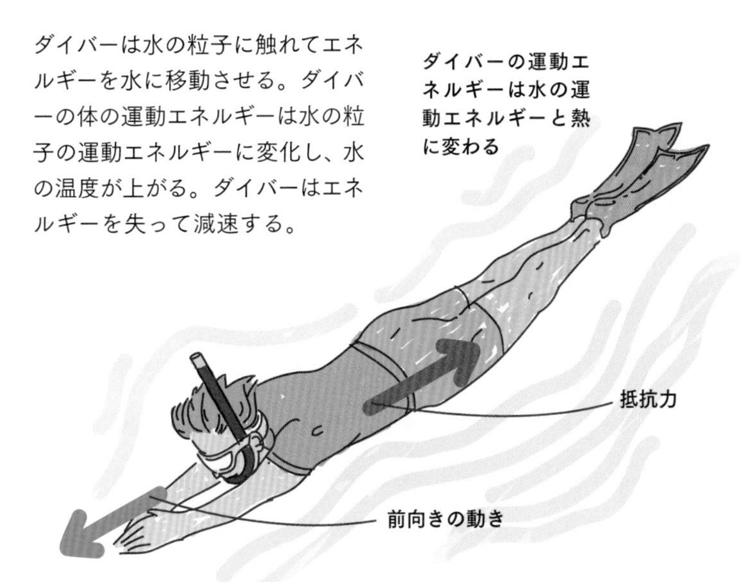

最初にあった位置エネルギーは、運動エネルギーや音や熱に変化する

h

エネルギー

高さh

全エネルギー
位置エネルギー
運動エネルギー

ある高さまで重力に逆らって動かすために必要な仕事の量を**位置エネルギー**という。斜面の底の高さを0として、そこでの位置エネルギーを0とする。質量mの選手の高さhでの位置エネルギーは、重力mgに等しい大きさの力で選手を0からhまで持ち上げる仕事に等しいのでmghである。この選手が速度0で最高点から出発し、重力で加速されて斜面を下ると位置エネルギーは徐々に運動エネルギーに変化する。下の図のように位置エネルギーの減少分が運動エネルギーになり、エネルギーの合計は変わらないというのがエネルギー保存の法則である。実際には音や熱となってエネルギーは次第に散逸する。

どのような系でもそのエネルギーは時間とともに熱や音などの形に変化して逃げていく。エネルギーの散逸の過程は逆行できないのがふつうで、系全体は秩序のない状態に向かう。これを**エントロピー**の増大（138ページ）と呼ぶが、エネルギーが散逸したカオスのような状態でもすべての形態のエネルギーを集めた合計は変わらない。

衝突

保存則を適用すれば、エネルギーの交換、熱の移動、不安定な原子核の放射性崩壊などの物理的な過程の結果を予測することも可能になる。

ある系の中で物体が作用し合うとき、エネルギーの交換や運動量の交換が発生する。そのような相互作用は複雑だけれども、物理学では、相互作用をする物体は回転せずに正面衝突をする質点である、などと簡単化して考える。実際の衝突は、たいてい正面ではなく斜めであったりするけれども、多くの衝突を平均してみれば、この簡単化は近似として悪くない。

物体の相互作用

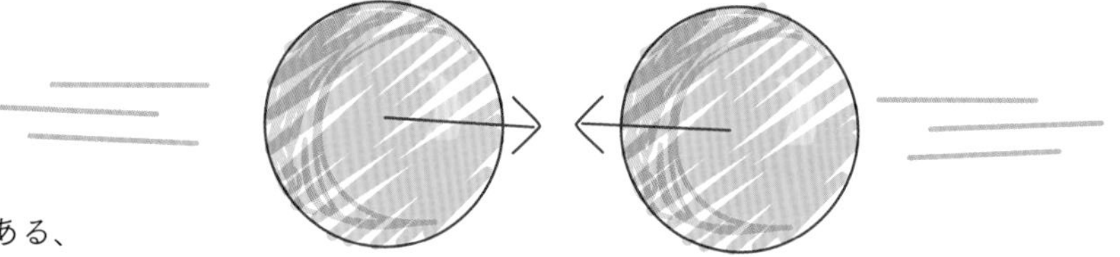

さらに、物体は**非圧縮性**である、つまり硬くて変形しないと考えることにする。これもまた、かなりの簡単化ではあるけれども、もう少し厳密に取り扱うのはそのあとでよい。

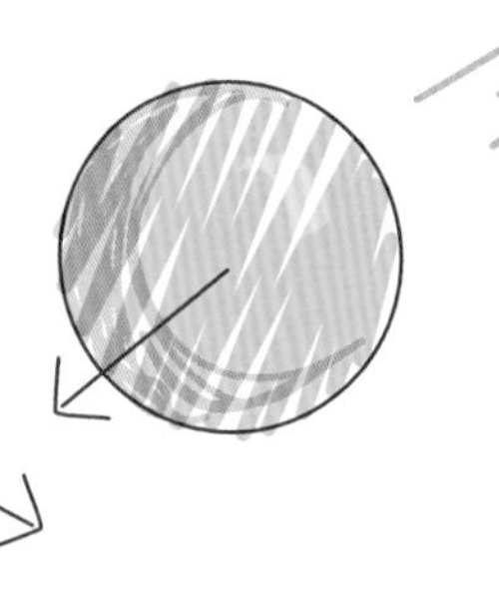

圧縮されるボール

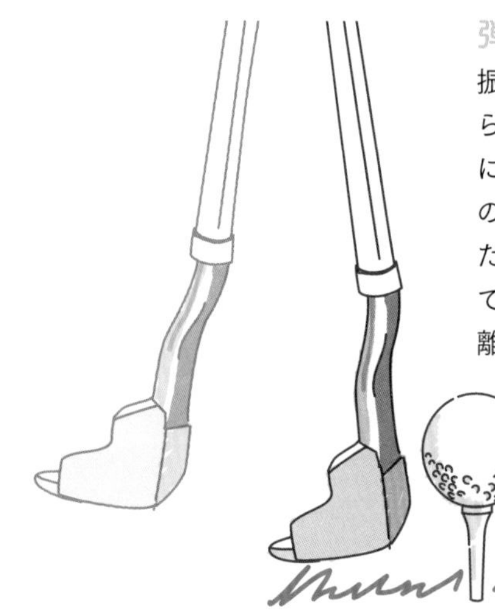

弾性のエネルギー

振り下ろされたゴルフクラブから、ティーの上に静止したボールに運動量が移るとき、エネルギーの一部は、打たれて押しつぶされたボールに**弾性のエネルギー**として蓄えられる。ボールがティーを離れるときに、もとの形に戻って弾性のエネルギーが運動エネルギーとなってボールは飛ぶ。ゴルファーのスイングの際に移された運動量は、ボール以外に移った一部を除いてボールの運動量になって飛んでいく。

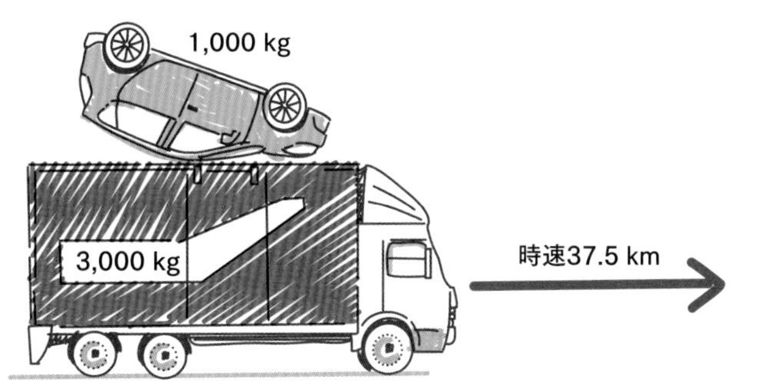

衝突には、**完全弾性衝突**と**非弾性衝突**の2種類がある。

完全弾性衝突では、物体どうしは完全にエネルギーを交換し、その系の中では運動エネルギーの損失はない。完全弾性衝突の際には、衝突してもエネルギーが熱や音に変わることはなく、物体はエネルギーを保存して、別の方向へ移動を続ける。単に弾性衝突といえば完全弾性衝突を意味する。

非弾性衝突の際には、物体の運動エネルギーの一部は衝撃の音や熱となって散逸する。すなわち、衝突前の運動エネルギーの合計は衝突後よりも大きいということであり、エネルギーが減少した分だけ平均として速度が減少する。車どうしの衝突のような非弾性衝突では、双方が合体して速度が落ちるという場合もある。

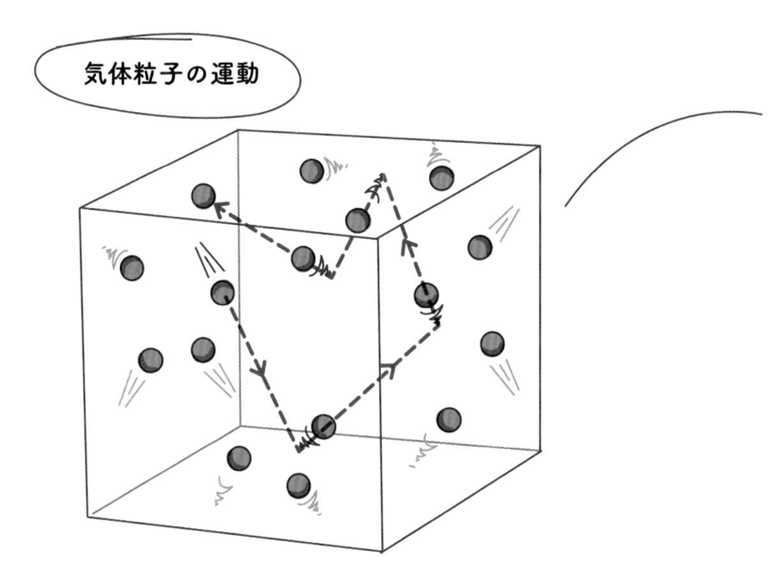

衝突が完全に弾性的であれば、運動エネルギーと運動量の両方が保存される。完全弾性衝突の例は、容器に閉じ込められた**理想気体**と呼ばれる気体の粒子と容器の壁との衝突で、粒子の平均速度は気体の温度によって決まっている。理想気体では気体粒子の大きさを考えないので粒子どうしの衝突は起きない。容器に閉じ込められた理想気体の粒子は壁との完全弾性衝突を繰り返している。

完全弾性衝突ならば運動エネルギーと運動量がともに保存される

衝突が非弾性的であれば運動量だけが保存される

衝突後、合体して同じ速度になる場合を完全非弾性衝突という。この場合も運動量は保存される

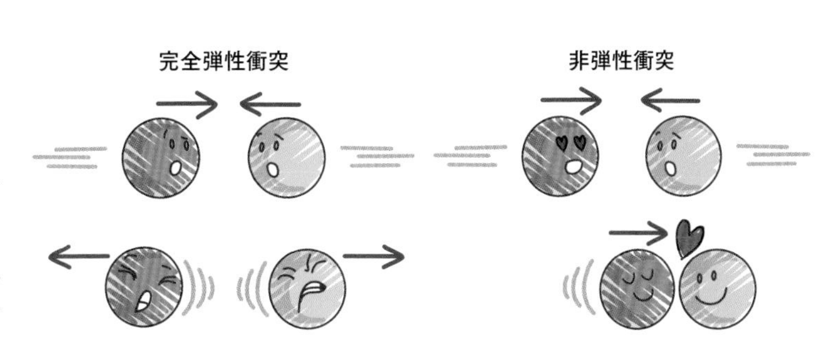

運動量の保存

運動量pは物体の質量mと速度vの積である。２つ以上の物体が衝突のような作用をし合うときに、衝突が完全弾性的でも非弾性的でも、運動量は保存される。これが**運動量保存の法則**である。

運動量はベクトル量であって、1次元の運動ならば正と負の向きがある。

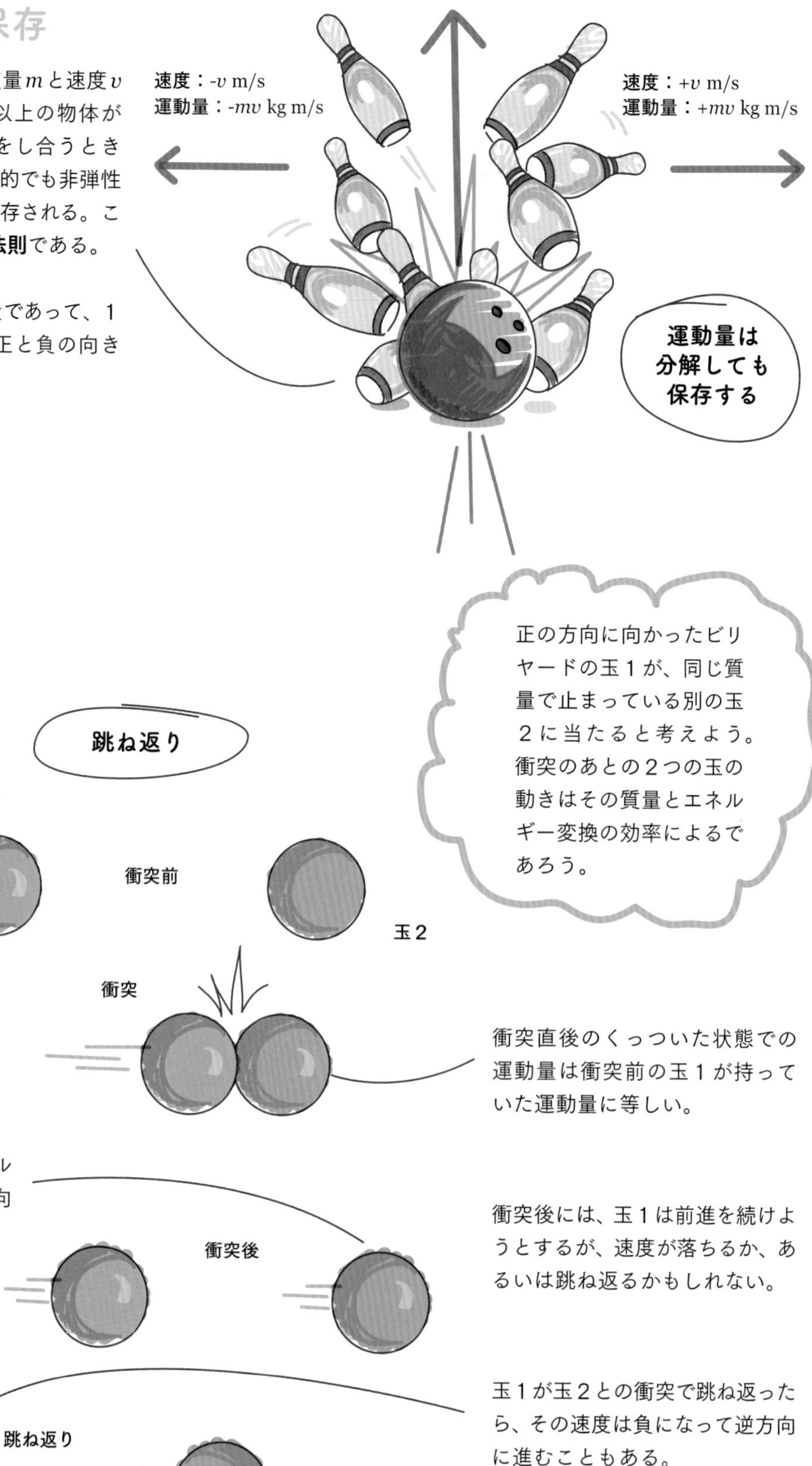

反跳

ライフルに装填された銃弾は点火前には静止していて速度は0、運動量も0である。引き金を引くと銃弾に火がつき、火薬のエネルギーによって銃弾の速度が急激に増加し、瞬時に正の運動量を得る。ライフルは逆方向に**反跳**（**反動**ともいう）を受けるが、銃弾より質量が大きいので速度は小さく、運動量は負。銃弾とライフルの運動量は大きさが同じで逆方向、その**合計は0**である。ライフルを人がかまえているときには、反跳を受ける質量はさらに大きい。

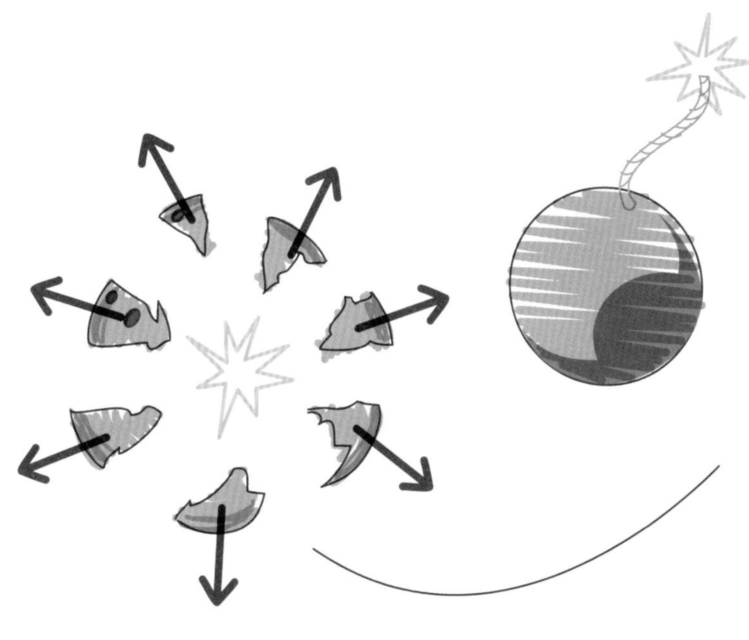

爆発

花火のような爆発物も運動量を保存する。点火前の状態では速度はない。爆発すると、破片はあらゆる方向へ飛び散って同じように加速される。破片の大きさも速度もさまざまであるけれども、すべての破片の運動量のベクトルとしての和は0になる。

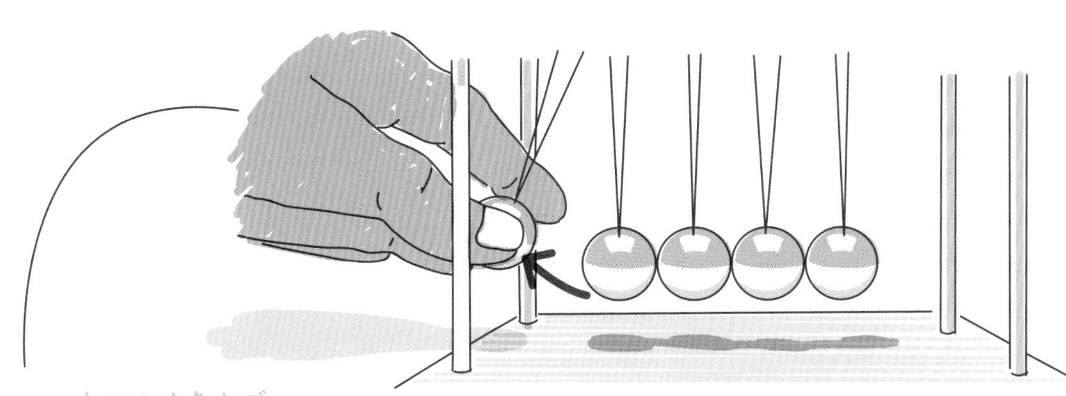

ニュートンのゆりかご

同じ質量と大きさの硬い金属球が接するように同じ高さに吊り下げられている。端の球を糸を張ったまま持ち上げて離すと隣の球に当たり、瞬時に運動量が反対側の端まで伝わって端の球が同じ高さまで上がる。その球が戻ってくると、また同じことを繰り返す。球が当たる音で少しずつエネルギーを失い、やがて止まってしまう。

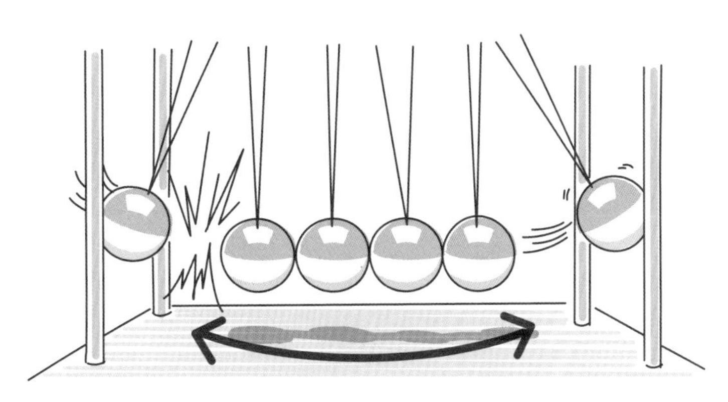

角運動量の保存

角運動量は回転、あるいは自転する物体のもつ回転の勢いを表す物理量である。ある軸のまわりで回転する物体の角運動量はベクトルで、その大きさは物体の質量と、回転軸に対する質量の分布、そして回転の角速度で決まる。同じ質量でも左側のように回転軸付近に質量が集中している系と、右側のように質量が回転軸から離れて分布している系では、同じ角速度で回転している場合には左側の方が角運動量は小さい。

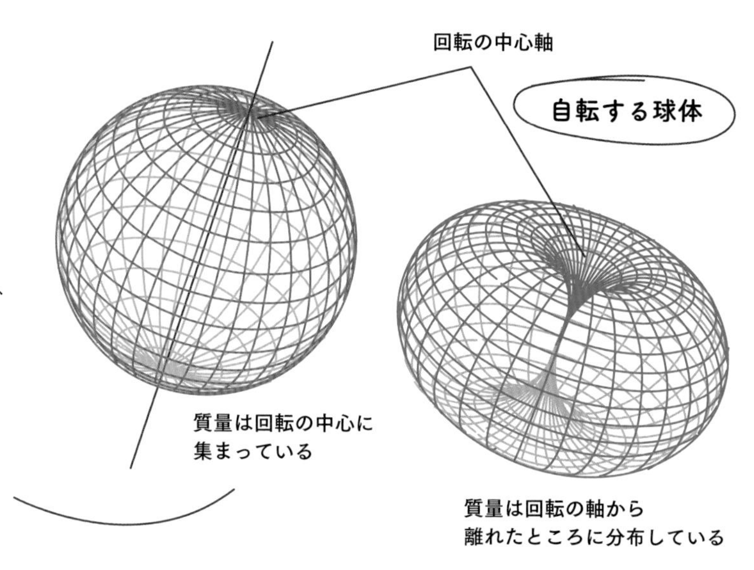

系が孤立していて質量の分布が変化するときには角速度が変化して角運動量はいつも保存する。

よく使う例だけれど、スケート選手がスピンしながらその姿勢を変えるときには角運動量が保存される。広げていた腕を体の前に持ってくると、体の質量の分布がスピンの軸の方に近づいて平均的な距離が減少するので、スピンの速度は速くなる。

回転している恒星が、星の進化の最終段階で崩壊し収縮を始めると、その回転は速くなる。質量のかなり大きな星の場合は崩壊して、中性子星かブラックホールになる。中性子星が回転軸に対して傾いた磁極から電波を放射すると、その電波は自転の周期で脈打つように観測され、自転速度がわかる。この星をパルサーと呼ぶ。星がさらに収縮すると（宇宙空間に質量を放出することがなければ）、角運動量を保存するために回転速度が増す。終末期の恒星のなかにはその半径が極端に収縮して1分間に4万回転を超えるものもある。

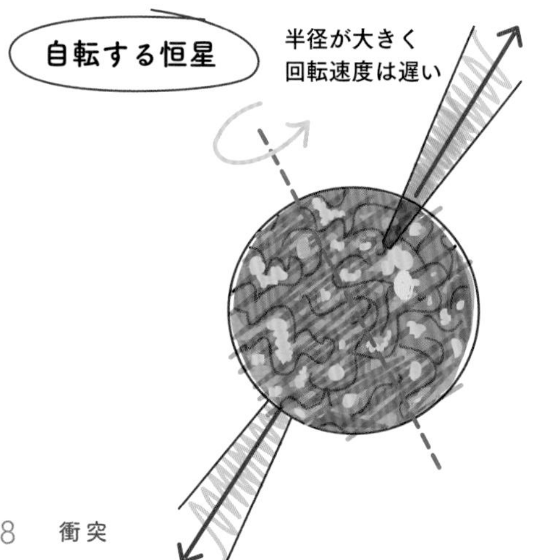

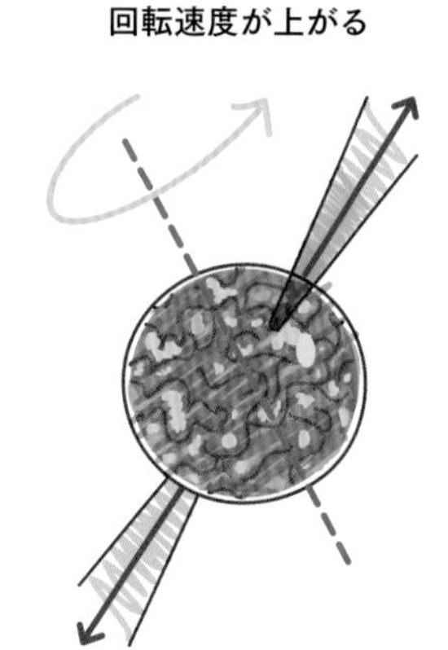

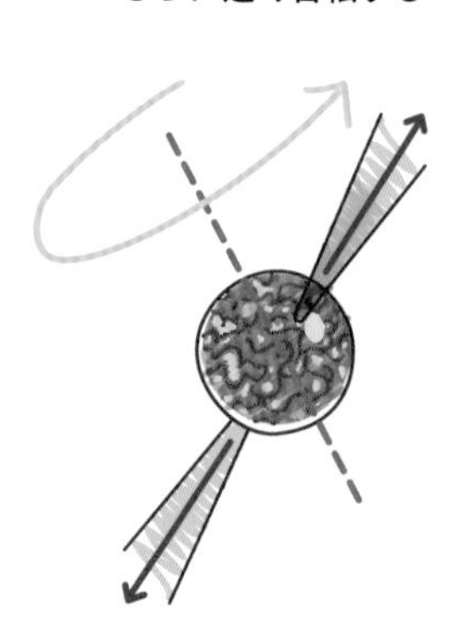

角運動量は、物体の回転の角速度と**慣性モーメント**の積である。ある物体の慣性モーメントとは、回転状態の変わりにくさを表わす量で、物体の回転軸に対してどのように質量が分布しているかで決まる。

ある物体が回転（スピン）をしていると、回転の速さと物体の質量の分布で決まる角運動量をもっている。角運動量は回転するものの形が変わっても保存される。飛び込みの選手はより速く回転したいときには体をできるだけ小さく丸め、回転の中心に質量を集める。

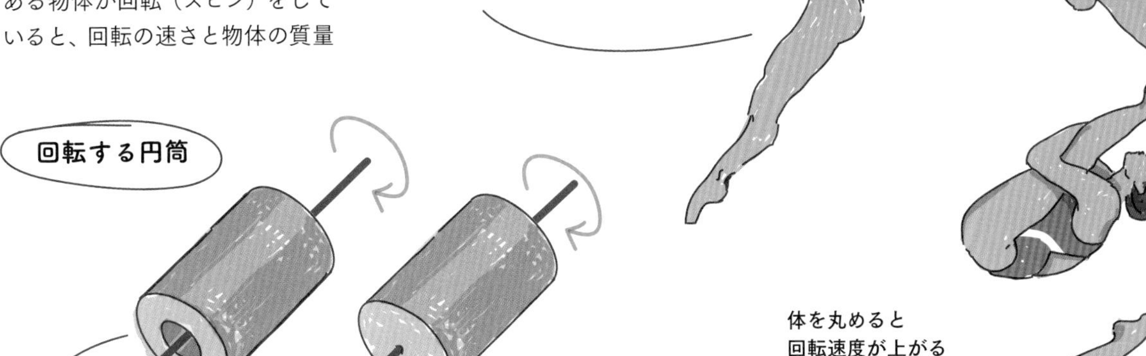

外径と長さの等しい同じ材料でできた2つの円柱を考えよう。片方を図のようにくり抜いて管状にする。回転の軸の両端を何かで支えて同じ角速度で回転させておき、スイッチを切ってそのまま放置すると、管の方が中まで詰まった円柱よりも簡単に減速する。管は詰まった方と（中空部分も含めて）同じ体積を占めているが、くり抜いた分だけ質量が小さいので慣性モーメントは小さい。慣性モーメントを計算することは本書のレベルを超えるが、簡単に言えば、慣性モーメントの大きいものは回しにくく、止めにくいということである。

こまはできるだけ長い時間、回り続けるように設計されている。そのためには厚さに比べて直径を大きく、先を細くして慣性モーメントを大きくする。一般に直径が大きいほどこまは長く回り続ける。

まとめ

いろいろな保存量

閉じた系の中のエネルギー、運動量、電荷はつねに保存する。

運動量

運動量pは質量mと速度vの積、速度はベクトルなので運動量もベクトル。

$$p = mv$$

エネルギー

運動エネルギー、化学エネルギー、位置エネルギー、熱、音、光などのいろいろな形のエネルギーに変化するが、決して消滅はしない。

電荷

考えている系の電荷の総量は化学反応や原子核反応が起こっても保存される。

保存則の普遍性

いろいろな保存則

運動量の保存

角運動量

角運動量は回転の角速度と慣性モーメントの積である。

運動量とは？

運動量はベクトル量なので2つの同じ質量の物体が逆方向に同じ速さで動いていれば運動量の合計は0である。

慣性モーメント

慣性モーメントとは物体の回転の止めにくさを表す量。

質量の分布

全質量が同じでもその回転軸に対する分布が変われば慣性モーメントは変化する。

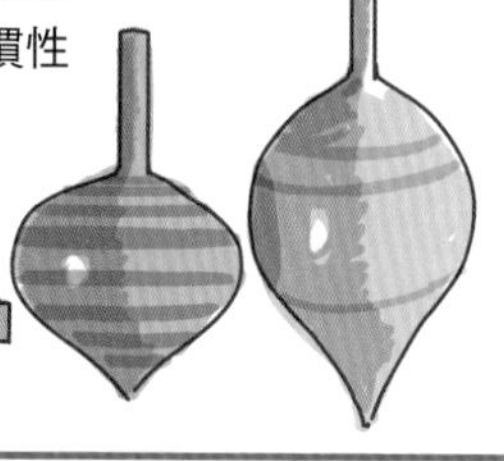

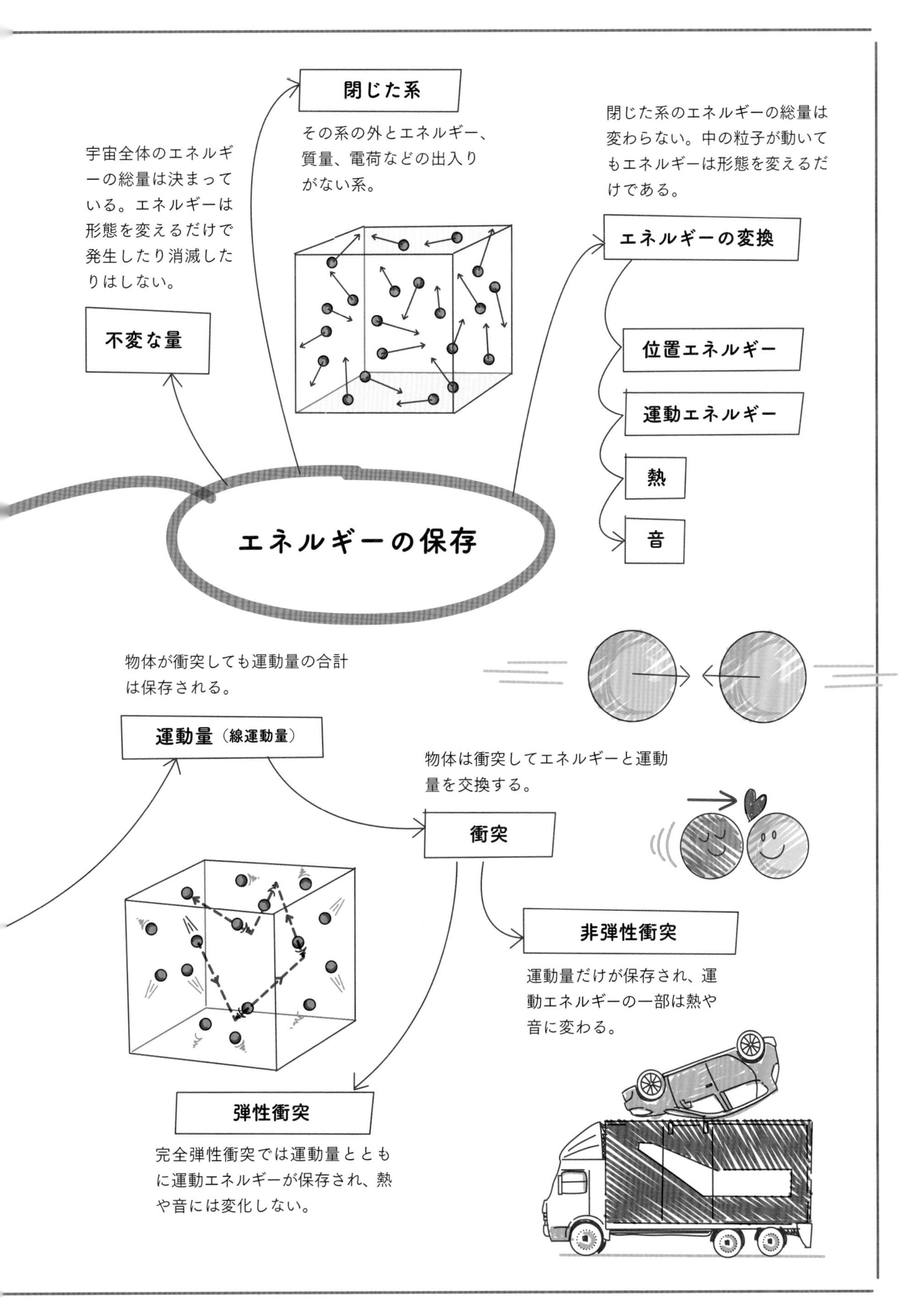
閉じた系
その系の外とエネルギー、質量、電荷などの出入りがない系。
宇宙全体のエネルギーの総量は決まっている。エネルギーは形態を変えるだけで発生したり消滅したりはしない。
不変な量
閉じた系のエネルギーの総量は変わらない。中の粒子が動いてもエネルギーは形態を変えるだけである。
エネルギーの変換
位置エネルギー
運動エネルギー
熱
音
エネルギーの保存
物体が衝突しても運動量の合計は保存される。
運動量（線運動量）
物体は衝突してエネルギーと運動量を交換する。
衝突
非弾性衝突
運動量だけが保存され、運動エネルギーの一部は熱や音に変わる。
弾性衝突
完全弾性衝突では運動量とともに運動エネルギーが保存され、熱や音には変化しない。

Chapter

5

電気現象と回路

電気は、建物内外の照明、インターネットの運用と利用、携帯機器の充電など日常生活には欠かせない。スイッチの操作1つで電気のエネルギーは生活に流れ込んでくる。白熱電球が使われ始めたのは19世紀末、普及したのは20世紀に入ってからで、それほど昔のことではない。それまでの明かりは、大昔には薪(たきぎ)、それから植物や魚の油、ろうそく、そのあとは石油ランプやガス灯などすべてものを燃やして光を得ていた。今では電気のない生活を想像することは難しいが、それでも災害時の停電は十分考えられることである。電気はどこから来るのか、スイッチ1つで瞬時に電灯がつくのはなぜか、いったい電気とは何か、ここから始まる3つの章で学んでおこう。

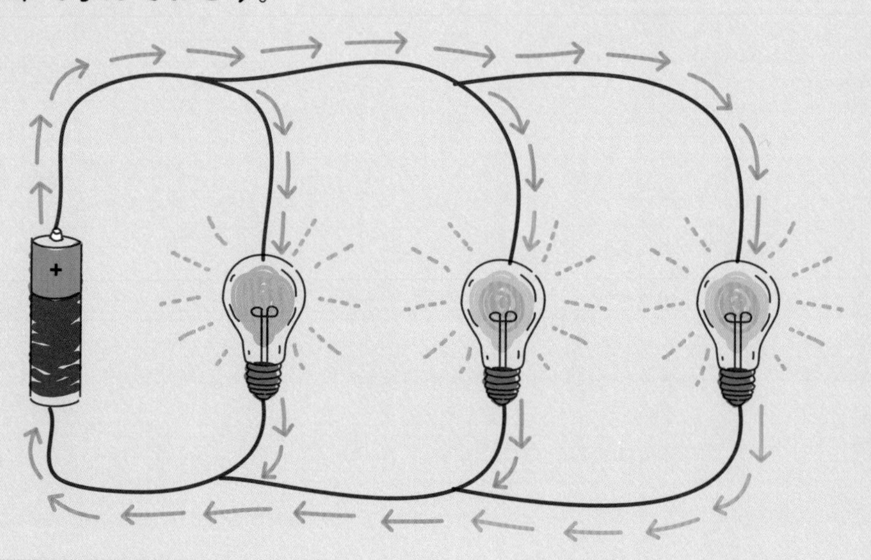

電荷とその移動

電気の現象は電荷を帯びた粒子（荷電粒子）によって引き起こされる。荷電粒子は電子またはイオンで、電子は負の電荷、イオンは正の場合も負の場合もある。物理学では電荷をふつうQまたはqという文字で表記する。電荷の単位はC（クーロン）で、1Cは1A（アンペア）の電流が1秒間に運ぶ電荷の量に等しい。この単位はフランスの技術者で物理学者でもあったシャルル・ド・クーロン（1736-1806）に因んでいる。

1Cの大きさは電子の数にすると6の後ろに0が18個も並ぶ数

1Cは電子やイオンのもつ電荷に比べてとても大きな単位である。電子1個の電荷はおよそ1.6×10^{-19} Cで、この量を**電気素量**、または素電荷という。雷の電荷は15 Cから300 Cぐらいである。

電子1個の電荷の大きさはいつも電気素量に等しく、1個のイオンは電気素量の整数倍の正か負の電荷を帯びている。

電荷は静止していることも、動いていることもある。ある点から基準点まで1Cの電荷を動かすのに必要な仕事の量を、基準点から測ったその点の**電位**という。電荷は2点の電位が異なるときに移動できる。電位の差を**電位差**、または**電圧**という。

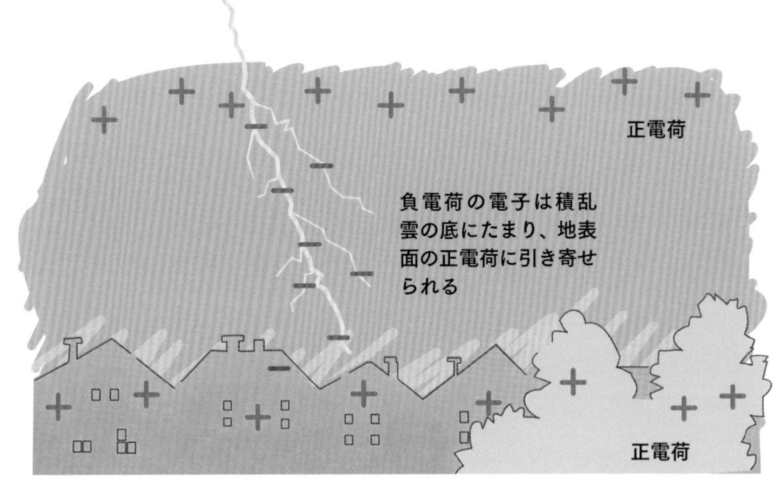

川の流れを考えよう。水が流れるところには土地の高低差があり、高い方から低い方へ流れる。同じように電荷を帯びた粒子は電位差のあるところを流れるが、どちらに向かうかはその電荷が正か負かによる。

このような電荷の移動が**電流**で、正の電荷が移動する方向を**電流の向き**と決めている。

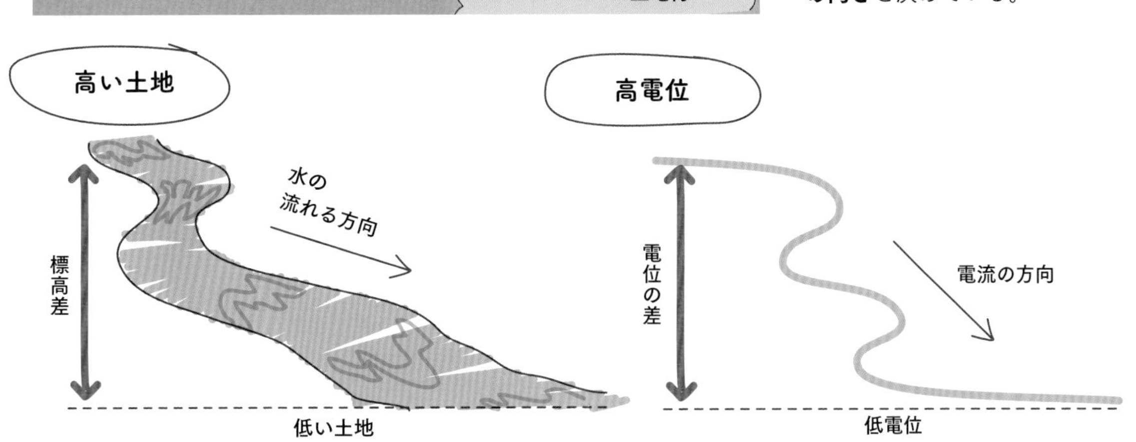

電流、電圧、抵抗

電荷を帯びた粒子の移動である電流の大きさを決めるものは2つ、1つは電位の差（電圧）、もう1つは電荷が移動している媒体中での移動のしにくさ（電気抵抗）である。

電流と電圧

荷電粒子が移動して電流となるためには荷電粒子がつぎつぎに供給されることと、電位の差がなければならない。日常使っている電気では電子が銅の導線の中を移動している。銅のような金属では結晶の中に自由に動ける電子である**自由電子**がたくさんあるが、電位差がなければ静止している。

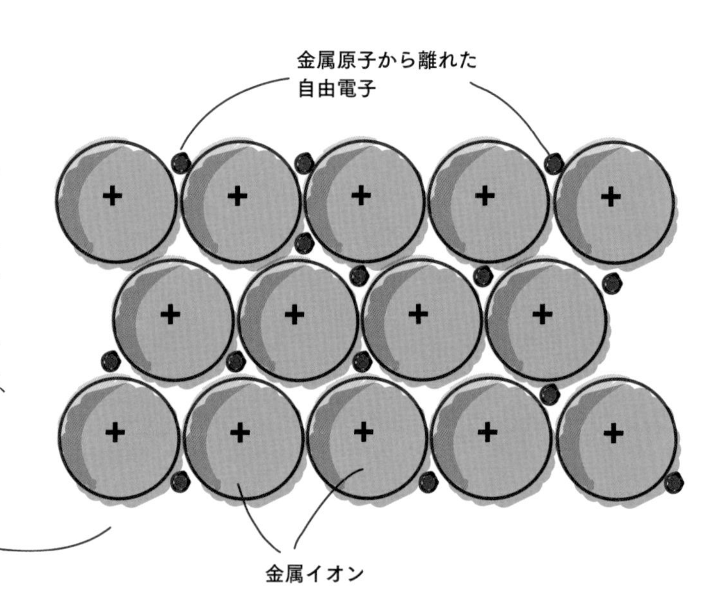

1V（ボルト）の電位差を越えて1Cの電荷を運ぶのには1J（ジュール）の仕事が必要である。電圧の単位もVである。物体を1Nの力で1m動かすための仕事も1Jであり、Jはエネルギーの単位でもある。

電流の大きさはある断面を単位時間に通過する電荷の量で決める。電流の単位はA（アンペア）、1Aは1秒間に1Cの電荷が通過するという大きさである。また、電気抵抗の大きさ（抵抗値）の単位はΩ（オーム）で、1Aの電流が流れたときに両端の電位差が1Vとなる抵抗値が1Ωである。1Ωの抵抗に1Aの電流が1秒間流れると1Jのエネルギー、つまり熱量が発生する。

1Vの電位差は1Ωの抵抗に1Aの電流を生じる。

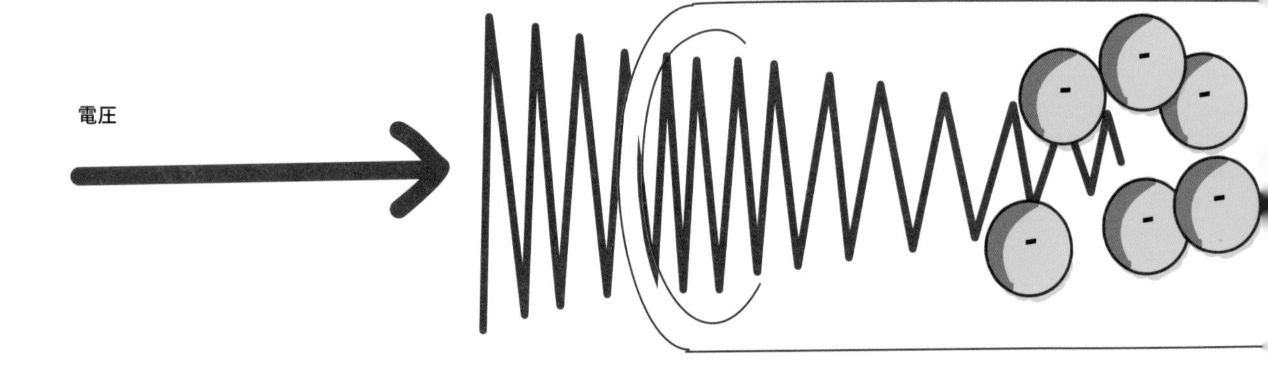

電気抵抗

導線の**電気抵抗値**を決める主な要素はその材質、長さ、断面積である。温度も重要な要素であるが、ここでは考えないことにしよう。導線に使われている材質は、その結晶の構造によって自由電子の量が違うことで電流の大きさに影響を与える。

実際には、どのような物質もある程度は電子の流れを妨げるが、銅はそのような妨害がもっとも少ない物質の1つである。このような電流の流れにくさを表現するのが**電気抵抗**（単に**抵抗**ともいう）である。

もう一度、高低差を流れ下る川を考えよう。水流は、傾斜が急かどうか（外からかける電圧の大きさ）、川の深さと幅（導線の断面積）、川底のようすや岩のような障害物（導線の材質）などに影響されるだろう。

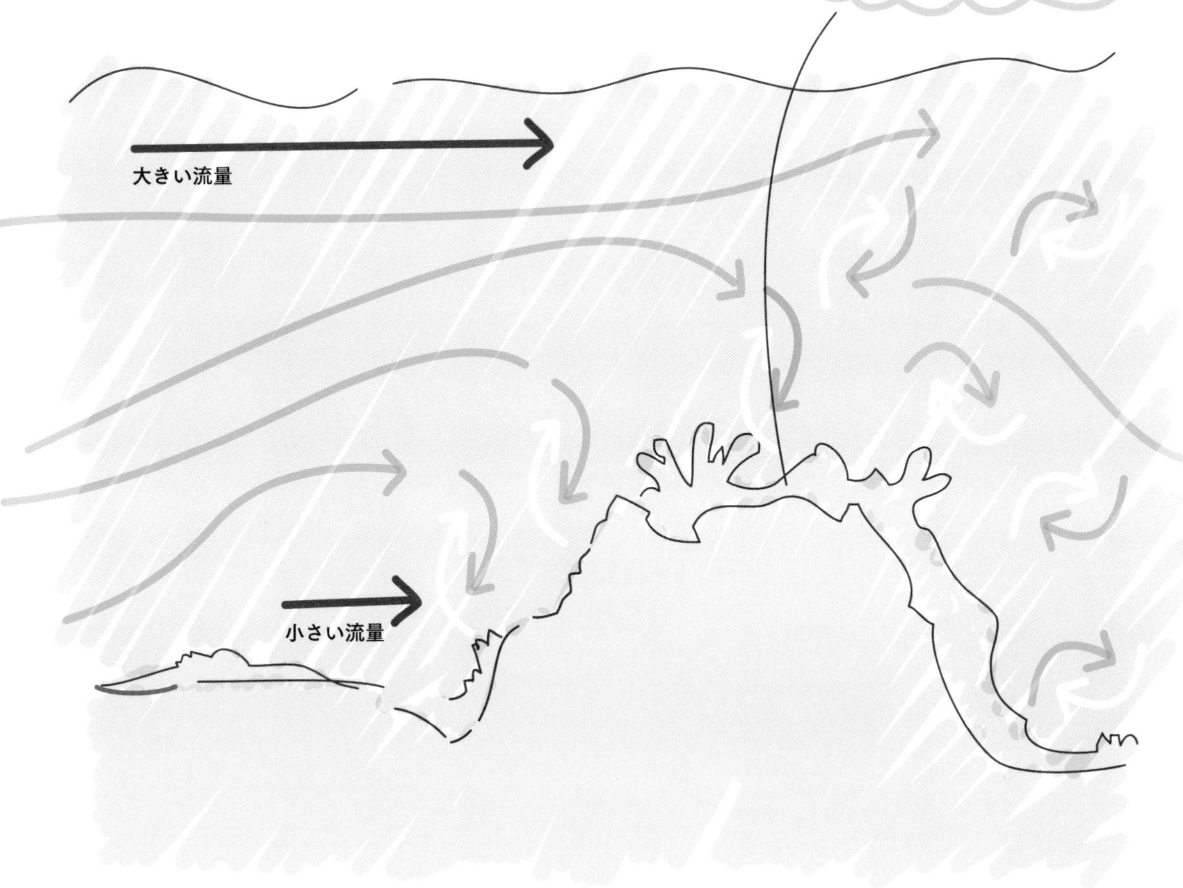

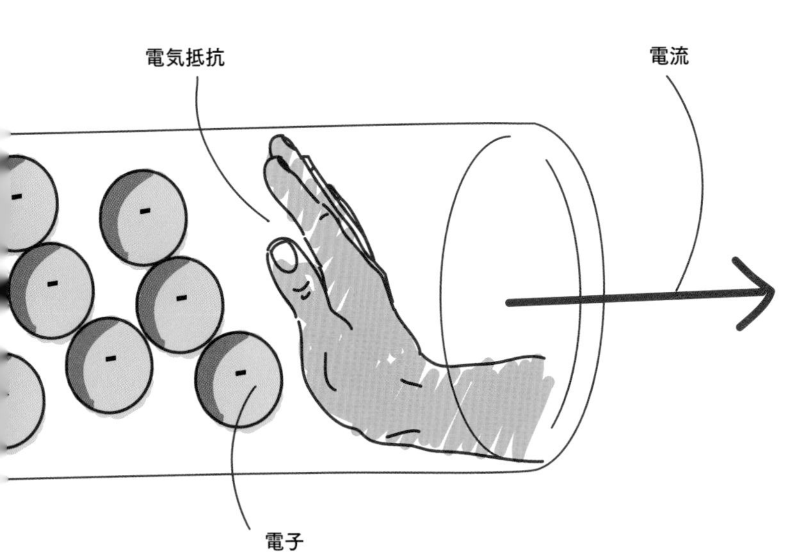

電圧の単位のVは電池を発明したイタリアの物理学者アレッサンドロ・ヴォルタ（1745-1827）、Jは1840年に電流の発熱作用に関する法則を導いたイギリスのジェームス・プレスコット・ジュール（1818-89）の名を残している。電流の単位Aはフランスのアンドレ＝マリ・アンペール（1775-1836）に因んでいる。

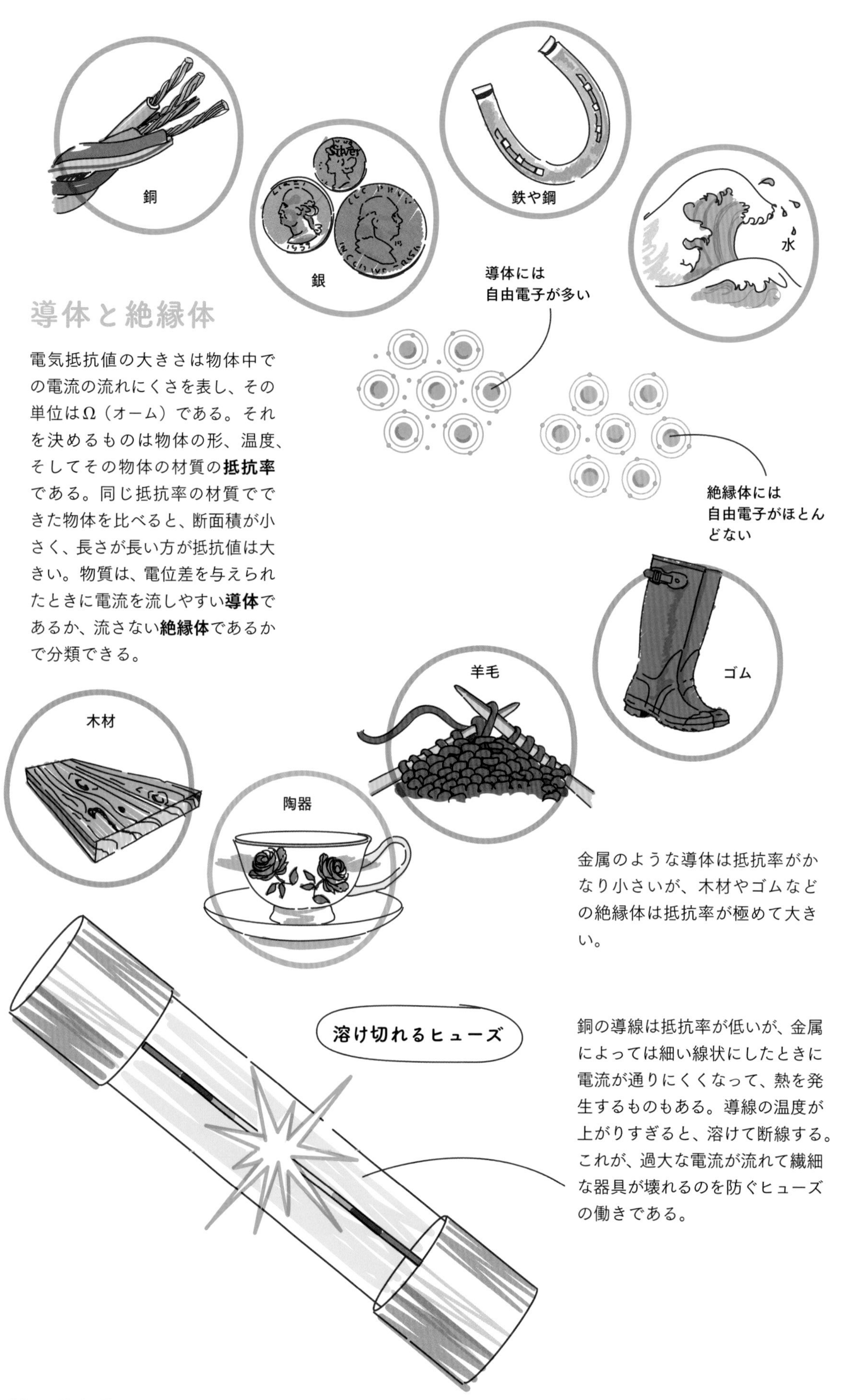

導体と絶縁体

電気抵抗値の大きさは物体中での電流の流れにくさを表し、その単位はΩ（オーム）である。それを決めるものは物体の形、温度、そしてその物体の材質の**抵抗率**である。同じ抵抗率の材質でできた物体を比べると、断面積が小さく、長さが長い方が抵抗値は大きい。物質は、電位差を与えられたときに電流を流しやすい**導体**であるか、流さない**絶縁体**であるかで分類できる。

金属のような導体は抵抗率がかなり小さいが、木材やゴムなどの絶縁体は抵抗率が極めて大きい。

銅の導線は抵抗率が低いが、金属によっては細い線状にしたときに電流が通りにくくなって、熱を発生するものもある。導線の温度が上がりすぎると、溶けて断線する。これが、過大な電流が流れて繊細な器具が壊れるのを防ぐヒューズの働きである。

オームの法則

銅のような抵抗率の小さい物質には小さな電圧でも電流が流れる。空気や木材やゴムなどは大きな電圧をかけても電流はほとんど流れない。このような電気抵抗の値と電流と電圧の間の関係が**オームの法則**で、下のような式で表現される。ゲオルグ・オーム（1789-1854）はドイツの物理学者で1827年にオームの法則を発表した。

オームの法則によれば、ある物質の2点間を流れる電流Iはその間の電圧Vに比例するので、$I = GV$とも書ける。この定数Gは電流の流れやすさを表す、つまり**抵抗値の逆数**であって**コンダクタンス**と呼ばれる。

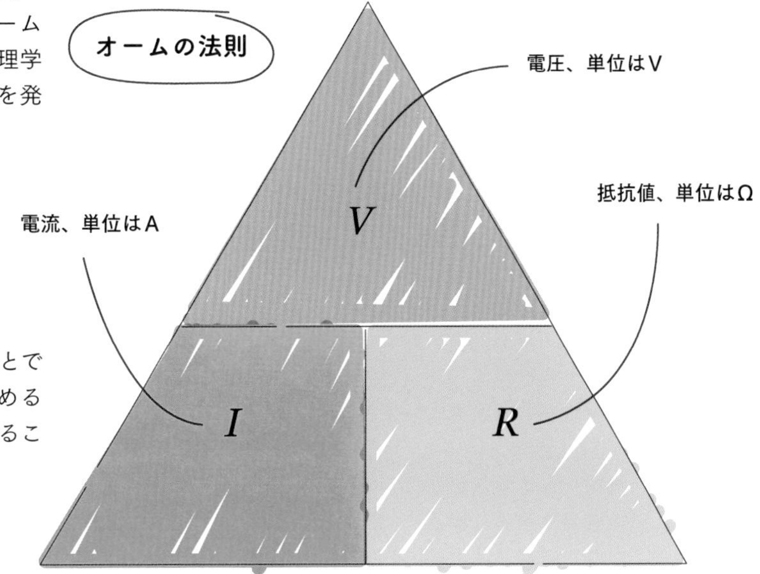

オームの法則はある電圧のもとでの電流と抵抗値の関係を決めるもので、右のように図示されることがある。

オームの法則の3つの形

$$V = IR, \quad I = \frac{V}{R}, \quad R = \frac{V}{I}$$

抵抗値が1 Ωの物質に1 Aの電流を流すには1 Vの電圧が必要である。1 Ωはかなり小さな量で、kΩやMΩの単位が使われることが多い。1 MΩ ＝ 1,000 kΩ ＝ 1,000,000 Ωである。

オームの法則
抵抗の両端の電圧はその抵抗を流れる電流の大きさに比例する。

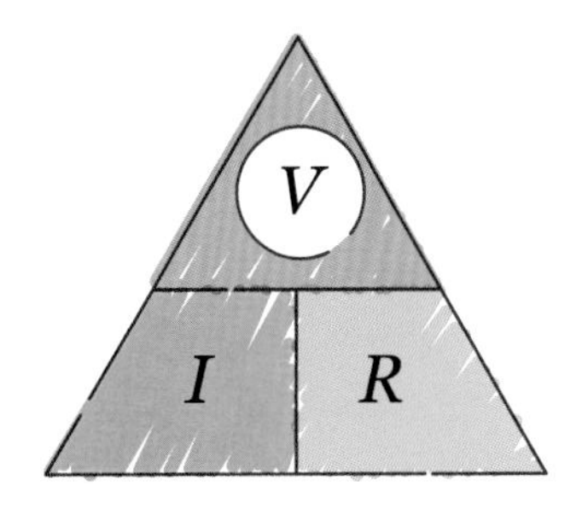

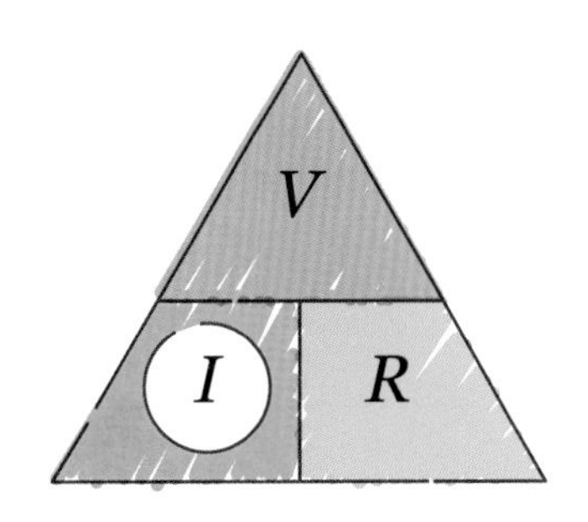

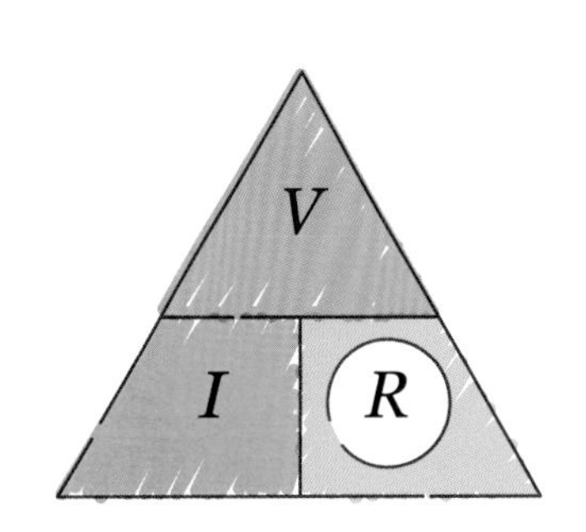

電気回路

電気回路には電流が流れる。電流の経路である導線で必要な各種の部品をつなぎ、さらに電源につないであるものを回路という。電源とは1つ、または複数の電池であることが多い。回路は電池の片方の電極から反対側の極まで電流が流れるような、一周して元にもどる道筋になっていなければならない。

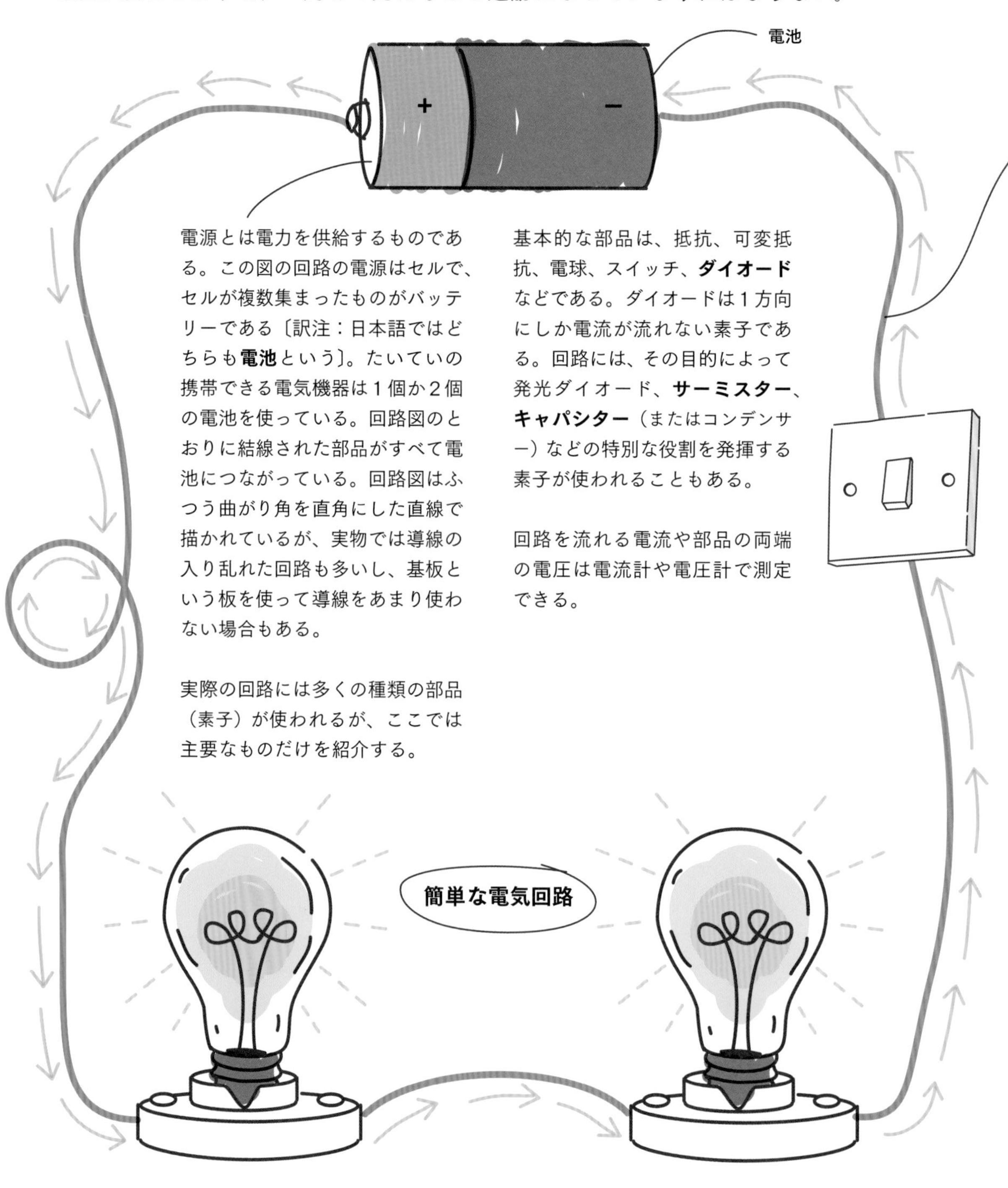

電源とは電力を供給するものである。この図の回路の電源はセルで、セルが複数集まったものがバッテリーである〔訳注：日本語ではどちらも**電池**という〕。たいていの携帯できる電気機器は1個か2個の電池を使っている。回路図のとおりに結線された部品がすべて電池につながっている。回路図はふつう曲がり角を直角にした直線で描かれているが、実物では導線の入り乱れた回路も多いし、基板という板を使って導線をあまり使わない場合もある。

実際の回路には多くの種類の部品（素子）が使われるが、ここでは主要なものだけを紹介する。

基本的な部品は、抵抗、可変抵抗、電球、スイッチ、**ダイオード**などである。ダイオードは1方向にしか電流が流れない素子である。回路には、その目的によって発光ダイオード、**サーミスター**、**キャパシター**（またはコンデンサー）などの特別な役割を発揮する素子が使われることもある。

回路を流れる電流や部品の両端の電圧は電流計や電圧計で測定できる。

回路記号

回路図を描くときの記号には国際規格があり、複雑な回路を正確に実現できる。

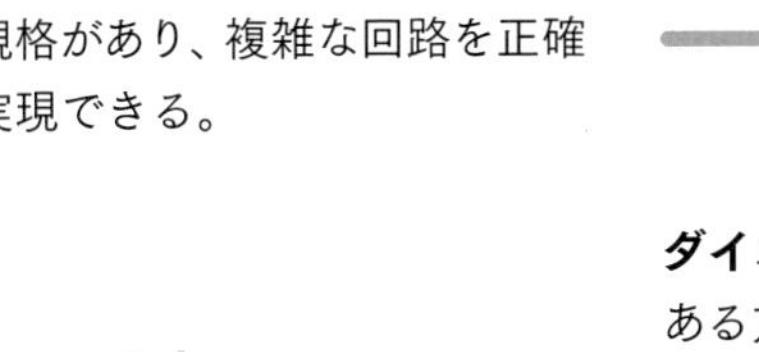

ダイオード
ある方向だけに電流を流し、反対方向には流さない半導体の素子。

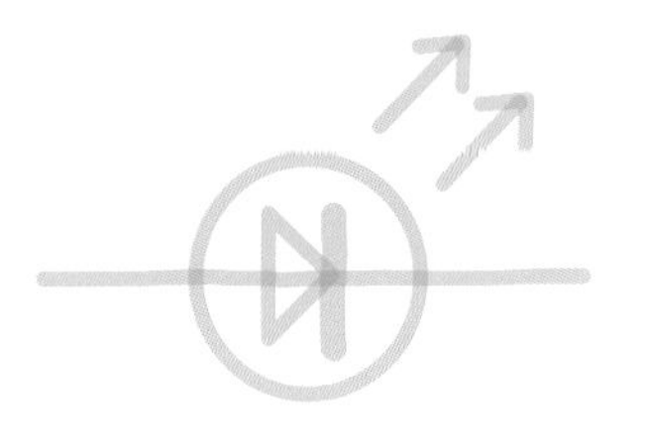

LED（発光ダイオード）
電流を流すと発光する半導体の素子。

この図は左のページのイラストを回路図に描きなおしたもの。

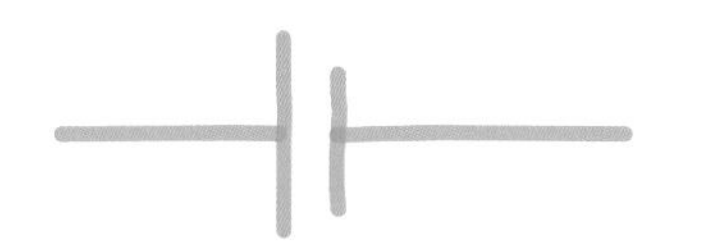

電池（セル）
単独で化学エネルギーを電気エネルギーに変換する装置。

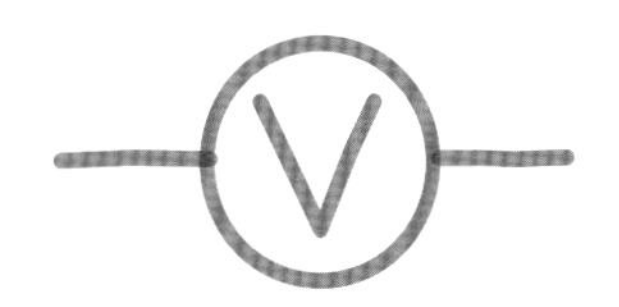

電圧計
回路の中の２点間の電圧を測定する。

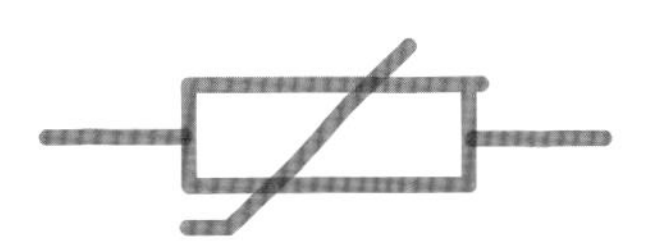

サーミスター
回路の保護部品で、温度の上下によって抵抗値が増えたり減ったりする。

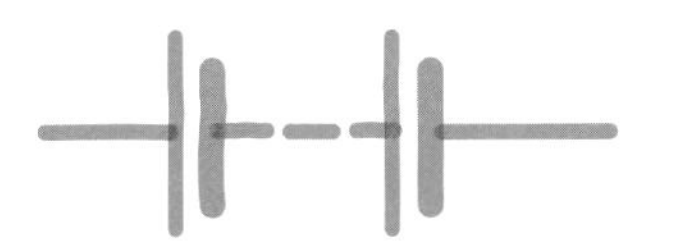

電池（バッテリー）
複数のセルからなる回路の電源。

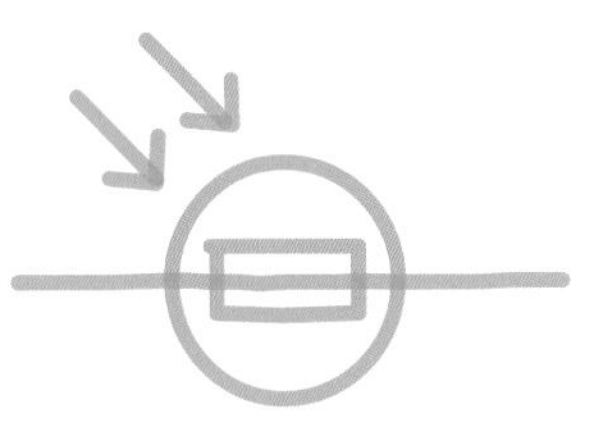

LDR（フォトレジスタ）
光が増加すると抵抗が減少するという測光素子。

可変抵抗
機械的な操作で抵抗値を変えることができるので、回路の電流を増減できる。

固定抵抗
抵抗値が環境（温度など）の変化に影響されにくいので、電流のスイッチを切ることなく、電流を減らすために使用される。

電流計
回路の電流を測定する。

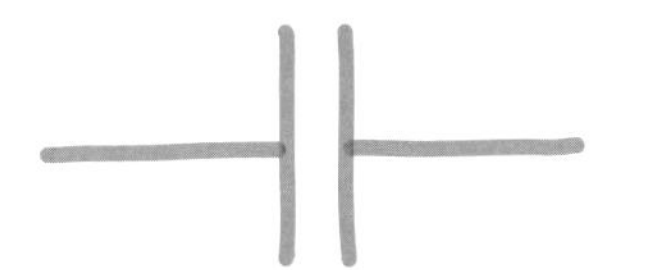

キャパシター（コンデンサー）
電荷を蓄えることができて必要に応じて放電する。

ヒューズ
過大な電流が流れたときに溶けて回路を切断するための保護用の素子。

電球
回路に電流が流れていれば点灯する。

キルヒホッフの法則

1845年、ドイツの物理学者グスタフ・キルヒホッフ（1824-87）は**閉じた回路**の電流と電圧に関する保存の法則を発表した。

キルヒホッフによれば、回路を流れる全電荷は保存する。これが**電荷の保存則**である。

電荷は電源の電極間の電位差（**起電力**というが、力学的な力ではない）によって移動し、回路を一周しても電荷の総量は変わらない。回路に分岐があれば、その分岐点に入る電荷の合計と出ていく電荷の合計は等しい。電流は分岐されたそれぞれの経路の抵抗の比に分割され、抵抗の大きい方の経路の電流は小さい。

キルヒホッフの第1法則
回路の分岐点へ流れ込む電流の合計はそこから流れ出す電流の合計に等しい。

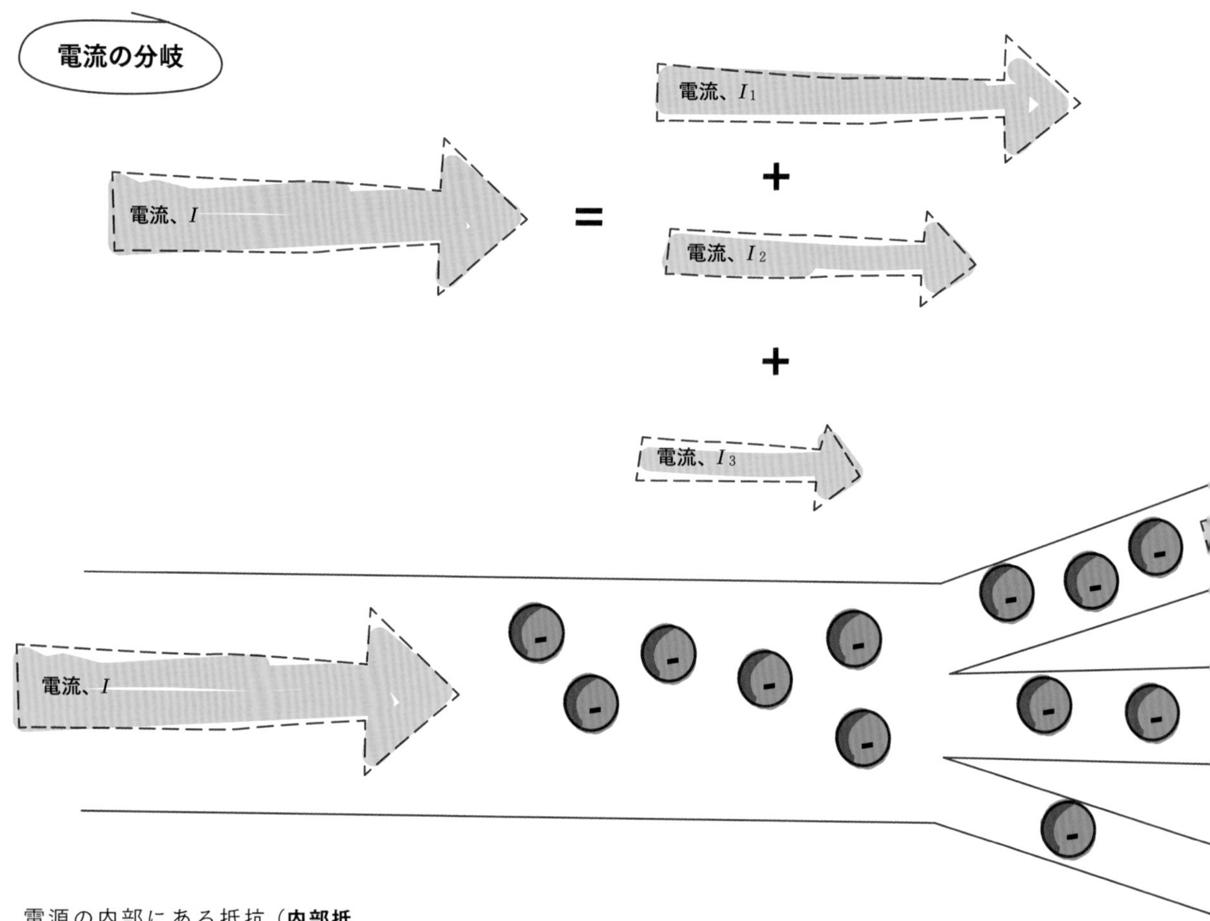

電源の内部にある抵抗（**内部抵抗**）がわかっている場合には、キルヒホッフの法則による回路の解析の精度はもっとよくなる可能性がある。

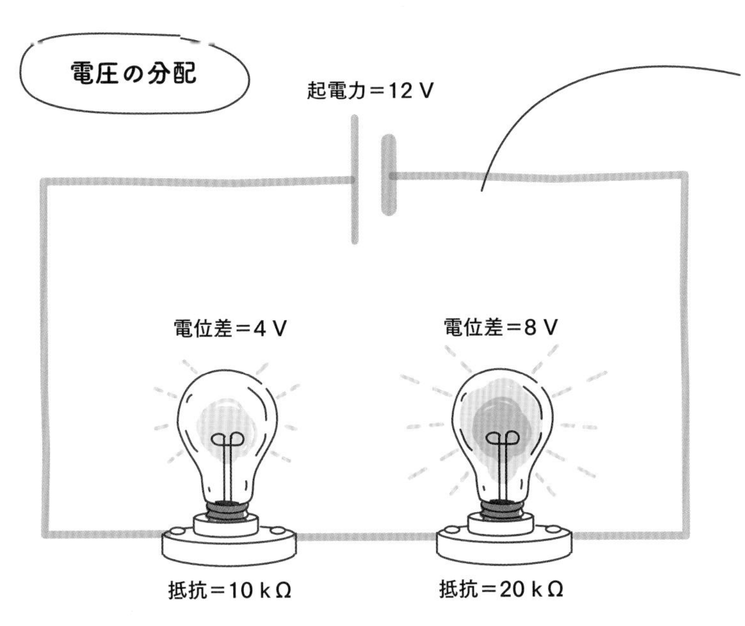

起電力はそれぞれの素子ごとにその抵抗値の比で分配される。抵抗値の大きな素子に電流を流すには大きな起電力が必要である。電源の内部抵抗を無視すれば、素子ごとの電位差の合計は回路の起電力に等しくなる。

回路の導線に抵抗がないとすれば、電池の両端の電位差は個々の素子の両端の電位差の合計に等しい。

キルヒホッフの第２法則

回路の中に閉じたループに沿った抵抗による電位差の合計は、そのループに沿った起電力の合計と等しい。

第２法則で述べている「閉じたループ」とは、たとえば次のページの並列回路の図で、電源から１つの電球だけを通って電源に戻る経路や、電源を通らずに２つの電球だけをたどる経路などである。どちらもループに沿った電位差は一周して０である。

銅の導線であれば抵抗はかなり小さいが、それでも導線にも電源の内部にも抵抗があるので実際には回路には熱が発生する。

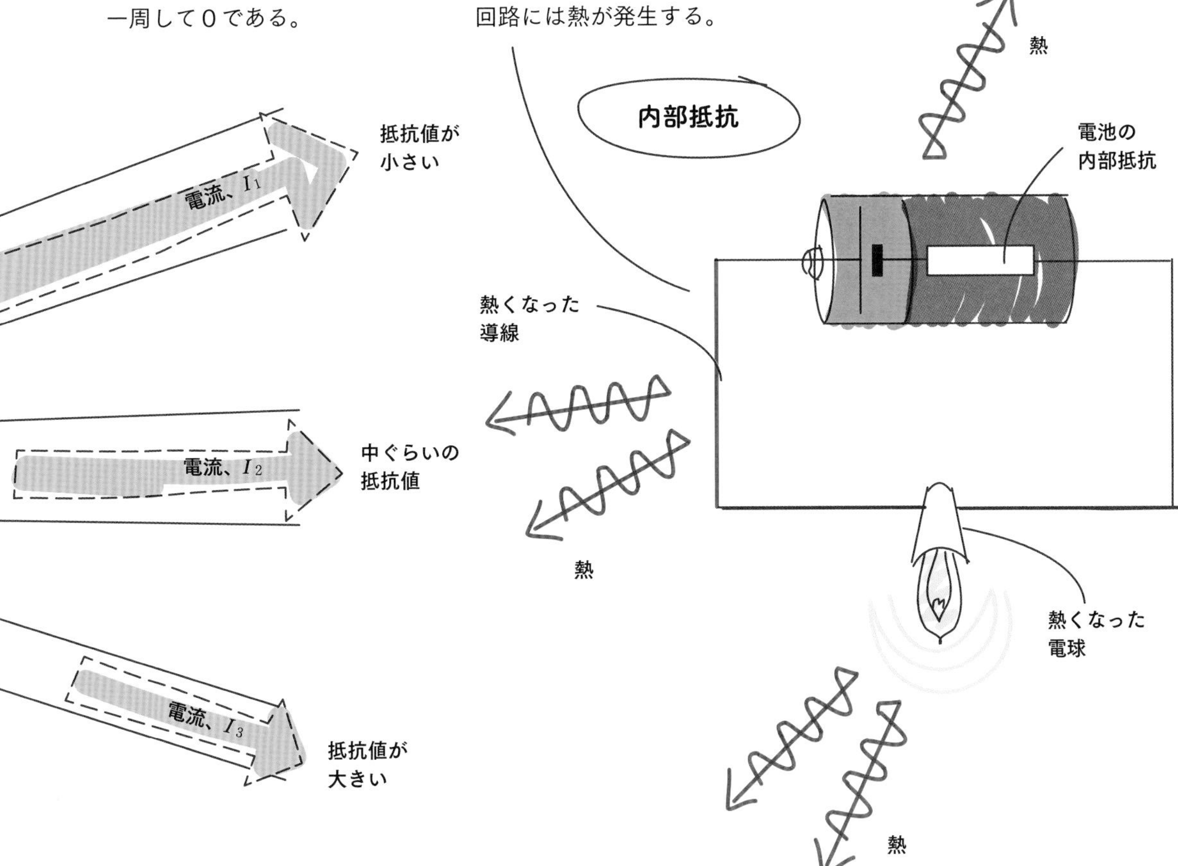

直列回路と並列回路

回路は素子のつなぎ方によって、**直列回路**と**並列回路**に分類される。上の図のように素子がすべて１つのループにつながれている回路が直列回路、下の図のように回路がいくつかのループでできているものが並列回路である。

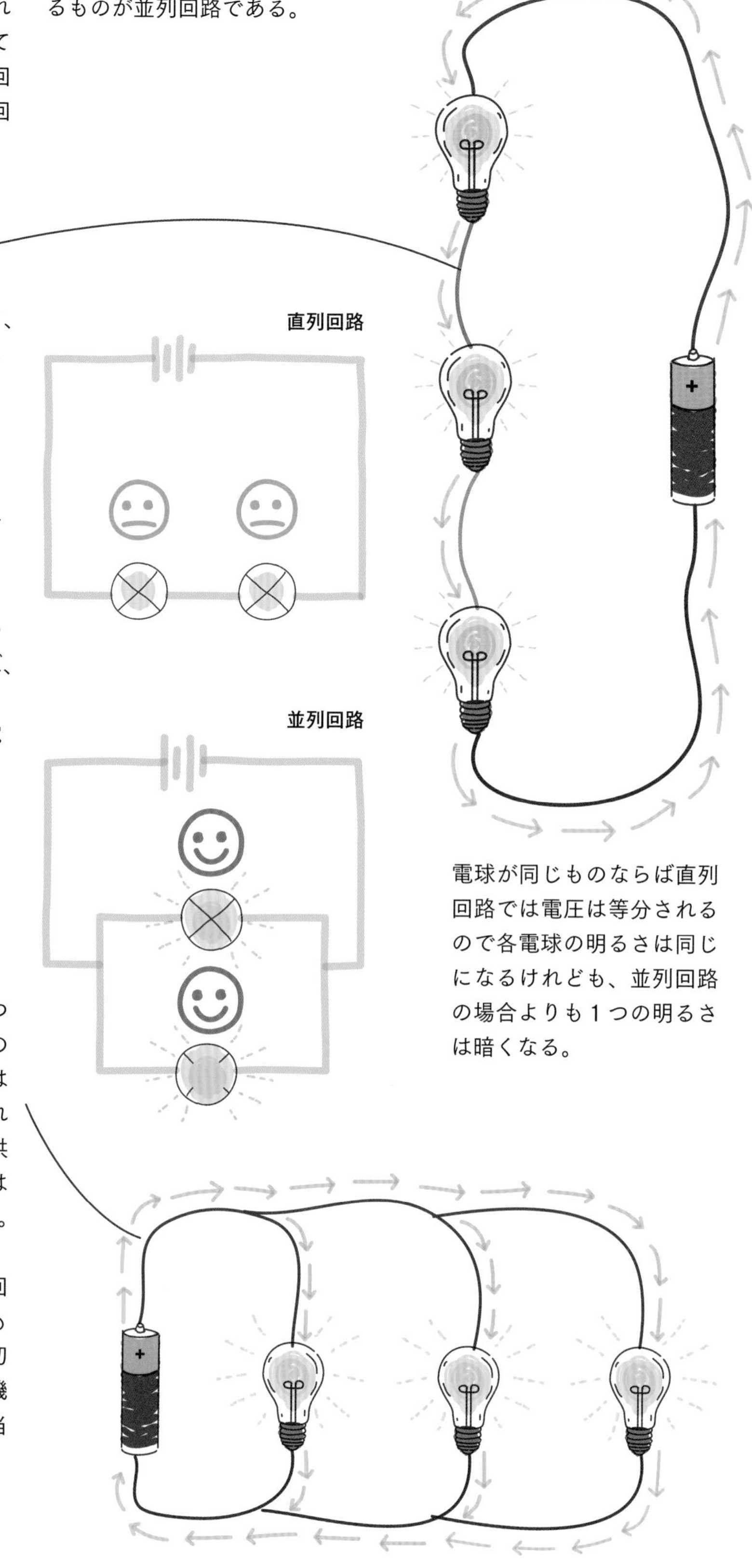

直列回路

同じ電球がいくつかあるとして、１個を決まった起電力の電池につないだときの明るさを確認しよう。

同じ電球３個を抵抗の無視できる導線で一列につなぎ、先ほどの電池につなぐ。これが直列。

３個の電球がまったく同じ、つまり電球の抵抗値が同じならば、電池の起電力は３等分される。電流に対する抵抗値は３個の電球の合計になる。

電球が同じものならば直列回路では電圧は等分されるので各電球の明るさは同じになるけれども、並列回路の場合よりも１つの明るさは暗くなる。

並列回路

３個の電球のそれぞれを電池につないだ回路が並列回路。導線の抵抗値は無視できるので電流は３つの経路に分割され、それぞれに電池の電圧が同じ大きさで供給される。電池に流れる電流は３つの経路の電流の合計である。

直列回路のどこかが切れたら、回路全体に電流は流れない。でも並列回路ではどれかの経路が切断されても他の経路は正常に機能する。屋内の電灯の配線は当然並列！

コンデンサー（キャパシター）

コンデンサーは回路の中で、電荷と電気エネルギーを蓄えるために使われ、必要なときにはこれらをすばやく放出することができる。ある種の絶縁体の両側を導体の金属板ではさんだ構造が基本である。この2枚の板（極板）に電圧をかけると、板の間には**電場**（電界ともいう）という電荷による力を伝える場ができて電気エネルギーが蓄えられる（83ページ）。

コンデンサーにはいろいろな大きさのものがある。蓄えられる量を決める要素もいろいろあって、金属極板が大きいほど電子の供給は多くなって、蓄えられる容量も増える。また極板間の距離を小さくしても蓄えられるの容量は増えるが、距離の減少には限界がある。距離が小さすぎると電荷は間隙を超えて漏れ出して極板の正負の電荷は打ち消されてしまう。この電荷の漏れ出しは極板間に絶縁体をはさむことで止めることができる。このために使われる材料を**誘電体**という。簡単なコンデンサーには誘電体として空気を使うこともあるが、実用にはセラミックスの利用が多い。

電源が取り除かれても、極板の間隔が十分あって電流が流れないように絶縁されていれば、極板に蓄えられた電荷は残っている。

コンデンサーの充電

コンデンサーに電圧をかけると片方の極板から導線に電子が流れ出し、反対側の極板にたまって極板は負に帯電する。電子が出て行った極板には電子が減った原子、つまり正電荷が残る。コンデンサーの極板の内部には正電荷の電極から負電荷の電極に向けて平行な電場ができる。コンデンサーにかかる電圧が増えれば、極板間の電場は大きくなる。

電源を外しても極板間が誘電体によって絶縁されていれば電荷が戻ることはなくコンデンサーは電荷を蓄え続け、あとで回路に放出することができる。

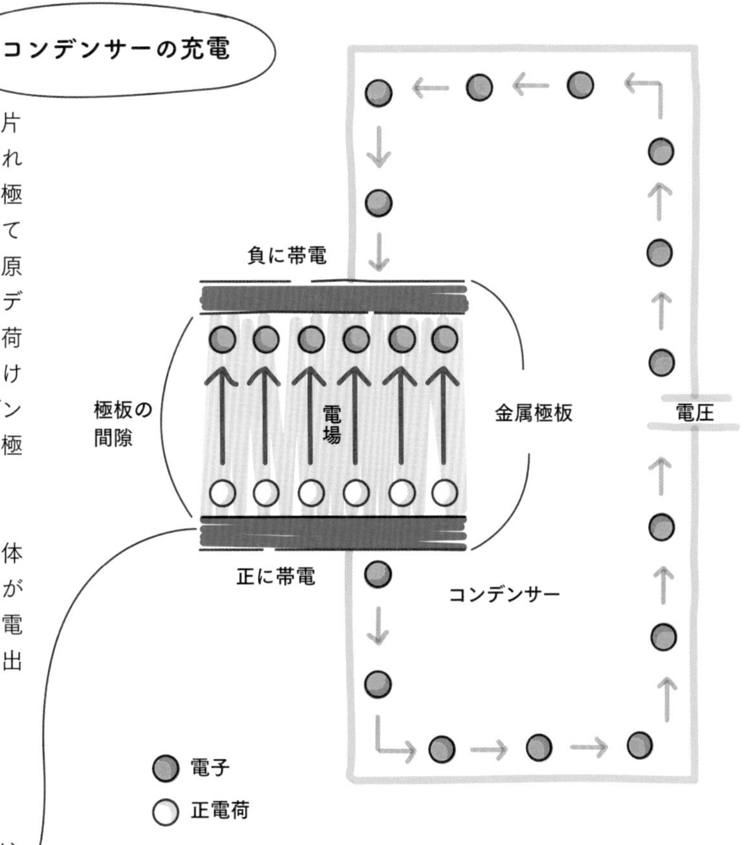

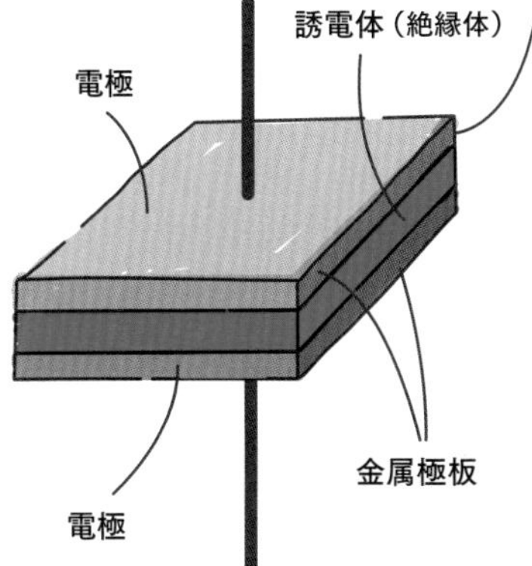

電気容量

コンデンサーが電荷を蓄える能力を**電気容量**といい、Cという文字を使うことが多く、その単位はマイケル・ファラデー（87ページ）に因んでF（**ファラッド**）である。1 Fは1 Vの電圧をかけたときに蓄えられる電気量である。

Fという単位は実用には大き過ぎて、たいていのコンデンサーの容量にはμFやpFの単位が使われる。

まとめ

電気現象と回路

電荷と電荷の移動

電流

電荷の移動が電流で、電流の方向は電荷の符号による。

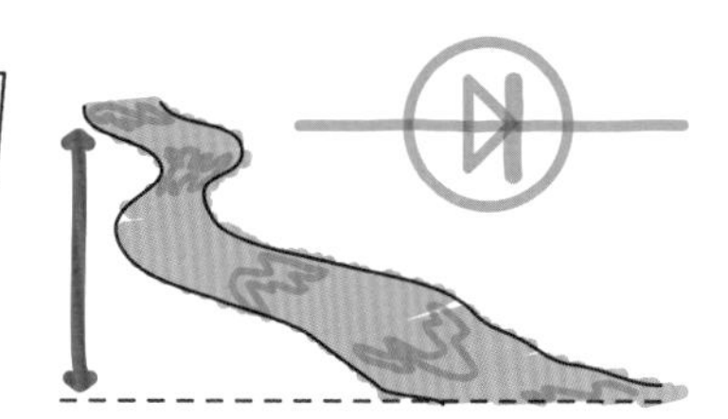

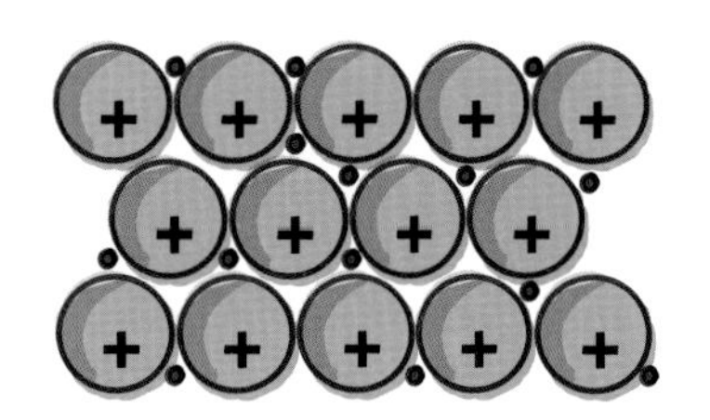

電荷

電子やイオンなどの正または負の電荷が電流などの電気現象を起こす。電荷の量の単位はC、電子1個の電荷の量は1.6×10^{-19} C。

起電力(EMF)

電源の電極端子間の電位差のことで、電池が回路に電流を流す力の大きさ。

電気回路

並列回路

いくつかの独立なループを含む回路。

直列回路

すべての素子が1つのループにつながっている回路で、その全抵抗値は各素子の抵抗値の和。

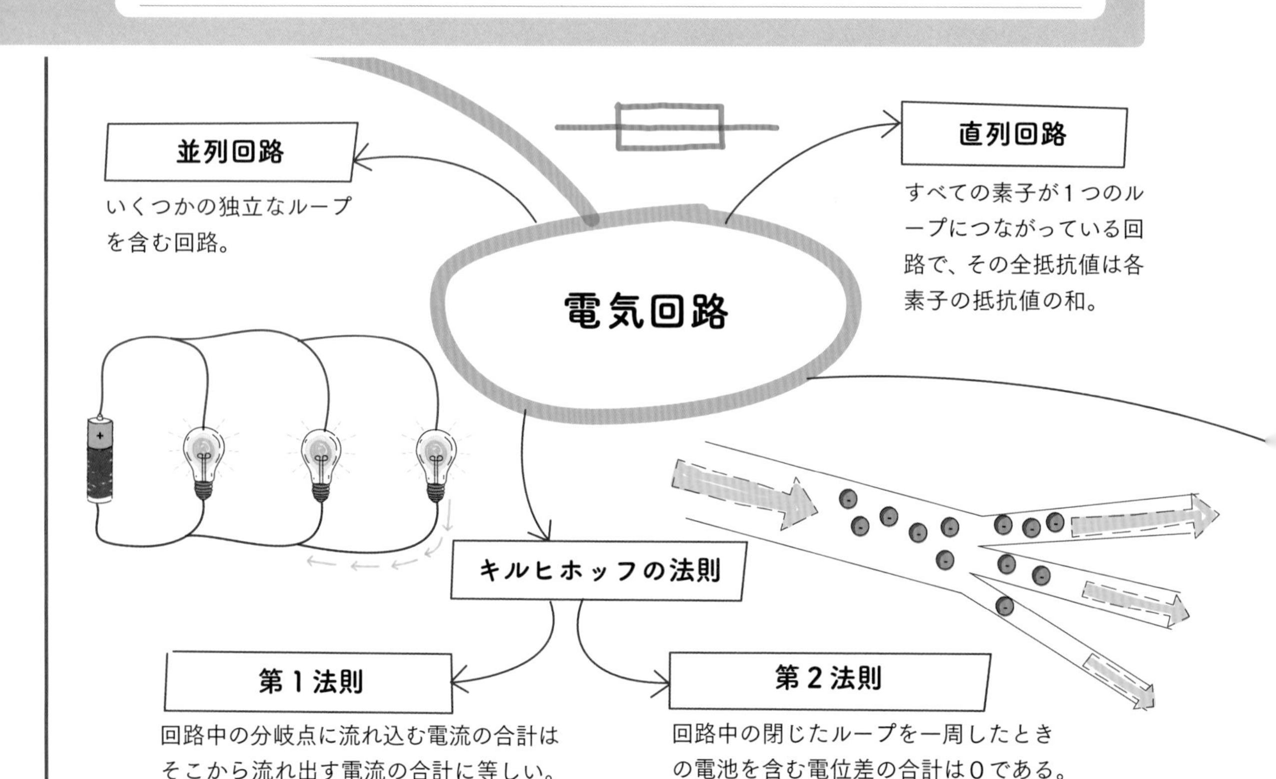

キルヒホッフの法則

第1法則

回路中の分岐点に流れ込む電流の合計はそこから流れ出す電流の合計に等しい。

第2法則

回路中の閉じたループを一周したときの電池を含む電位差の合計は0である。

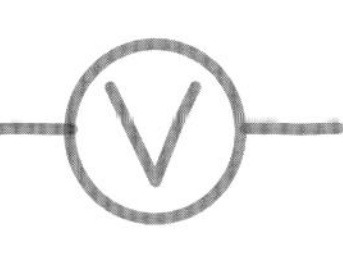

電荷の移動を駆動する電位の差で、単位はV（ボルト）。

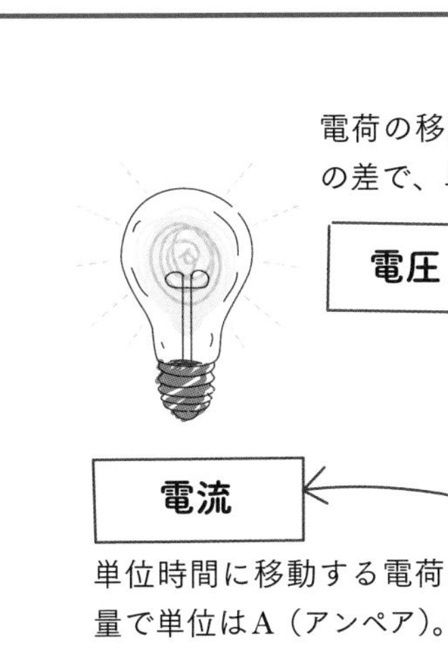

電圧

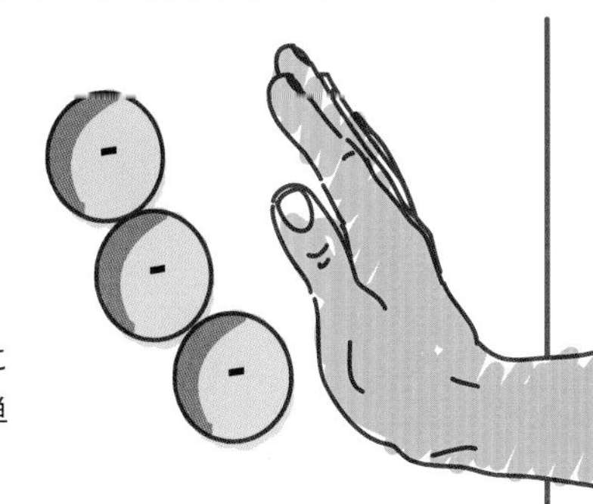

電気抵抗

物質の電流の流れにくさを示す性質で単位はΩ（オーム）。

電流

単位時間に移動する電荷の量で単位はA（アンペア）。

電流、電圧、電気抵抗

導体

金属など電流が流れやすく、電気抵抗が小さいもの。

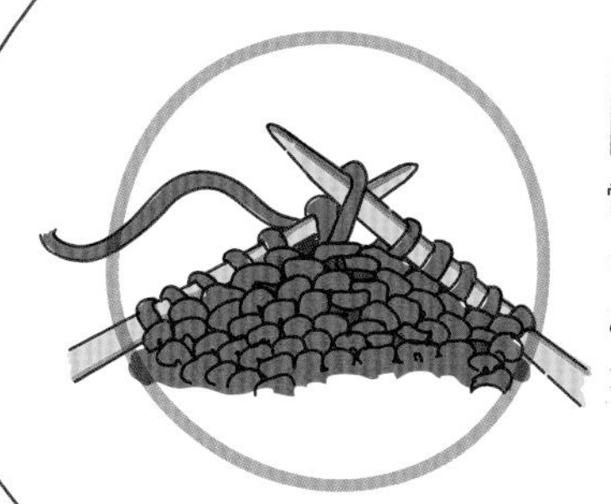

絶縁体

電気抵抗が極めて大きく電流をほとんど、あるいはまったく流さないもの。

オームの法則

電流の大きさは電位差に比例し、物質の抵抗値に反比例する。

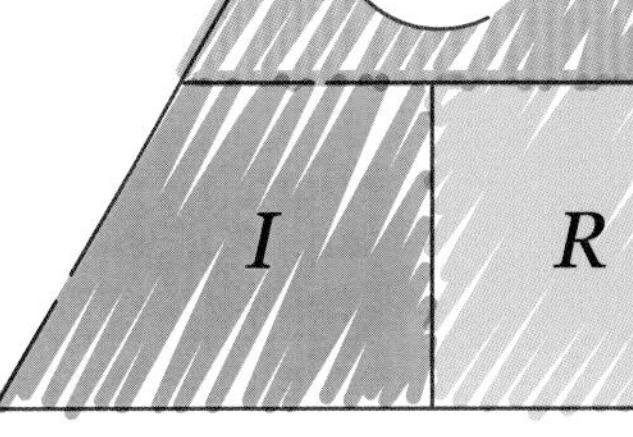

極板が帯電してエネルギーを蓄える素子。

コンデンサー

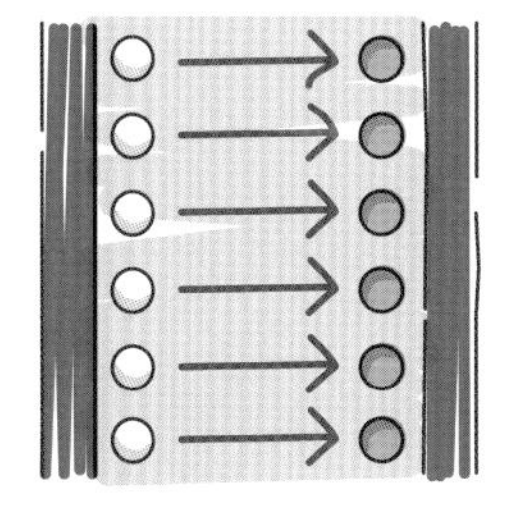

電気容量

コンデンサーがエネルギーを蓄える能力。単位はF（ファラッド）。

Chapter 6

場と力

第1章で、いろいろな力と、その力が物体に与える影響を紹介した。接触して働く力は、物体に接触していなければ何も影響を与えない。この章では、非接触力、すなわち重力、静電気力、磁気力について、もう少し詳しく説明しよう。これらの力には2つの共通の要素がある。それはある物体が、別の物体に作用する場を発生させるということ、そしてその影響は場を発生させる物体の近くで大きく、離れるにしたがって急に小さくなるということである。

〔訳注：「磁気力」と「磁力」、「静電気力」と「電気力」はそれぞれ同じ意味で使われるが、「電力」は電源が単位時間あたりに供給する電気エネルギー（単位W）を意味する言葉である。〕

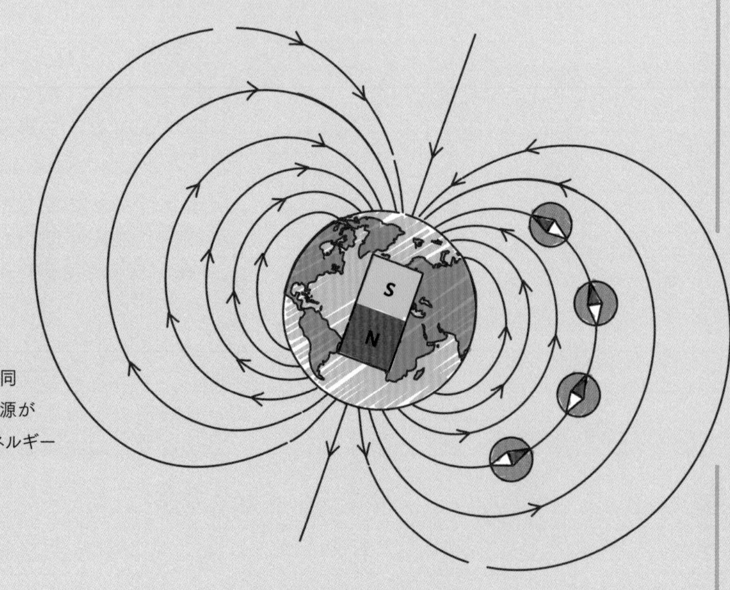

場とその効果

第1章で述べたように、質量のある物体は受けている力の合力の方向に、ニュートンの運動の第2法則に従って加速される。物体が、ある場の中にあってその場から力を受けている場合には、その力の大きさは、場の種類、その場の原因となっているものと物体との距離、その場が物体にどのように影響を及ぼすか、などで決まる。

宇宙空間の質量のあるすべてのものが**重力の場**を発生させて他のすべてのものに対して影響を及ぼすが、その力は弱く、重大な影響を受けるのは大きな質量どうし、あるいはその近くのものだけである。実際は小さな惑星の周囲にも弱い重力の場ができている。質量のあるものどうしに働くその力は常に引力である。

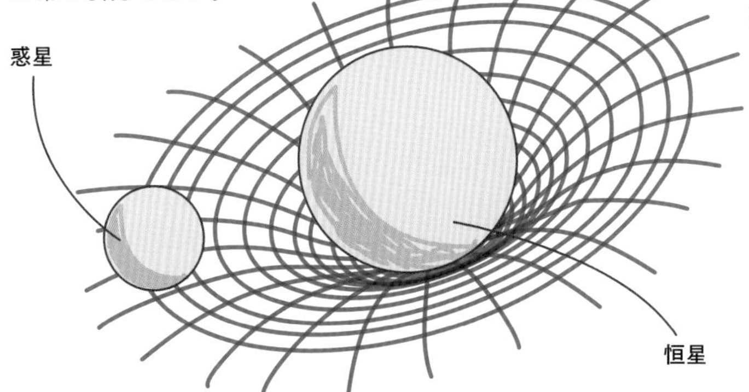

電場は電荷のある粒子だけに働き、引力の場合も斥力の場合もあって、重力よりははるかに強い。電荷のある2つの粒子が近くにあれば互いに大きな力が働く。

磁場はある種の物体のみに影響を与える。その影響の大きさは磁場をつくっている磁気材料、物体との距離、磁場の中にある物体の材質によって決まる。

太陽風は荷電粒子の流れである。地球は、地磁気により地球磁気圏をつくって太陽風の直撃を避けているが、極地方に入り込んだ太陽風がオーロラを発生させる。

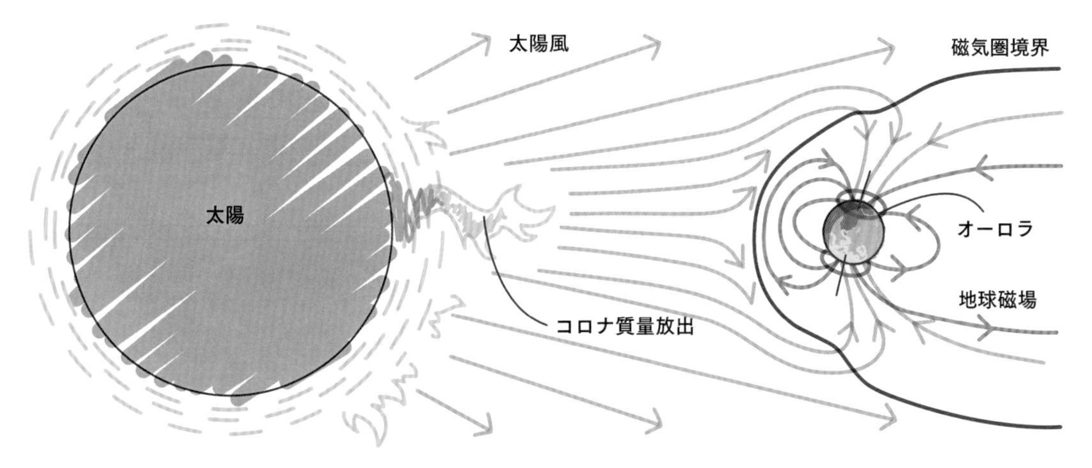

重力の場

あらゆる質量のあるもののまわりには重力の場ができ、別の質量のあるものに対して引力を働かせる。質量のある2つの物体の間に働く力の大きさは等しく（作用・反作用）、2つの物体の質量の大きさとその間の距離で決まる。

ニュートンの万有引力の法則

ニュートンは2つの質点の間に働く**万有引力の法則**を発見した。**質点**というのは質量が空間中の無限に小さいある点に集中していると理論的に考えるもので、質点は放射状の重力の場をつくっている。

ニュートンによれば、宇宙に存在する物体は他のすべての物体とたがいに万有引力で結びついている。2つの物体の間に働く引力の大きさはそれぞれの物体の質量の積に比例し、重心間の距離の2乗に反比例する。

このことを式で書けば次の通りである。

$$F = \frac{Gm_1m_2}{r^2}$$

ここでm_1、m_2は質量、rは2つの物体の重心間の距離、Gは万有引力定数($G = 6.67 \times 10^{-11}$ N m²/kg²)で、Fが2つの物体間に働く重力という力である。

重力の場は、たとえば地球のような大きな質量によってつくり出され、人間のような小さな物体に重力を働かせていて、たいていのものは支えていなければ地表に落下する。地球のような大きな球体に質量が分布していても、重力の大きさを考えるときにはその重心に全質量が集中していると考えてよいことがわかっているので、人間の質量をm、地球の質量をM、地球の半径をrとすれば、地表にいる人間に働く重力の式は次のようになる。

$$F = \frac{GMm}{r^2} \quad (1)$$

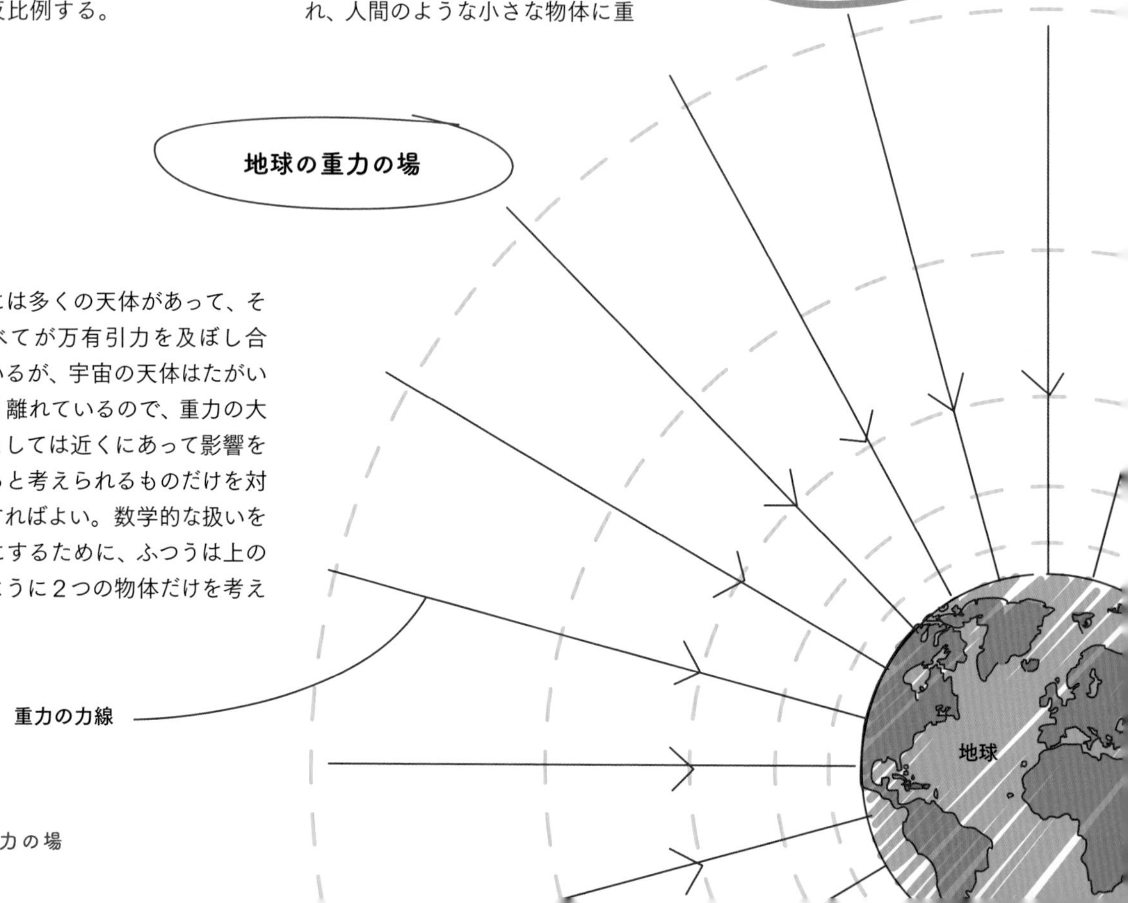

地球の重力の場

宇宙には多くの天体があって、そのすべてが万有引力を及ぼし合っているが、宇宙の天体はたがいに遠く離れているので、重力の大きさとしては近くにあって影響を与えると考えられるものだけを対象にすればよい。数学的な扱いを簡単にするために、ふつうは上の式のように2つの物体だけを考える。

重力場の強さ

ここで重力場の強さについて考えよう。運動の第２法則によれば、物体に力を与えると物体は加速される。第１章や第２章で学んだように地球上の質量mの物体には重力mgが働き、その加速度gは9.8 m/s² である。左のページでわかったように質量mの物体に働く地球の重力は式（1）の形であり、この力がmgに等しいので、重力加速度gは式（2）となるだろう。

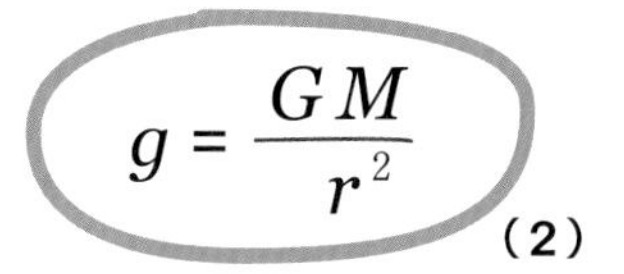

$$g = \frac{GM}{r^2} \quad (2)$$

ここで、万有引力定数、地球の質量、地球の半径の数値を代入すれば $g = 9.8$ N/kg となる。単位Nは kg m/s² に等しいので、gは重力場の強さでもあって、重力が物体に与える加速度と等価なのである。

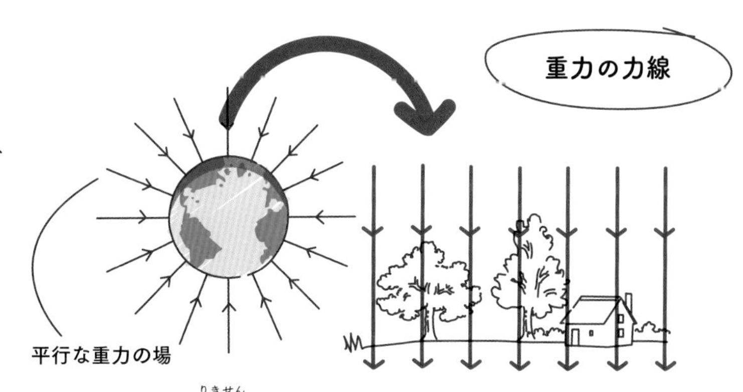

重力の場を表す力線（りきせん）は重力が働く方向、つまり地球の中心方向を向いている。この線の混み具合が重力の場の強さを表しているので、地表付近は強く、地球からずっと遠いところでは弱いことがわかる。

地表付近のごく狭い範囲では地面はほとんど平面とみなせるので、重力の力線の方向はほとんど平行である。つまり重力加速度の数値は地球の表面の近くではほぼ一定である。

地表に近く、重力の場が平行であると近似できるときには、ある質量を地表から少し上に持ち上げても重さは変わらないとしてよい。質量mの物体を距離hだけ鉛直方向に持ち上げたときに増えた**位置エネルギー**は重力による仕事の大きさなので、重力の大きさに動かした距離hをかけてmghとなる。

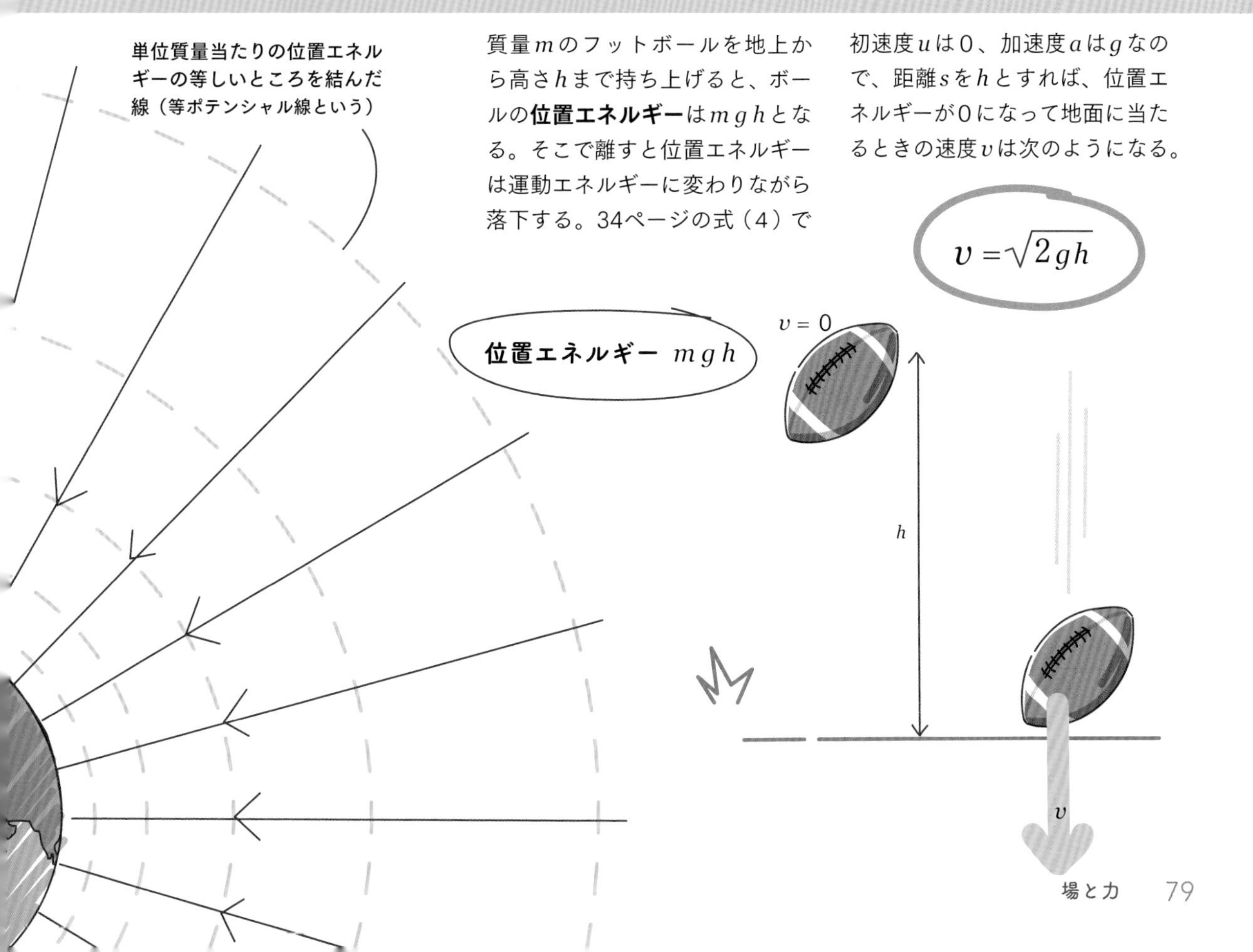

質量mのフットボールを地上から高さhまで持ち上げると、ボールの**位置エネルギー**はmghとなる。そこで離すと位置エネルギーは運動エネルギーに変わりながら落下する。34ページの式（4）で初速度uは0、加速度aはgなので、距離sをhとすれば、位置エネルギーが0になって地面に当たるときの速度vは次のようになる。

$$v = \sqrt{2gh}$$

磁場と電場

磁場や電場は目に見えないけれども、その原因となる物体のまわりを取り囲んでいる。電流のような動く電荷は磁場をつくり出し、磁場は動いている荷電粒子に力を働かせる。電気と磁気は片方があることで他方が影響を受けるという意味で共存している。

磁場

磁場は磁性体に対して引力や斥力を働かせる。磁性体は磁場からの影響の受け方によって分類される。鉄、ニッケル、コバルトなどは磁場の中で強く磁化されるので強磁性体と呼ばれている。その他の多くの金属のうち錫やアルミニウムは強磁性体より磁化の程度が弱い常磁性体、銅や亜鉛は磁場とは逆向きに弱く磁化される反磁性体に分類されるが、強磁性体以外の金属を非磁性金属と呼ぶこともある。
また、磁性材料としては金属の単体だけではなく、合金や金属の酸化物、金属を含むセラミックスなどが実用化されている。

強い磁場をかけられた鉄のような永久に磁化された材料のまわりには磁場が存在する。永久に磁化された状態、つまり永久磁石になる物質は**強磁性体**である。棒磁石のまわりには両端の磁極からの磁場の力の方向を示す**磁力線**がループを描いている。磁石のまわりの磁場の強さの単位はT（テスラ）で、場所によって強さは異なる。図に描いたときには、重力の場合と同じように磁力線が混み合っているところは磁場が強い。棒磁石の長さを半分に切ってもそれぞれがN極、S極のある短い磁石となり、N極だけの磁石やS極だけの磁石にはならない。また１つの磁石の両端の磁極の強さは等しい。

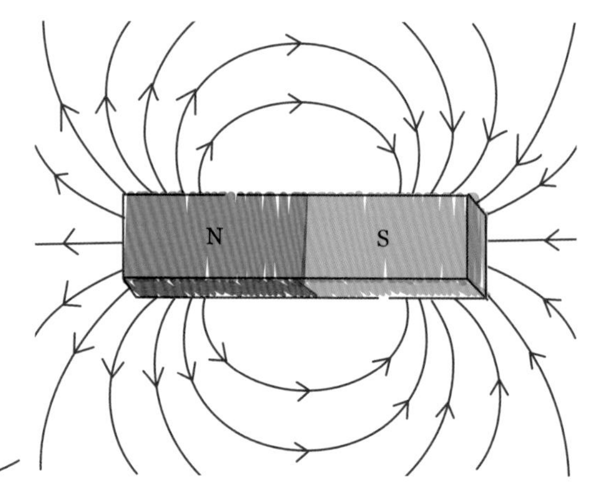

棒磁石にたとえられる地磁気の磁力線は図のようになっていて、方位磁針のN極は磁力線に沿って地磁気の北極の方を向く。地球の磁場を磁気圏と呼び、その境界面を突破して太陽から飛来する荷電粒子は磁力線に巻きつきながら磁極に向かってくる（77ページの図）。磁極は地理上の極からややずれたところにある。これらの荷電粒子は大気中の原子にぶつかってその電子状態を変化させる。原子の電子状態が元に戻るときにその原子特有の色の光を発し、極地方に美しい極光（オーロラ）を発生させる。

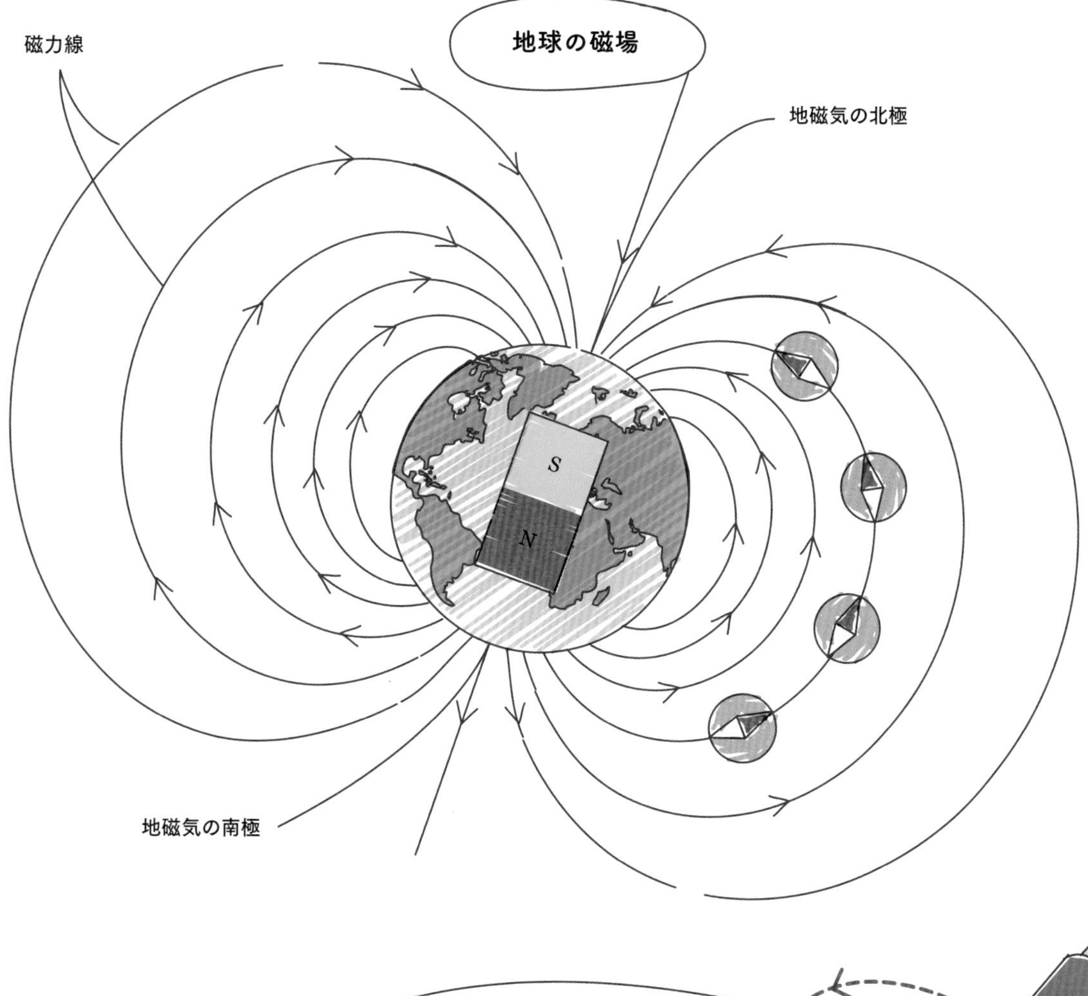

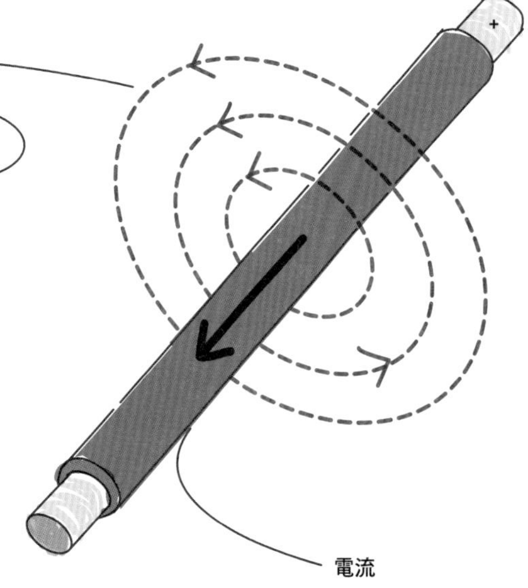

地球磁場は永久磁石によるものではない。地球の中心部の外核と呼ばれるところでは鉄やニッケルを含む物質が溶けて液体状になっている。その鉄やニッケルの対流によって生じた電流が磁場を発生させている。

右の図のような直線状の長い導線に電流を流すと、導線のまわりには同心円状の磁場ができる。その磁場の強さは電流の大きさに比例し、導線からの距離が近いほど強い。この導線を曲げて環状の電流にすれば、その環を通って導線に巻きつくような磁場が発生する。環を上から見たときに電流が時計回りであれば、上から下へ環を貫くような磁力線の束ができる。

電場

静電気力の場である電場は多くの点で重力の場に似ているが、電場が影響を与えるのは荷電粒子だけである。

大きさが無視できるほど小さい電荷のことを**点電荷**と呼ぶ。**クーロンの法則**によれば、2つの点電荷の間に働く力の大きさは2つの電荷の大きさ（電気量）の積に比例し、電荷間の距離の2乗に反比例する。荷電粒子間の力は異符号であれば引力、同符号であれば斥力である。これが第1章で述べた**静電気力**である。

2つの荷電粒子間の力の大きさを表す式の形は2つの質量の間の重力と同じ形（右）である。

$$F = \frac{kQ_1Q_2}{r^2}$$

ここで、Q_1とQ_2は粒子の電気量で単位はC（クーロン）、kは定数である。電荷のまわりが真空または空気の場合、kの値は 9×10^9 N m^2/C^2 で、万有引力定数Gに比べて極めて大きい。

Q_1 Q_2 r

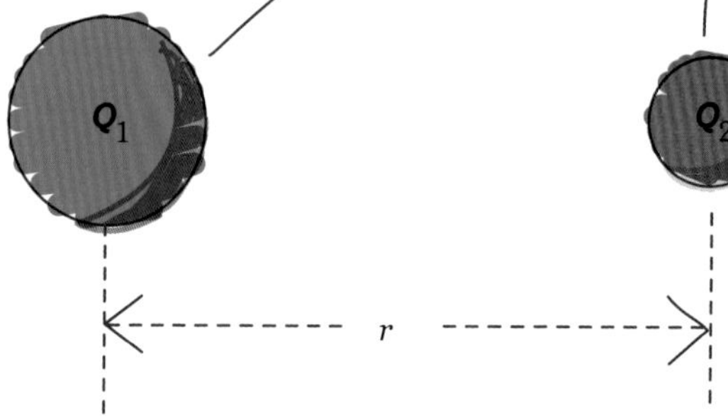

地球のまわりの重力の場と同じように、点電荷は放射状の電場をつくる。重力の場はいつも地球に向かう方向であるが、77ページ右上の図のように正電荷のまわりの電場は外へ向き、負電荷のまわりの電場は負電荷に向かう方向である。1つの点電荷から離れたところに2番目の点電荷を置くと、2番目の電荷は最初の電荷のつくる電場から力を受ける。この電場から受ける力の大きさは最初の電荷と2番目に置いた電荷の間に働くクーロンの法則によるものに等しい。

原子核のまわりに電子を結びつけているのは静電気力である。

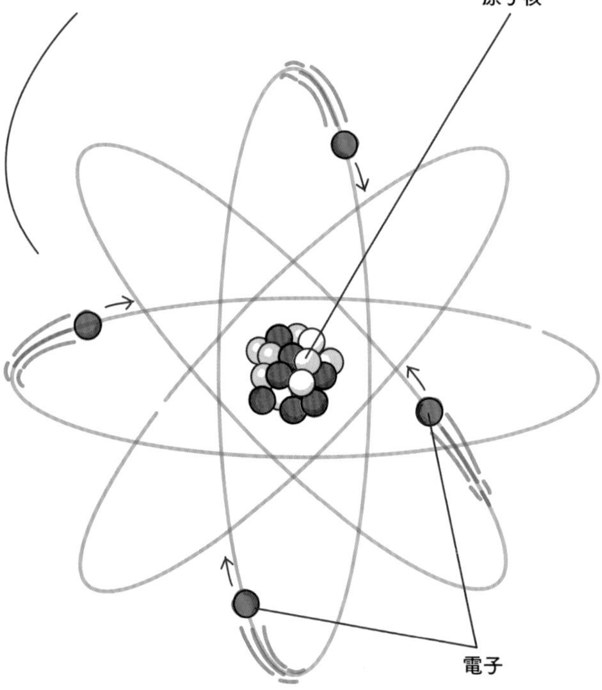

原子核

電子

電場はコンデンサーの2つの電極の極板の間にも存在する。極板上に分布する点電荷が放射状につくる電場が重ね合わされるので、極板間の電気力線は極板に対して垂直な平行線となり、正電荷のたまった極板から、負電荷のたまった極板へ向かう。この電場の範囲内であれば、場所にはよらずどこでも同じ大きさの力を荷電粒子に及ぼす。極板間の電場の強さEは次の式で表される。

$$E = \frac{V}{d}$$

ここで、Vは極板間の電位差、dは極板間の距離である。

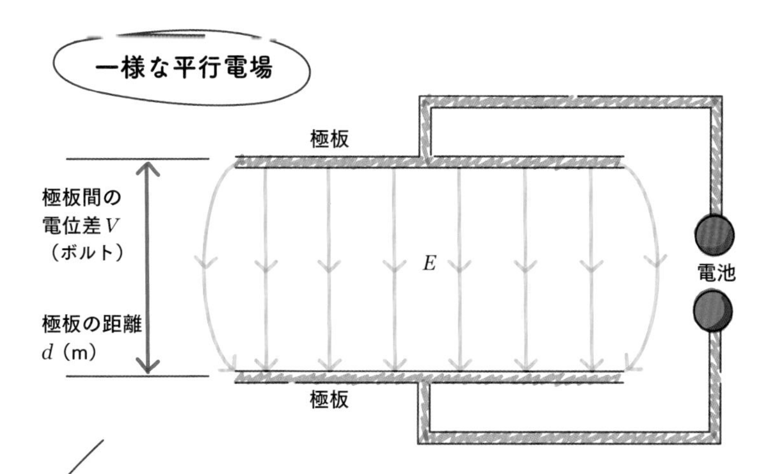

両端付近以外の一様で平行な電場の中に電気量Qの電荷を置くと、その電荷が受ける力Fは次の式で書ける。

$$F=\frac{QV}{d}=EQ$$

CRT（陰極線管またはブラウン管）

古い型のテレビやパソコンのモニターに使われていた陰極線管（CRT）の構造の基本は、**一様な電場**による電子の加速である。電流で電極を加熱すると陰極の表面から電子が飛び出す。この装置を**電子銃**と呼んでいる。

発射された電子は高電圧で加速され、側面に配置された偏向電極による電場および偏向コイルによる磁場によって向きを変えられる。電子線は蛍光物質を塗られたスクリーンに向かい、電子の当たった位置で赤、青、緑など蛍光物質によって異なる色の光を出す。この三原色の組み合わせで、さまざまな色が表現される。電子線はスクリーンを上下左右に動き、各ピクセルに衝突して、瞬時に蛍光が輝くのでスクリーンは絶えず明るい。

RGBと呼ばれるこの赤、青、緑によるカラー表示は最初期のカラーテレビに使われた。ひと昔前のテレビモニターはこのような構造で奥行きが長く、スクリーンは内側の真空が大気圧に耐えるようにカーブさせてあった。

まとめ

場と力

場とその影響

非接触力

離れた場所の物体が発する場によって働く力。

磁場

強磁性の金属

磁場によって大きな力を受ける。

非磁性の金属

磁場の影響をほとんど受けない。

磁場の強さ

単位はT（テスラ）、磁力線の混み具合で強度が表現される。

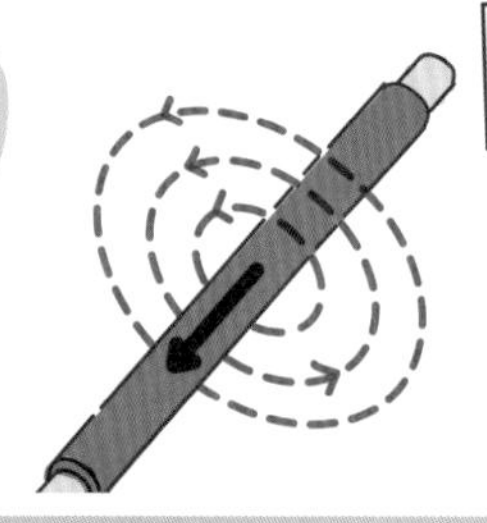

電場

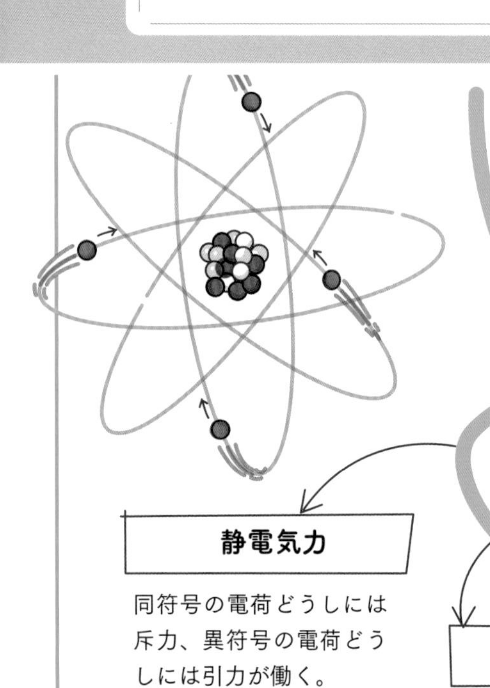

クーロンの法則

$$F = \frac{k\,Q_1 Q_2}{r^2}$$

静電気力

同符号の電荷どうしには斥力、異符号の電荷どうしには引力が働く。

力の大きさ

２個の電荷の大きさの積に比例し、電荷間の距離の２乗に反比例する。

平行な電場

２つの平行な電極板の間に発生する一様で平行な電場の中の荷電粒子が受ける力はどこでも等しい。

CRT（ブラウン管）

CRTの電子銃は一様な電場による電子の加速でスクリーンを表示させる。

いろいろな場

重力場
物体の質量による場で物体から遠いところでは小さい。

磁場
動く電荷、あるいは磁化した鉄のような物質による場。

電場
電荷がつくる場で電荷を帯びたものにだけ影響を及ぼす。

場の力線
場の作用する方向と強度を線で示し、線の混み合っているところは場が強い。

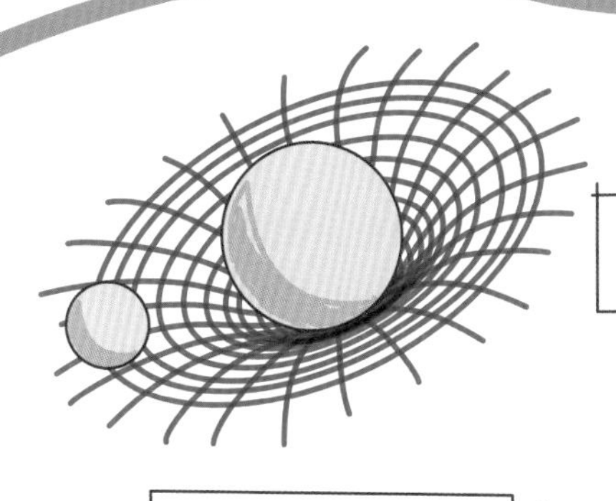

重力場

重力場の強さ
大きな質量の物体がつくる場は強いが遠く離れると減衰する。

地球の重力
地上での重力場による加速度gは質量1 kg あたりに働く重力でもある。

$$g = 9.8\ \mathrm{N/kg}$$

万有引力の法則

$$F = \frac{GMm}{r^2}$$

放射状の重力場
中心から遠く離れると重力場は弱くなる。

平行な重力場
地球の表面付近では重力場の線はほとんど平行である。

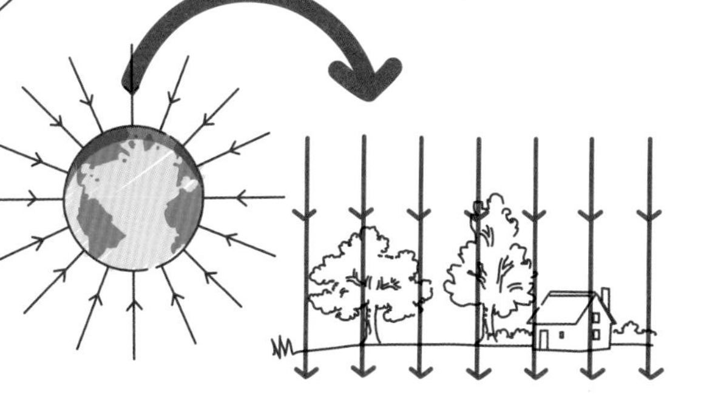

Chapter

7

電磁気学

電場と磁場は同時に存在して、互いに密接な関係がある。電磁気学という言葉は、狭い意味ではこの電場と磁場の関係を扱う分野を指している。振動電場と振動磁場が波動として伝搬する光や電波、これらがなければ現代のような生活は実現しない。ここではこの分野の代表的な例である発電機とモーター、それに送電の仕組みについて説明しよう。舞台は、この分野の開拓者であるマイケル・ファラデーの業績の紹介から始まる。

ファラデーの電磁誘導の法則

1831年、イギリスの物理学者マイケル・ファラデー（1791－1867）は偉大な発見をした。それは導体である金属線の付近で磁場を変化させるとその金属線に電流が発生するというものだった。逆に金属線に流す電流の大きさを変化させると金属線のまわりの磁場の大きさが変化する。

電流の流れていない導線に検流計をつなぎ、導線の一部（黄色矢印の部分）を磁極の間に置いて赤色矢印の方向に動かす。磁場は磁極の中央からずれるにしたがって弱くなる。するとそのような変化する磁場の中を動いている導線には、その磁場の減少を補うように黄色矢印の方向に電流が流れてまわりに磁場ができる（81ページ）。

変化する磁場によってこのように電流が誘導される現象を**電磁誘導**という。磁場と導線中の荷電粒子と力、この３つが電磁誘導の基本である。

ファラデーの法則

磁場の中で、磁場の大きさが変化する方向に動く導体には、その磁場の変化を妨げる方向に誘導起電力が発生し、その大きさは導体が速く動くほど大きい。

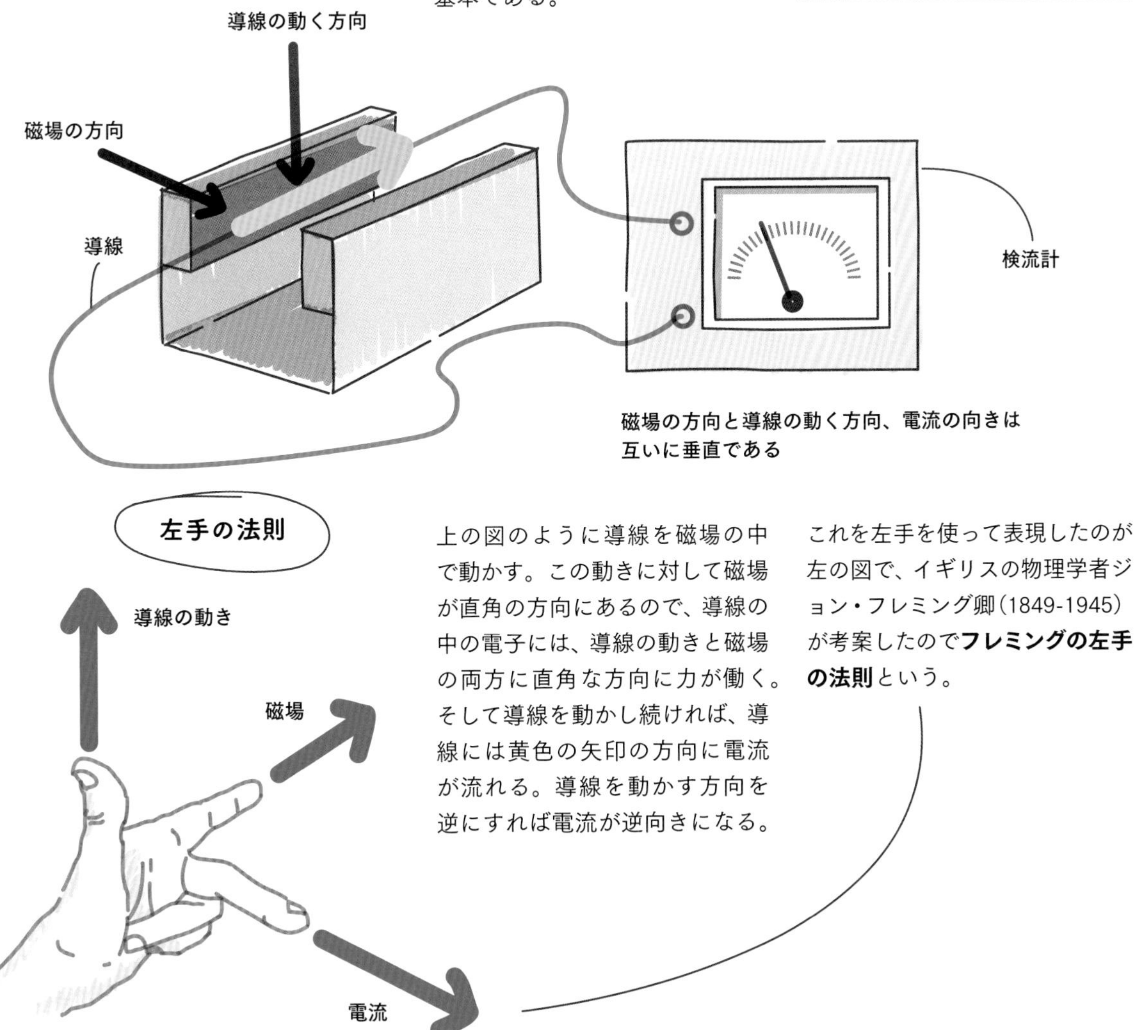

磁場の方向と導線の動く方向、電流の向きは互いに垂直である

上の図のように導線を磁場の中で動かす。この動きに対して磁場が直角の方向にあるので、導線の中の電子には、導線の動きと磁場の両方に直角な方向に力が働く。そして導線を動かし続ければ、導線には黄色の矢印の方向に電流が流れる。導線を動かす方向を逆にすれば電流が逆向きになる。

これを左手を使って表現したのが左の図で、イギリスの物理学者ジョン・フレミング卿（1849-1945）が考案したので**フレミングの左手の法則**という。

電磁誘導

電磁誘導という現象は私たちの生活に計り知れない影響をもたらしてきた。なかでも重要なのは発電とモーターの原理、どちらもこれからの電気を主流とした自動車の技術に欠くことができない。

発電機

導線の一部を環状にしたものを、右の図のように平行な磁場の磁力線に垂直に置く。この環を磁場に（紙面に）垂直な軸のまわりで回転させれば、磁場と環の間の角度の変化にしたがって環を貫く磁力線の数が変化する。その変化を妨げるように導線の両端に起電力が生じる。

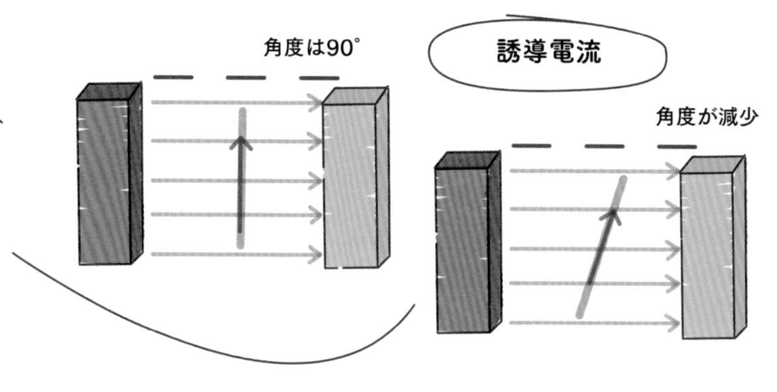

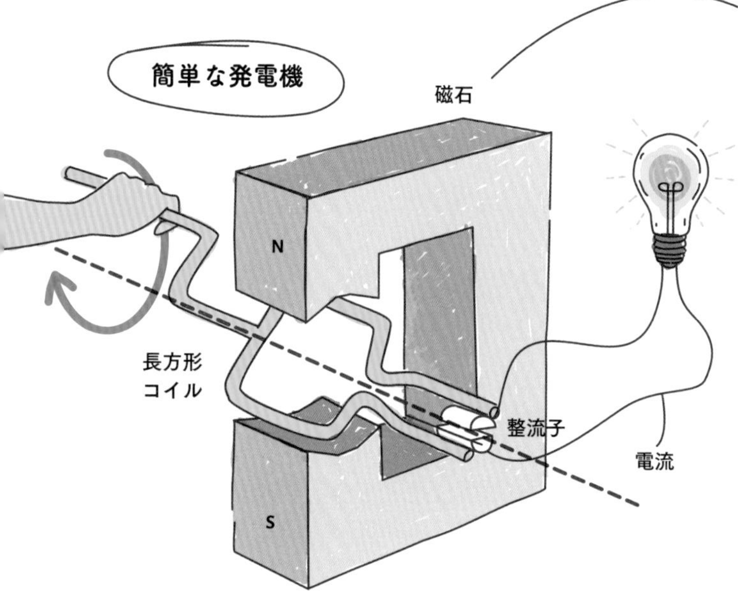

導線でできた長方形の1回巻きのコイルをU字型磁石の磁極の間に置く。磁場に垂直な方向を軸としてコイルを回転させると、上で考えたように、回転につれて磁場の方向から見たコイルの面積は変化する。コイルが磁場に垂直な向きから半回転するごとに、コイルに誘導される電流の向きが逆になり、起電力の正負が逆転する。そのときに図のような「整流子」によってコイルと導線との接続が切り替わるので、電球のつながった回路には大きさは変動するが向きの変わらない電流が流れる。コイルの巻数が多く、回転が速いほど電球を流れる電流は大きい。これが発電機の原理である。

上の発電機で整流子に触れているコイルの先端での起電力の向きと大きさは、コイルが1回転する間に右の図のように変化する。これを**交流（AC）**という。発電所では水力や火力を使って交流を発電し、各地へ送電している。上の図の発電機では、整流子を使って大きさは変化しても向きの変わらない**直流（DC）**に変換して電球に供給している。次のページのモーターを回すには直流が必要である。

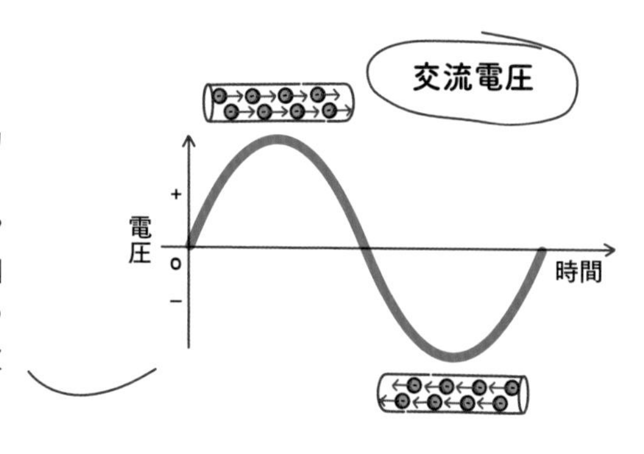

モーターのしくみ

おもちゃのラジコンカーやフードプロセッサー、ヘアドライヤーから本物の電気自動車までいろいろなところにモーターが使われている。モーターの原理は基本的には発電機と同じだけれど、おもな違いは発電機では機械的なエネルギーを電気エネルギーに変換し、モーターは電気エネルギーを機械的なエネルギーに変換しているところである。

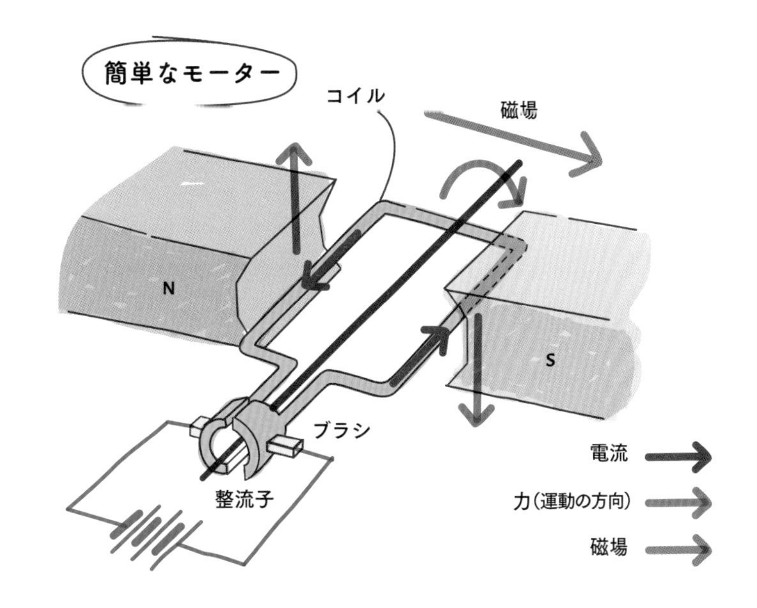

電源からの電流を、磁場の中で自由に回転できるコイルに流す。磁場の中の電流は磁場と電流の両方に垂直な方向に力を受ける。この力がコイルを回転させるモーメントを発生させる。この**回転のモーメント**がモーターのシャフトを通じて車輪やファンなどに伝えられる。モーターのシャフトが同じ方向に回り続けるように、整流子とブラシを使ってコイルに流れる電流をコイルの半回転ごとに逆向きにして、上の図のようにいつも時計まわりのモーメントを発生させるようになっている。これが直流を電源とするモーターの仕組みである。

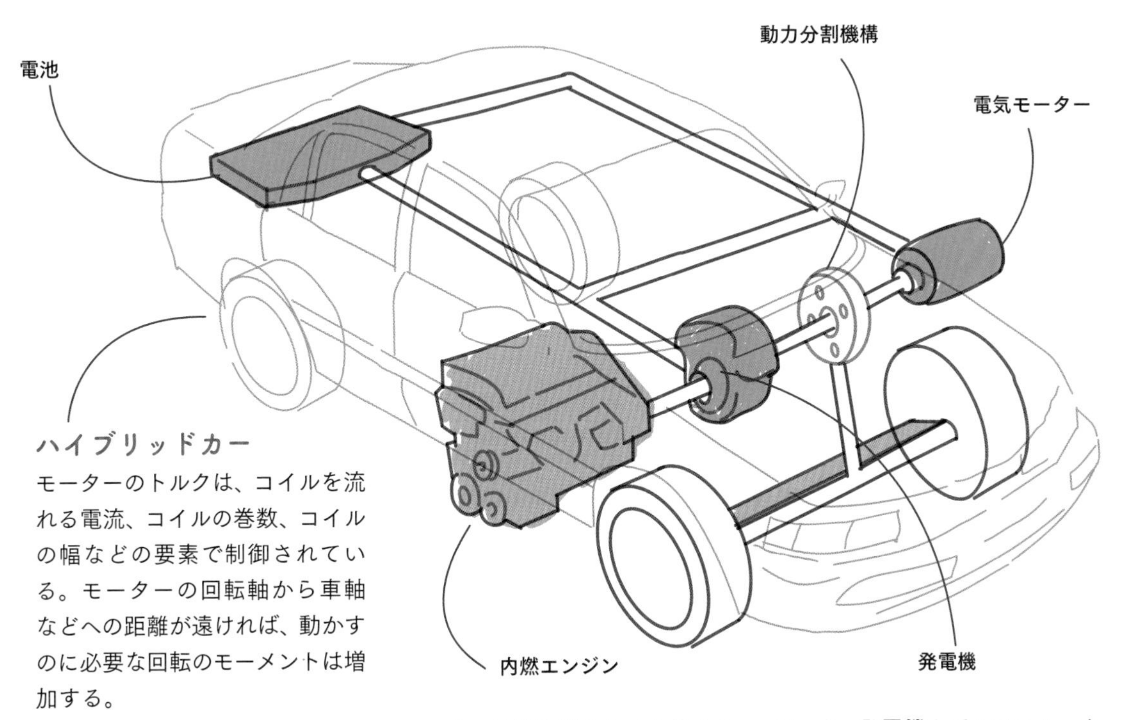

ハイブリッドカー

モーターのトルクは、コイルを流れる電流、コイルの巻数、コイルの幅などの要素で制御されている。モーターの回転軸から車軸などへの距離が遠ければ、動かすのに必要な回転のモーメントは増加する。

大型車の場合のように、動かすのに大きな力が必要ならば、その力を発揮するためにこれらの要素を大きくしなければならず、モーターが大きくなる。

モーターは発電機としても使える。ハイブリッドカーには、高速時に内燃エンジン、低速時にはモーターで走行し、減速の際にモーターを発電機として利用して充電する方式があり、そのような装置を**モーター発電機**と呼んでいる。また、図のような動力分割機構を備えた方式ではエンジンの動力を発電用と走行モーター用に効率よく分割している。

エネルギーの輸送と損失

電磁誘導現象は、各家庭への電力の輸送にとってもきわめて重要である。発電所で機械的なエネルギーを電気エネルギーに変換しただけでは各家庭へケーブルを使って効率よく送電することはできない。発電電力が同じならば、電圧が高いほど電線で熱となる損失を抑えることができる。そのために使われるのが変圧器（トランス）で、交流は変圧器を使って簡単に電圧を変えられるということが、交流が世界中で広く使われている理由でもある。

交流変圧器

右ページ中央の図のように、共通の鉄芯の入力側に**1次コイル**をN_1回巻いて交流電流を流す。電流のまわりには磁場ができるので、鉄芯の中には向きが変わる交流の磁場が発生する。

この磁場が出力側にN_2回巻かれた2次コイルを貫くので、電磁誘導によって2次コイルに電圧が発生する。

$$V_{out} = \frac{N_2}{N_1} \times V_{in}$$

つまり１次コイルの電流の変化に応じて、２次コイルを貫く磁場が変動して、２次コイルには交流の起電力が誘導される。

誘導起電力によって２次コイルには電流が流れる。コイルの誘導起電力はコイルの巻き数に比例するので、２次コイルの巻数が多ければ２次コイルに誘導される起電力も大きくなる。これが**昇圧トランス**で、２次コイルの巻き数が１次コイルより少なければ**降圧トランス**となる。変圧器での損失がないとすれば１次側と２次側の電力は同じなので、送電線での発熱による損失は電圧が高いほど小さくなる。

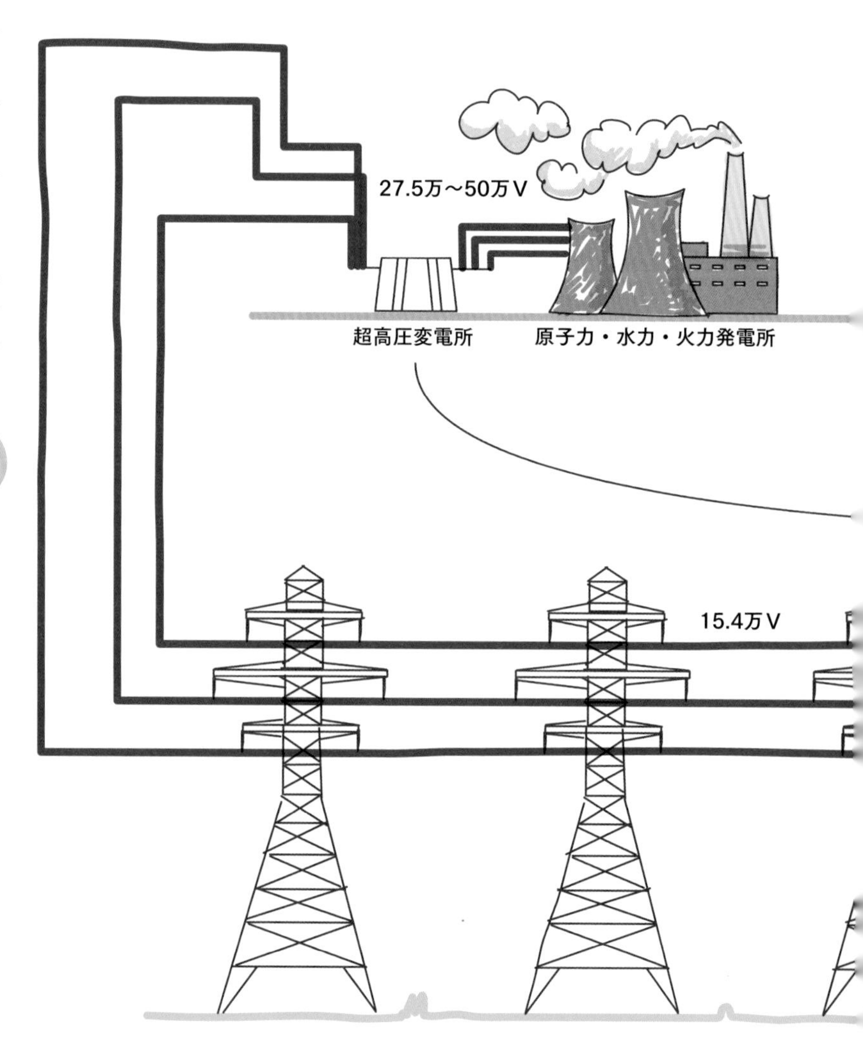

図のように送電線は３本1組である。発電所では、三相交流と呼ばれる波形が１周期の1/3ずつ遅れた3種類の交流を発電し、それを３本の電線で別々に効率よく送電している。

電力とは、単位時間に電源が供給する電気エネルギーで、単位はワット（W）である。電圧の大きさがV、電流の大きさがIのとき、電力Pは$P=IV$となる。発電所と送電ケーブルのネットワークを**エネルギーグリッド**と呼ぶ。エネルギーグリッド内での電力の輸送には、変圧器を使って電力の損失を最小限にする。

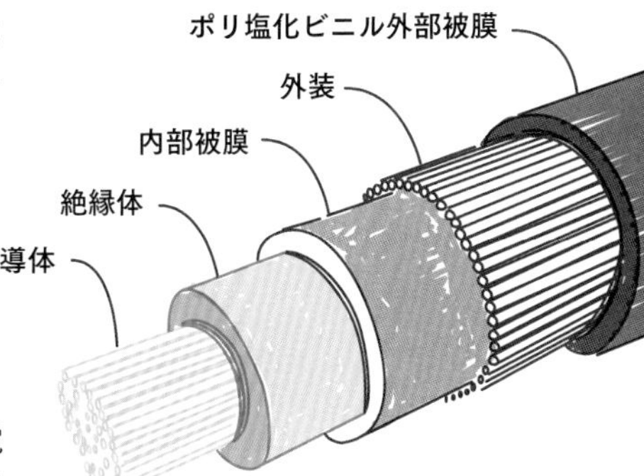

送電ケーブルは、多芯の導線からなる太い導線が堅固な絶縁体被覆（ひふく）に封入されている。

かなり性能のよい導体であっても送電が長距離になると無視できない抵抗値になる。大きな電流を流すと、この抵抗によって発熱し、**電力の損失**につながる。発電電力がPで送電電圧がVならば送電電流Iは下の式で計算される。さらに送電ケーブルの抵抗がRのときの発熱による損失を計算すると、PとRが決まっていれば送電電圧Vが高い方が発熱による損失が小さいことがわかる。

$P=IV$ と $V=IR$ から

損失は $I^2R=\dfrac{P^2R}{V^2}$

長距離に電力を輸送するには高電圧で低電流である方がずっと効率がよいので、高電圧で送電し、変圧器を何段も使って、重工業、軽工業、そして小規模な企業や家庭へと順に電圧を下げて供給する。変圧器で電圧を変えることはとても効率がよいが、それでも変圧器の鉄芯での熱や音によるいくらかの損失は避けられない。

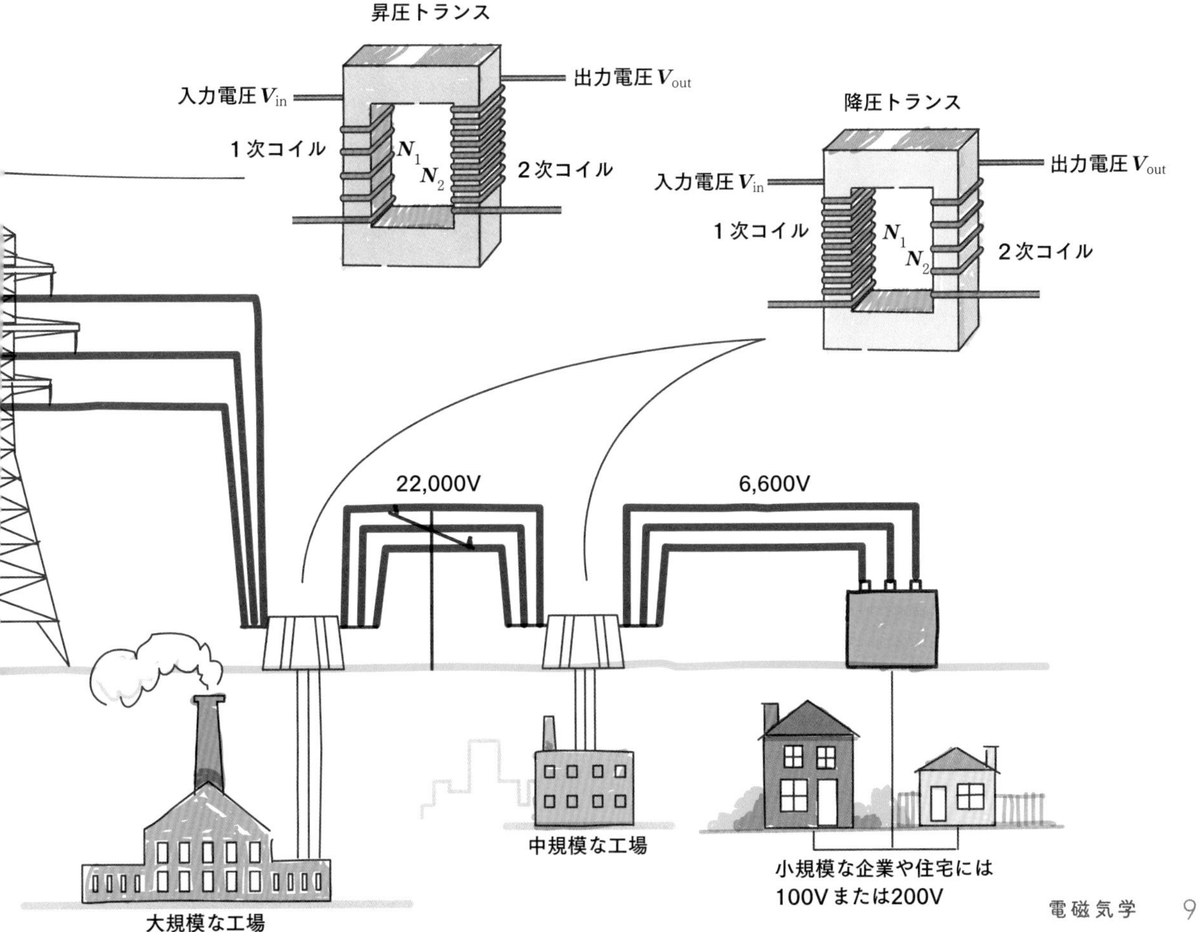

電磁波とスペクトル

電磁波という波は、電場と磁場が互いに直交して振動しながらその両方に垂直な方向に進行している。可視光は電磁波のごく一部であり、可視光よりずっとエネルギーの低い電磁波が電波、逆に極端にエネルギーの高い電磁波がX線やガンマ線である。

電磁波の放射

電磁波は宇宙空間や、空気やガラスのような透明な媒質を伝わる。その速度は媒質によって異なる。電磁波は真空中を秒速およそ30万kmで伝わり、ガラスの中では秒速約20万kmである。

光はかつて運動エネルギーをもった小さな粒子だと考えられていた。最初にこのように考えたのはニュートンだったが、この粒子説では光の性質をすべて説明することはできなかった。

1678年、オランダの物理学者のクリスチャン・ホイヘンス（1629-95）は、光は進行方向に対して垂直に振動する波であるという波動説（**ホイヘンスの原理**）を提唱した。

実際にはどちらの理論を使ってもある種の観測事実が完全には説明できないという問題があった。のちになってアインシュタインは光は**フォトン**（光子）というエネルギーをもつ粒子でできていて、しかもフォトンのエネルギーは決まっていると考えた。フォトンのエネルギーは**振動数**（1秒当たりの波の数）で決まっているのである。

可視光の波長とエネルギー

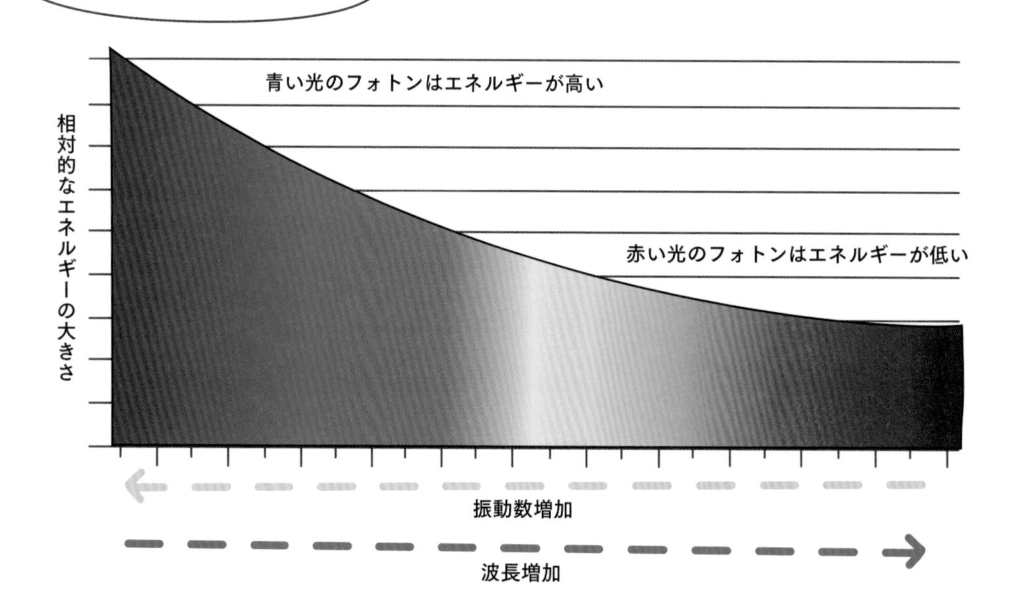

いろいろな光源

電磁波が発生する原因はいろいろある。毎日目に入る光のほとんどは太陽の**核融合**によってその表面から放射され、地球に届いて、そこで何かに反射した電磁波である。しかし光の中には、物体の温度に応じた放射や、地球上での何らかの化学反応や原子核反応によるものもある。

たとえば、金属は熱すると光を発する。温度が高いほど、金属が発するフォトンのエネルギーは高く、色は温度とともに変化する。鉄は1,100 K付近では赤く、1,400 K付近では黄色に、さらに高温では白っぽく見える。

ホタルやチョウチンアンコウのような発光する生物は、生物自身か、発光バクテリアによる化学反応によってその光を発している。

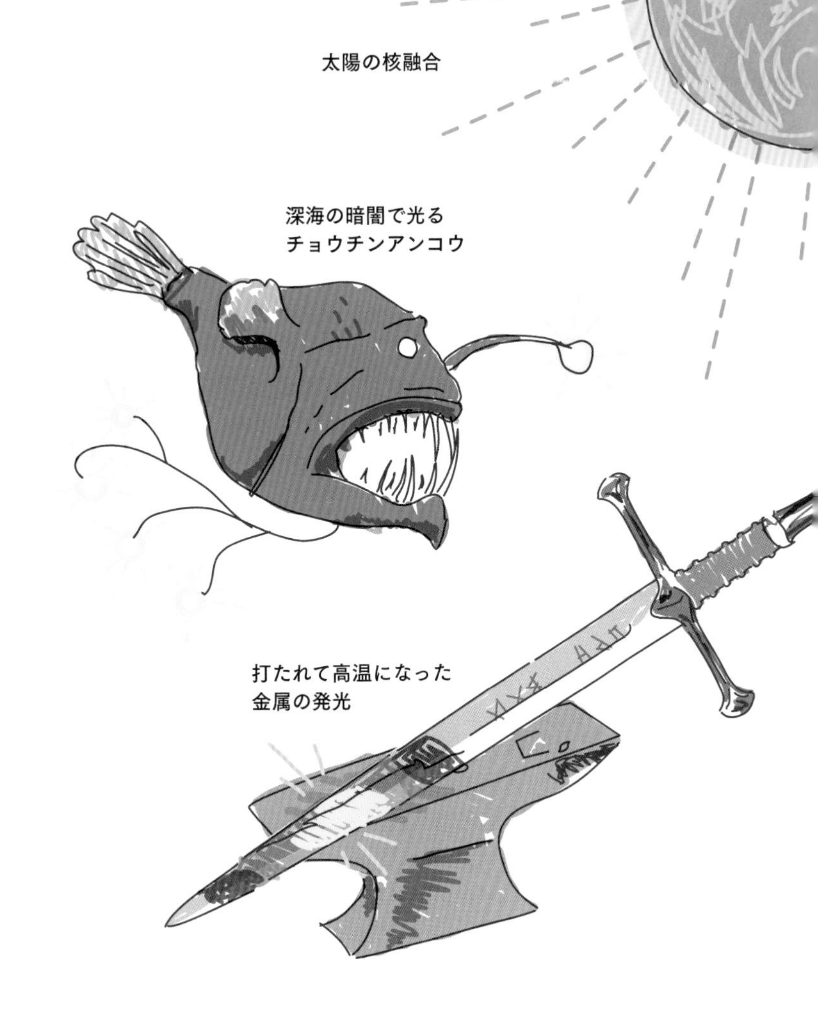

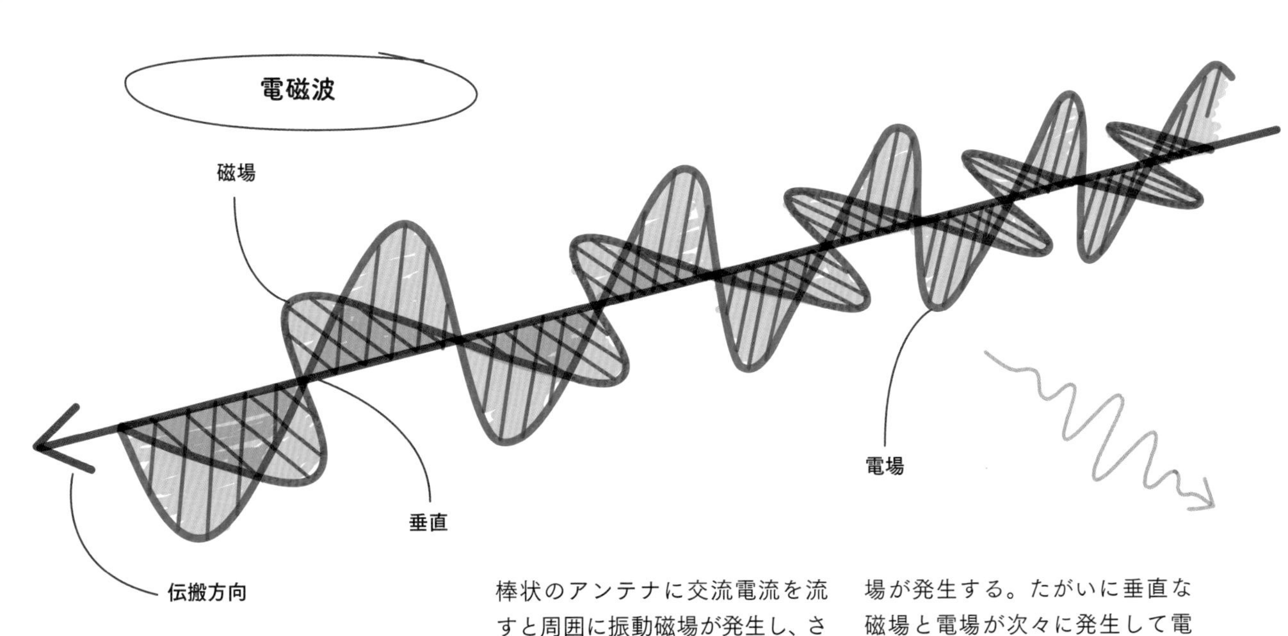

棒状のアンテナに交流電流を流すと周囲に振動磁場が発生し、さらにこの磁場に直交する振動電場が発生する。たがいに垂直な磁場と電場が次々に発生して電磁波となる。

電磁波のスペクトル

フォトンのエネルギーはその振動数（周波数ともいう）、あるいは波長で決まっている。振動数の単位はHz（ヘルツ）、波長の単位はmである。電磁波の速度は決まっているので、振動数が高いほど波長は短くてフォトンのエネルギーは大きい。下の図のように、フォトンのエネルギーを振動数、あるいは波長によって分解した帯をスペクトルという。Hzという単位は電磁波を実験によって検出したドイツのハインリッヒ・ヘルツ（1857-94）に因んでいる。

ガンマ線はもっともエネルギーの高い電磁波である。原子核反応や、宇宙の**超新星爆発**などの高エネルギー現象で発生する。ガンマ線はがんの放射線治療に使用されている。

X線は宇宙では**ブラックホール**の周囲のガスなどの高温の物質で発生している。人体の皮膚はX線を透過するけれども骨はX線のほとんどを吸収する。1895年にヴィルヘルム・レントゲン（1845-1923）がX線を発見し、まもなく医療に使われるようになった。レントゲンはこの功績で1901年に第１回ノーベル物理学賞を授与された。

紫外線（UV: ultraviolet）は青や紫の光よりもエネルギーが高く目には見えない。太陽から大量に放射されているが、高エネルギー紫外線の一部は大気によって吸収される。UVの光は皮膚に傷害を与え、発がん性があるなど危険である。

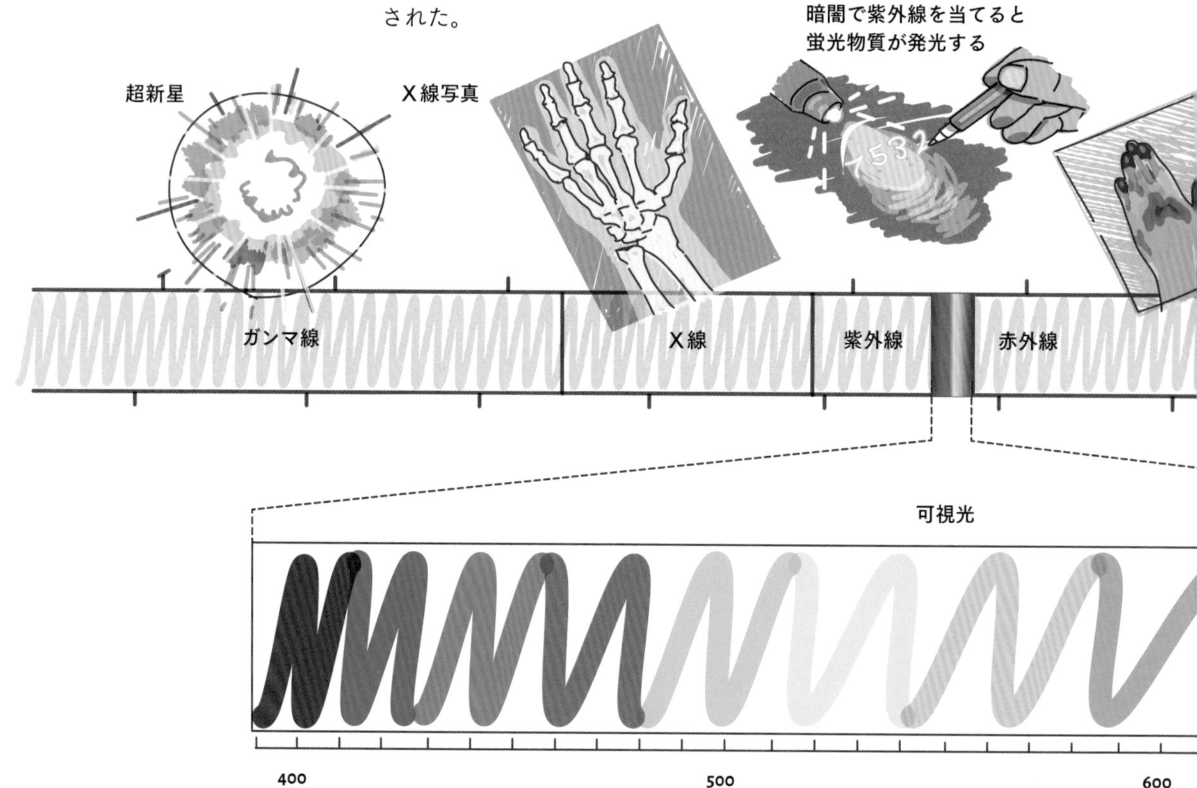

日常生活と電磁波

人類は、日常生活や科学や医学のさまざまなところで電磁波を利用している。病院でのX線撮影、夜間の生物を監視する赤外線カメラから、携帯電話や放送技術に使われるマイクロ波や各波長の電波まで、電磁波スペクトルの広い振動数範囲から大きな恩恵を受けている。

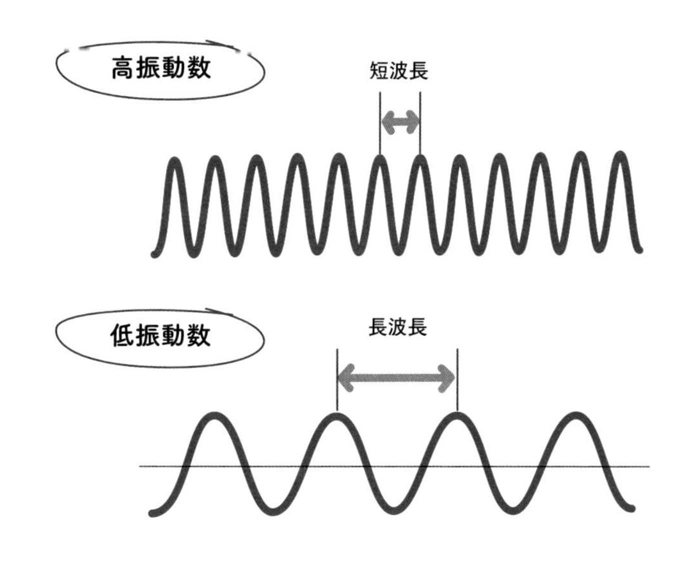

赤外線（IR: infrared）は生物だけではなく、あらゆる物体が発している。そのような赤外線を検出して、その物体の表面付近の温度分布を非接触で測定するのがサーモグラフィーで、医療の他に工業製品の検査などにも使われている。

マイクロ波は赤外線よりもさらに波長が長く、2 GHzから5 GHzの帯域が携帯電話や電子レンジ、無線LANなどに使われている。テレビの地上放送、衛星放送、ETCもマイクロ波帯を使う。

もっとも波長の長い電磁波を**電波**と呼び、エネルギーは低いが通信や放送に広く利用されている。波長が100〜1,000 mの中波はAMラジオ放送、10〜100 mの短波はおもに海外放送に使われている。

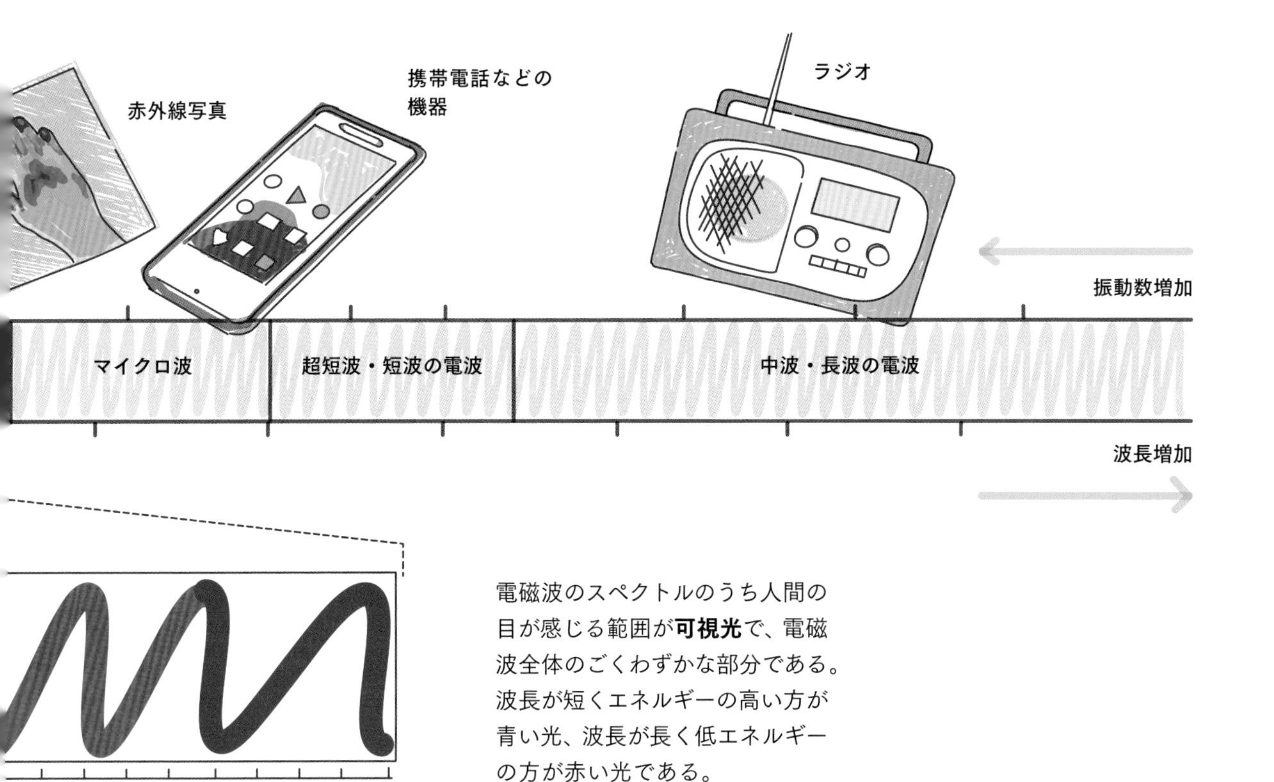

電磁波のスペクトルのうち人間の目が感じる範囲が**可視光**で、電磁波全体のごくわずかな部分である。波長が短くエネルギーの高い方が青い光、波長が長く低エネルギーの方が赤い光である。

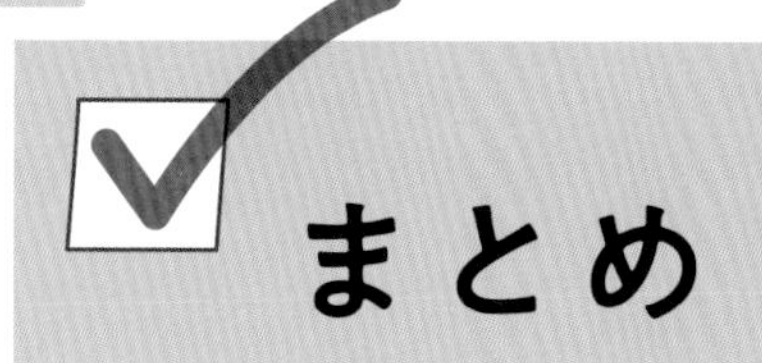

まとめ

電磁誘導の法則

フレミングの左手の法則

人差し指を磁場の方向、中指を電流の方向においたとき、親指の方向に力が働く。

ファラデーの法則

磁場の中で運動する導体には誘導起電力が生じる。

電磁誘導

導線の動き、磁場、電流の３つのベクトルは常に互いに垂直になっている。

電磁気学

電磁波のスペクトル

スペクトル

電磁波、光をエネルギーで表示。

- ガンマ線
- X線
- 紫外線
- 可視光線
- 赤外線
- マイクロ波
- 電波

波長

振動の山から次の山までの長さ、波長が長いほどエネルギーは低い。

振動数

単位時間（1秒間）あたりの振動の数、単位はHz。

電磁波の放射

電磁波

電磁波は直交する電場と磁場が波動として空間を伝わっていくもの。

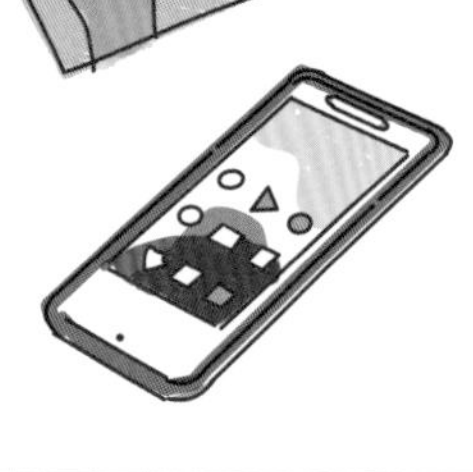

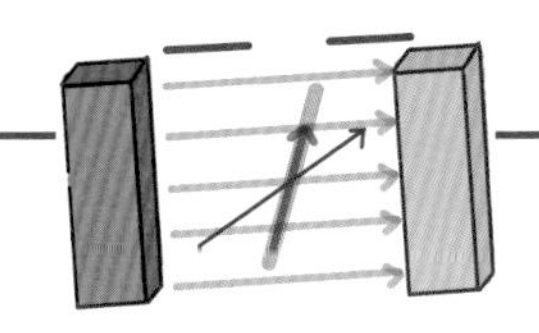

電磁誘導の応用

誘導電流の流れ方
導線のコイル面と磁力線の方向との間の角度が小さくなると電流も小さくなる。

発電機
機械的なエネルギーを電気エネルギーに変換する。

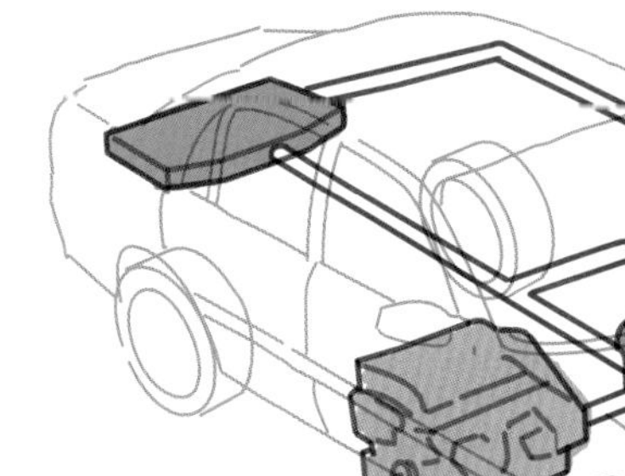

モーター発電機
ハイブリッドカーで使われるような、機械的なエネルギーから電気エネルギーへの変換も、その逆もできる機構。

交流電流
向きと大きさが周期的に変化する電流。

電気モーター
電気エネルギーを機械的なエネルギーに変換する。

電気エネルギーの輸送

エネルギーグリッド
交流を使って広い範囲へ電力を輸送する発電所と送電線のネットワーク。

変圧器（トランス）
ある回路から別の回路へ電圧を変えて交流を伝達する機構。

昇圧トランス
電圧を上げるための変圧器。

降圧トランス
電圧を下げるための変圧器。

送電線
上空あるいは地下で電流を輸送するための絶縁性能がよく耐久性のあるケーブル。

エネルギーの損失
高電圧で送電をしてもエネルギーの一部は熱と音となって散逸する。

いろいろな発光源

生物発光
ホタルやチョウチンアンコウ、バクテリアや菌類のなかにもいろいろなしくみで発光するものがある。

熱
高温の金属や燃える木材や石炭は光と熱を発する。

Chapter

8

波の物理

　波は媒質を通って、あるところから別のところへエネルギーを運ぶ。電磁波は、太陽や恒星の核融合で発生したエネルギーを、真空の宇宙空間を越え、地球の大気の中へと運んでくる。嵐で荒れた海の水分子の縦振動のエネルギーも波が伝える。音も音波という波、空気や水のような物質の振動として伝わる。振動して波を伝える物質を「媒質」と呼び、空間や媒質の中を波が伝わることを「伝搬する」という。どのような波でも、振動、エネルギー伝達、波動の性質などは共通である。地震波のエネルギーは、ときにはとても大きい。スタジアムのウェーブも観客の大きなエネルギーを伝搬しているに違いない。

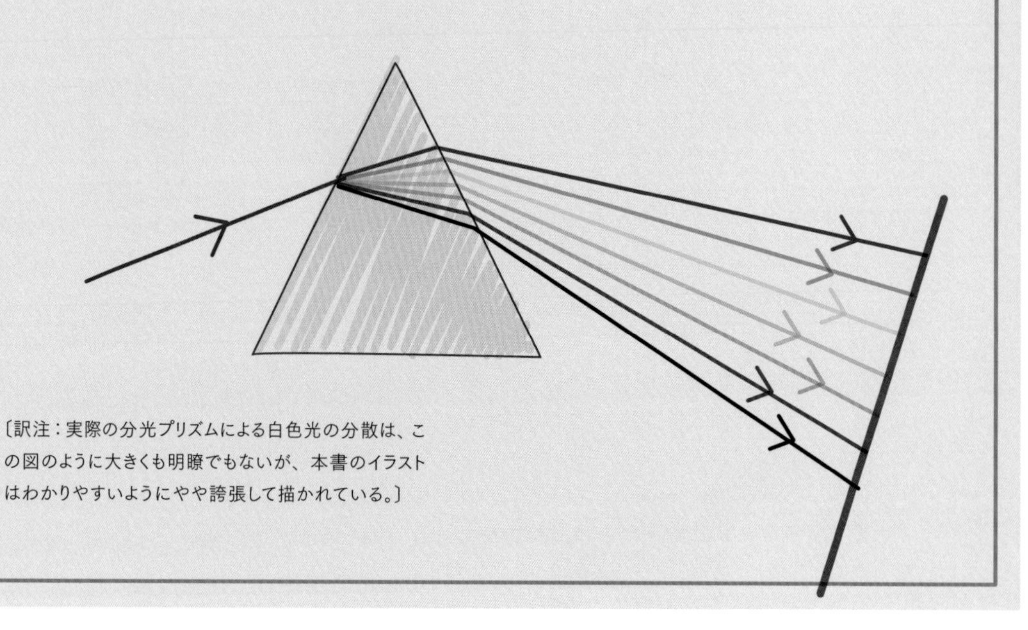

〔訳注：実際の分光プリズムによる白色光の分散は、この図のように大きくも明瞭でもないが、本書のイラストはわかりやすいようにやや誇張して描かれている。〕

振幅、振動数、周期

いろいろな波動を調べる前に、波についての共通なことがらをまとめておこう。波動は基本的に、振動というエネルギーの形であり、周期運動である。波動は決まった時間ごとに同じ形になることを繰り返す。この時間が波の周期T（単位はs）である。

波の伝搬中に、波の形がある瞬間から次に全く同じ形になるまでの時間が波の周期Tである。単位時間（1秒間）あたりに同じ波を繰り返す回数が**振動数**（あるいは周波数）f（単位はHz）である。周期Tと振動数fの間には右の式のような関係がある。

$$T = \frac{1}{f}$$

周期Tはある地点に波の山が来てから次の山が到着するまでの時間とも言える。次々に並んでいる波の、ある山から次の山までの長さが**波長**（単位はm）であり、ギリシア文字のλ（ラムダ）で表記することが多い。また、ある時刻に1周期の波形の中のどの位置にあるかを、その時の波の**位相**という。

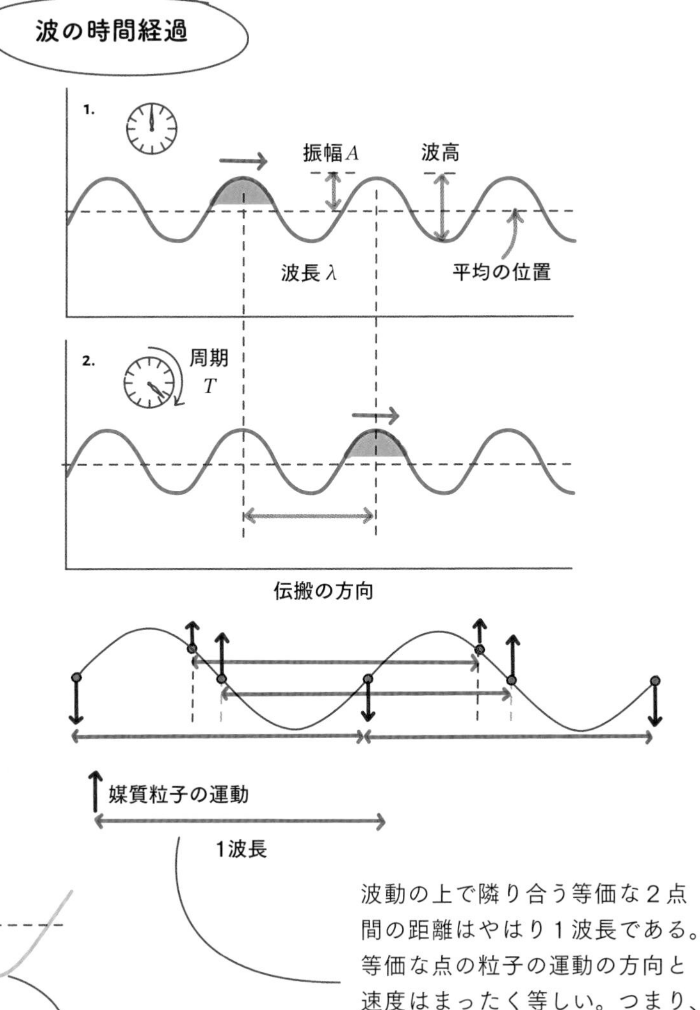

すべての波動には振動の中心があり、これは振動する粒子の変位の平均の位置である。この振動の中心を**平衡点**、または**平衡位置**と呼ぶ。。この平衡点からの最大の変位が波動の**振幅**（しんぷく）A（単位はm）である。変位の最大の点は**振動の山**、または**振動の谷**である。

山
波長
振幅
振幅
平衡点
波長
谷

波動の上で隣り合う等価な2点間の距離はやはり1波長である。等価な点の粒子の運動の方向と速度はまったく等しい。つまり、等価な点は同位相である。

単振動

糸の長い振り子やばねのように、長時間繰り返し、決まった時間間隔で揺れることを物理学では振動という。93ページの電磁波の図の、電場と磁場の大きさの変化も振動の一例である。

水平に置いて一端を固定したばねの反対の端を少し引っ張ってから放すと、元の長さ（平衡位置）へ戻ろうとする**復元力**が働く。ばねと台の間に摩擦がなければ、ばねの先端は平衡位置を中心として往復運動を続ける。このような振動を**単振動**という。

ボールにひもをつけて、一定の速さで円運動をさせる。側面から光を当てて、スクリーンにその影を映すと、ボールの影はひもの長さを振幅として平衡位置を中心に振動を繰り返す。影の速度は平衡位置で最大となり、最高と最低の位置で0となって向きを変える。

この影の動きを、数学で表現しよう。円軌道の中心を座標の原点Oとする。ここでは鉛直方向の影の変位をxとしているので、水平方向の軸をy軸とする。ボールは時刻0で平衡位置を出発し、時刻tで図の位置にあるとする。そこからy軸に垂線を下して交点を$y(t)$とする。原点とボールと$y(t)$の3点で、ボールのひもを斜辺とする直角三角形ができるので、斜辺とy軸の間の角度θと、斜辺の長さAを使って、$x(t) = A \sin\theta$となる。ボールが円周上を進むと、斜辺も回って直角三角形の形も変わる。ここで、この円運動の角速度（45ページ参照）をωとするとωは一定で、$\theta=\omega t$である。すると$x(t) = A \sin(\omega t)$となって、等速円運動をしているボールの影の振動は時刻tを変数とするsinの関数になる。このようにsinまたはcosの関数で表現できる振動を単振動と呼ぶ。係数Aが単振動の振幅、θがその時刻の位相である。

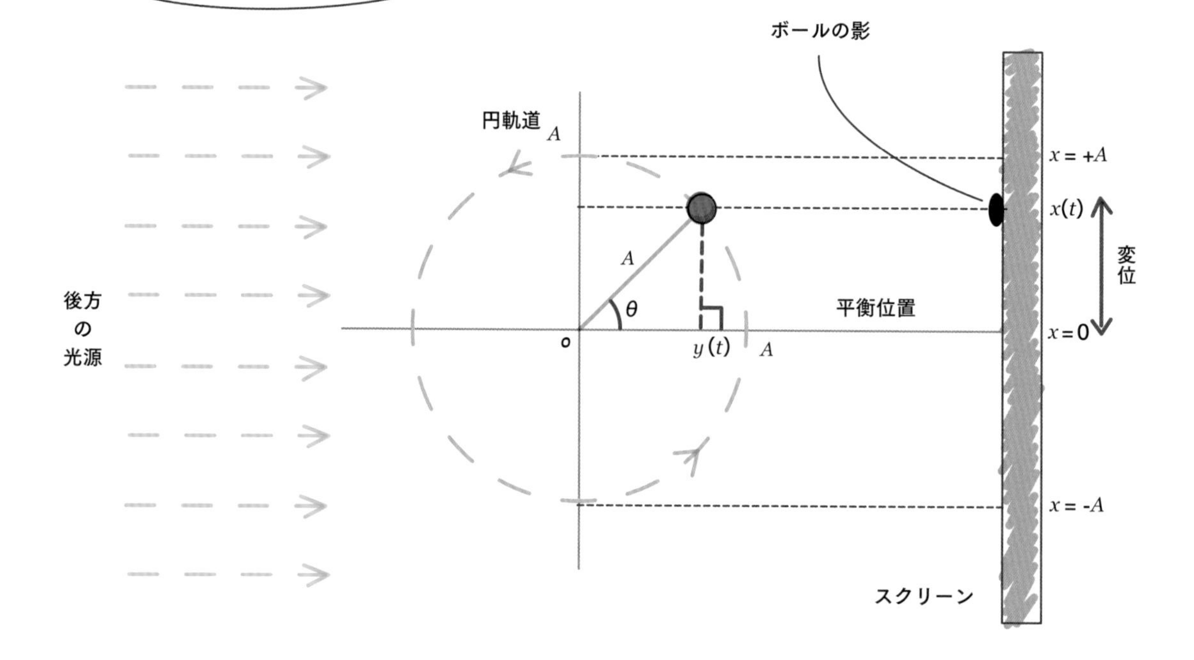

単振動の特徴

単振動では、その平衡位置からの変位によって速度も変化する。最大変位の位置で速度は0になり、平衡位置に向かって加速し始める。平衡位置での速度が最大で加速度は0になり、平衡位置から離れるときには再び減速が始まる。加速度ベクトルは平衡位置へ向き、その大きさは変位に比例する。

単振動で表現できる例は身近なところにたくさんあり、バンジージャンプもそのひとつである。ただし、この場合の振動は徐々に減衰する。

バンジージャンプ

出発点は高いところなので、ジャンパーの位置エネルギーは大きい

落下とともに位置エネルギーは運動エネルギーに変化して加速し、ゴムが自然長よりも伸びるとジャンパーの運動エネルギーはゴムの弾性エネルギーに変化してジャンパーの落下は減速する

徐々に振幅が減少し、ジャンパーに働く重力とゴムの張力が釣り合う位置で止まる

ゴムの伸びが最大になるところで、ジャンパーの運動エネルギーはすべてゴムの弾性エネルギーになる。ジャンパーは一瞬停止したのち、ゴムの復元力によって再び上昇する

単振動の変位や速度、加速度などはsin、またはcosの関数で表現できる。この関数のグラフは、たとえば下の図のような無限に続く波で、このような波形を**正弦波**という。左ページのボールの影の運動も単振動なので、このような波形になる。下のグラフはボールが一番高いところから出発したときの影の変位を表し、横軸は時刻である。変位が最大のときに速度は0となり、平衡位置で速度は最大になるので、速度のグラフは変位のグラフを周期の1/4だけ左へずらした振動になる。加速度は速度が最大のときに0、速度0で最大になるので変位のグラフとは1/2周期ずれた振動になる。つまり、単振動の変位と加速度は常に逆方向になっている。

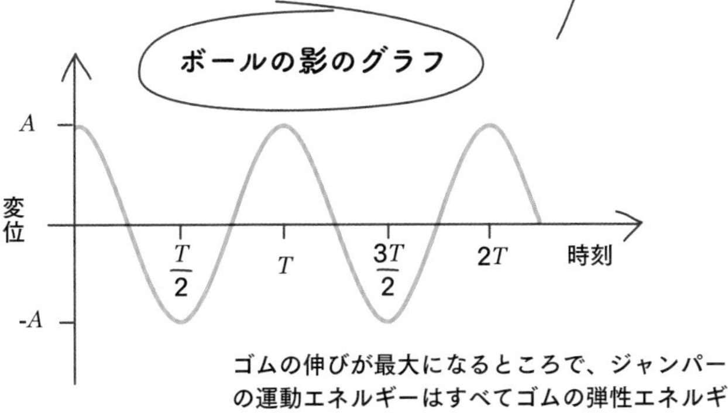

単振り子

重りをつけた糸の端を固定し、振れる幅Aが糸の長さLに比べて小さく、糸の質量が重りの質量に比べて無視できるとき、この振り子の運動は単振動と考えてよい。

このように定義された振り子が**単振り子**で、たとえば「おじいさんの古時計」の原理そのものである。振り子の振り幅が小さければ周期Tは糸の長さだけで決まっていて、重りの質量や振り幅にはよらない。この性質を**振り子の等時性**という。

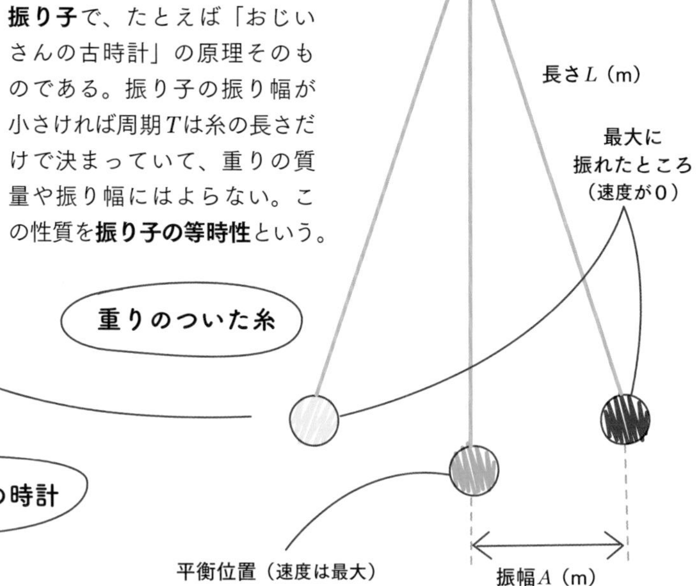

振り子の振り幅が小さいという条件があれば、周期Tと糸の長さLの関係を表す式は数学的に求められて、次のようになる。

$$T = 2\pi\sqrt{\frac{L}{g}}$$

ここで、gは重力加速度である。

単振り子を使うと、地球上での重力加速度gを測ることができる。糸が十分に長い振り子を長時間振らせて（測定時間が長い方が測定の精度がよくなるので）周期を測り、gを求められる。地球表面の重力加速度の大きさは、緯度によって異なる。重力加速度は地球上の各地で振り子の原理を用いて測定されてきた。高い山など、海抜の違うところでのgの値の小さな変化を検出できるほど正確な測定が可能である。

時計の振り子の周期は正確に2秒で、片道1秒であれば都合がよい。この周期にするために必要な糸の長さはほぼ1 mなので、「おじいさんの古時計」はこんなに大きい。

ばね振り子

重りをつけたばねの運動の原理は、ばねに蓄えられる弾性のエネルギーと重りのエネルギーとの交換である。質量mの重りをつけたばね定数kのばねを、その平衡位置（吊り下げて静止している位置）からAだけ引っ張って手を離す。すると重りは弾性エネルギーと運動エネルギーを相互に変換しながら、平衡位置を中心に振幅Aで上下に振動する。これを（鉛直）ばね振り子という。

ばね振り子が平衡位置で静止しているときには、ばねの元の長さから平衡位置までの伸びに対する上向きの復元力と、重りに働く重力がつり合っている。ばね振り子を振動させているのは、平衡位置からの変位に対する復元力だけである。

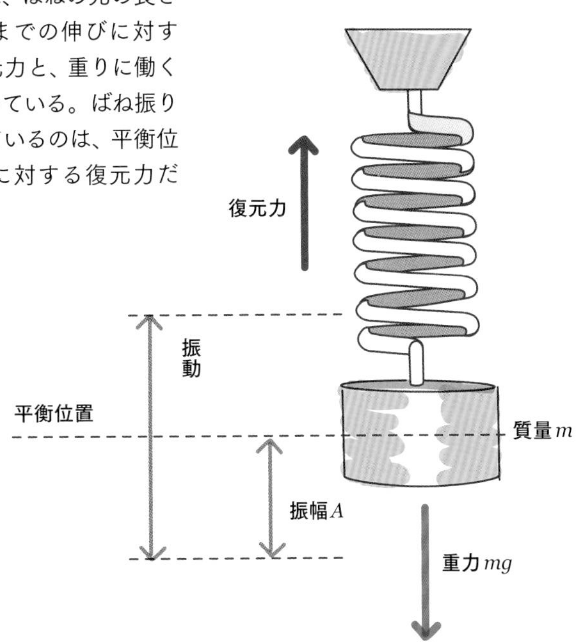

ばね振り子の復元力は重りの変位を戻す方向に働き、フックの法則によってその復元力の大きさFは変位の大きさxに比例する。つまり$F = kx$である。ニュートンの運動の第２法則から重りに働く加速度aは次のようになる。

$$a = \frac{F}{m}$$

フックの法則と合わせると加速度の大きさが得られる。

$$a = \frac{k}{m} x$$

このばね振り子の加速度が変位とは逆方向で、その大きさが左のように変位に比例していることから、この運動は101ページで説明した単振動であることがわかる。その振幅はAであるが、周期は振幅によらず、質量mとばね定数kだけで決まっていて、次のようになる。

$$T = 2\pi\sqrt{\frac{m}{k}}$$

この関係から、重りの質量と周期を測れば、ばね定数を求めることができる。また、普通の体重計の使えない宇宙ステーションでは飛行士の健康管理のためにばね定数のわかっているばねのついた椅子を使い、この原理で体重を測定している。

車のサスペンション

重りとばねの系はさまざまに応用されている。たとえば車のサスペンションである。乗り心地をよくするためには車の上下動を最小にしたい。ばね定数の大きなばねをそれぞれの車輪につけて振動の周期をごく短くすることで、車体の上下動を減らすことができる。これはショックアブソーバー（衝撃吸収装置）とも呼ばれている。

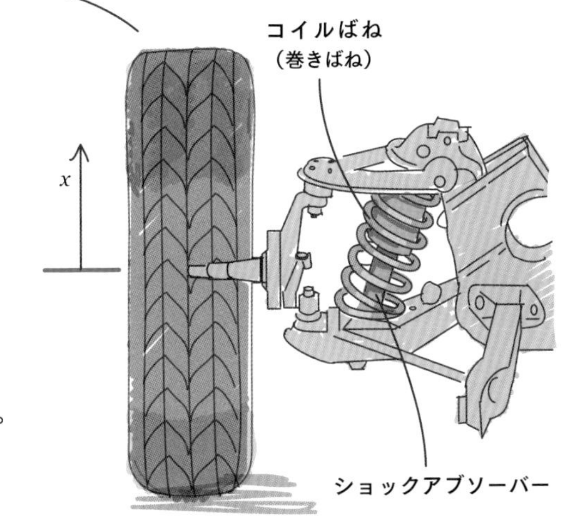

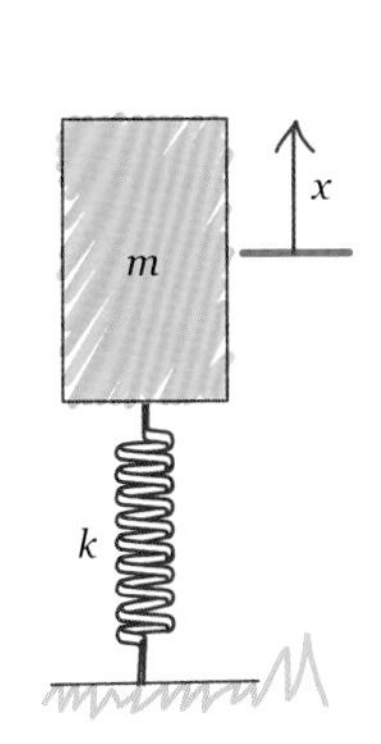

進行波

進行する波は単振動と同じように振動するけれども、波の伝搬する方向にエネルギーが移動する。エネルギーは、横波ならば進行方向に垂直な振動とともに、縦波ならば進行方向で前後の振動とともに輸送される。

横波と縦波

進行波には横波と縦波がある。

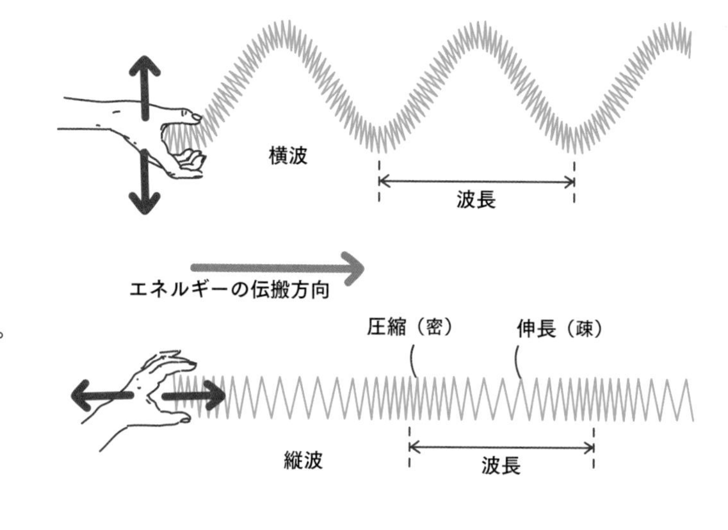

横波は進行方向に垂直な方向に振動する。

縦波の粒子はエネルギー伝搬方向と同じ方向で前後に振動する。音や衝撃波が縦波である。

水の波では、波が進行するにつれて水面は上下に振動している。海に浮かんだボートを想像するとよい。

光は真空でも、あるいは空気やガラスの中でも直進する。93ページで見たように電場と磁場が進行方向に垂直に振動している。縦波も横波も進行してエネルギーを輸送する。縦波と横波の区別は振動の方向とエネルギー伝搬の方向の関係！

音波

音は空気や水などの流体中を伝搬する。たとえば太鼓をたたくような突然の乱れによって空気の粒子がエネルギーを得て、前後に振動し始め、このエネルギーは近くの粒子に伝わり、音源からさらに広がって縦波となる。縦波は媒質が引き伸ばされ、次に圧縮されるという現象を繰り返す。圧縮されれば密になり、引き伸ばされれば疎になることから**疎密波**とも呼ばれる。したがって媒質の存在しない真空中では、もちろん音は伝わらない。

縦波の媒質の密度が平均値より大きければ正、小さければ負で図示すると、密度の増減はsin、またはcosのグラフになる。密度の山、および谷の位置にある媒質は動かず、変位0の平衡位置にある。山と谷の前後の媒質がそれぞれ進んだり戻ったりして山が谷に、谷が山になる。したがって媒質の平衡位置からの変位のグラフは密度のグラフから周期の1/4だけずれる。

密な部分
疎な部分
縦波
山
密度の平均値
媒質の密度
谷

波長と速度

波長と振動数と波の速度は相互に関係している。波の伝搬速度は媒質で決まっていて、その媒質の中では一定であると考えてよい。

波動の**周期**は波の繰り返しの最小単位で定義されていて、ちょうど1波長分だけ波が進行するのに必要な時間である。伝搬速度が一定の場合には、波長が短くなれば振動数は大きくなり、単位時間に振動する回数が増えて周期は小さくなる。

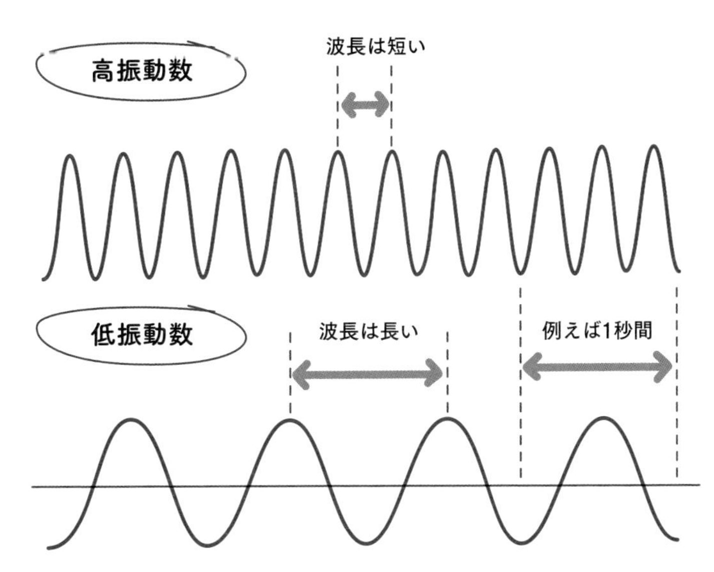

波の速さは媒質によって決まっているが、右の式のように、1秒間に進行する波の数、すなわち振動数f（Hz）と波長λ（m）の積が速さv（m/s）に等しい。

$$v = f\lambda$$

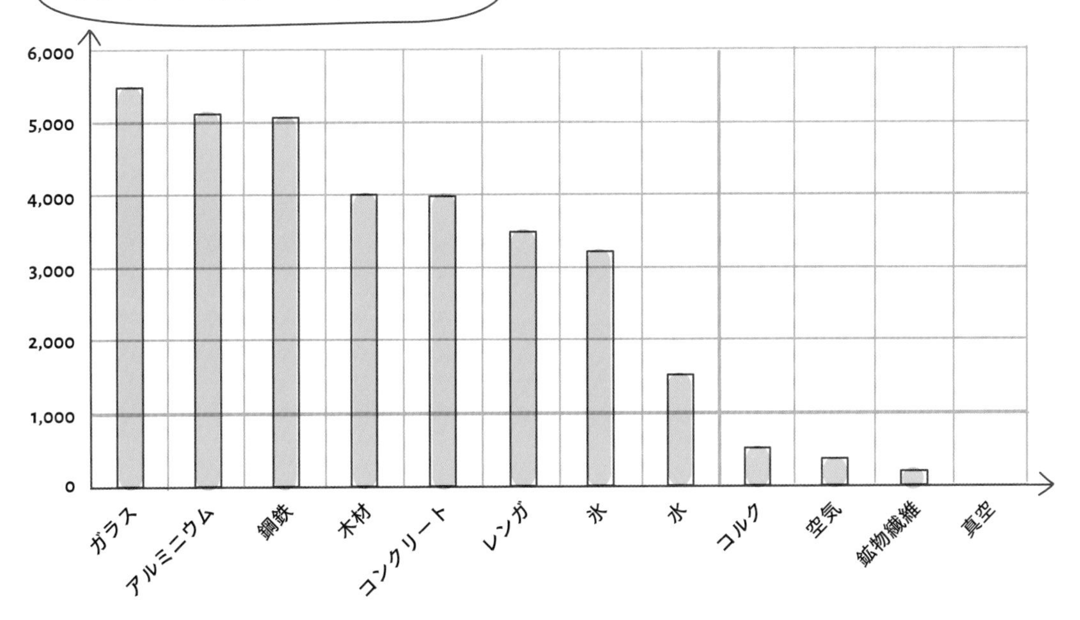

音速は通過する媒質によって大きく変化する。空気中での音速は振動数や波長にはほとんどよらず、15 ℃で約340 m/s。気温によって少し変化するが地球上の海水面のレベルでは音速はほとんど一定である。

音速を確認するために音の波長を測定しよう。2本の同じマイクを同じところに置いて、信号発生器のスピーカーから数百Hz程度の音を出す。マイクの出力を2現象オシロスコープに入れ、その振動数に対応する2つの同じ波を確認する。スピーカーと2本のマイクが一直線になるように、一方のマイクだけを少しずつ他方のマイクから離して、オシロスコープの画面上の2つの波がちょうど1波長ずれるところを探す。そのときの2本のマイクの距離がその振動数の音の波長である。上の式を使えば音速を計算できる。

波動の性質

媒質の中を伝搬する各種の波動には共通の性質がある。それは、直進、反射、屈折、そして回折である。このような性質があるので、異なる媒質の境界では波の速度が変化したり、進行方向が変わったり、その両方が同時に起こったりする。光の性質もここで紹介するが、詳しくは第9章で扱う。

反射

どのような波動でもいろいろな境界や表面で反射される。光はガラスや金属のようなものの表面で反射し、音は硬いもので反射する。水の波は水面に出ている岩などの硬いもので反射する。

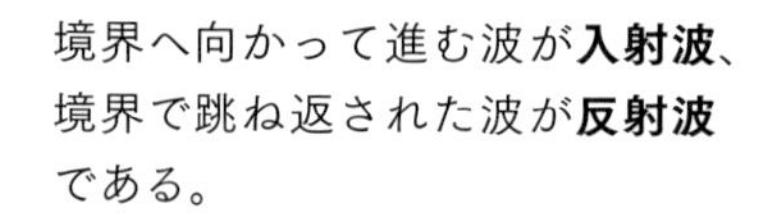
境界へ向かって進む波が**入射波**、境界で跳ね返された波が**反射波**である。

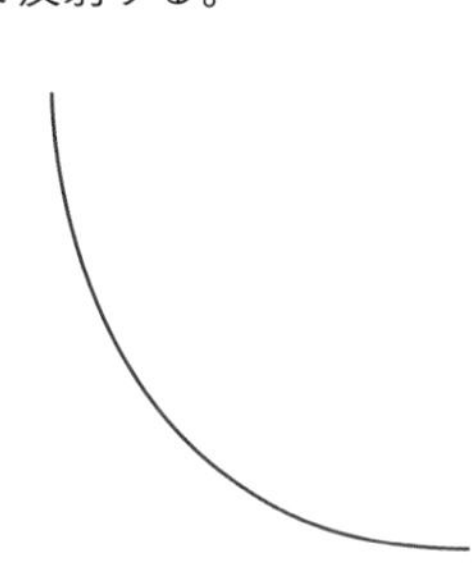

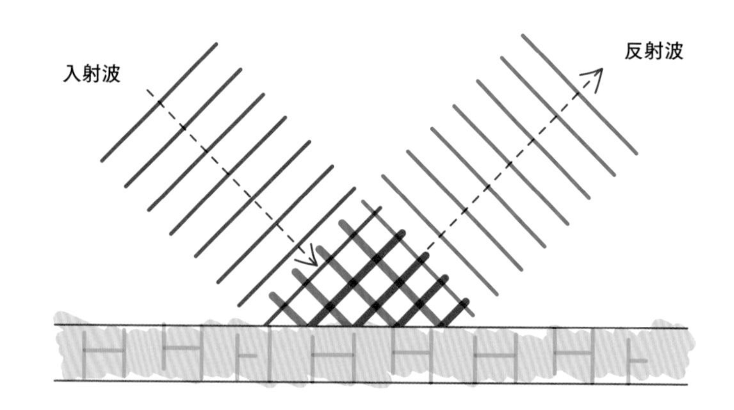

境界面に垂直な直線（**法線**）に対してある角度で入射した波は、法線と入射波の含まれる平面内で法線に対して入射波と同じ角度で反射する。この角度を**入射角**と**反射角**といい、入射角と反射角は常に等しい。これが**反射の法則**（115ページ）である。

もし光の波にこの性質がなかったら、地球上の物体を見ることはほとんどできなくなる。太陽からの光は大気を通過して身のまわりのすべてのものの表面に当たる。その表面は平面に見えても、実際には光の波長と同じ程度の凹凸が必ずあって、光はいろいろな方向に反射する。一方向からの光に対してもあらゆる方向に反射するためどの方向からでも見ることができる。このような反射を**乱反射**と呼んでいる。

太陽光は可視光のあらゆる波長を含んでいる。黒い物体は光を反射しないけれども、白い物体はすべての波長を同じように反射している。反射面は無限にあって、私たちにはそれぞれがすべて異なる色に見えている。

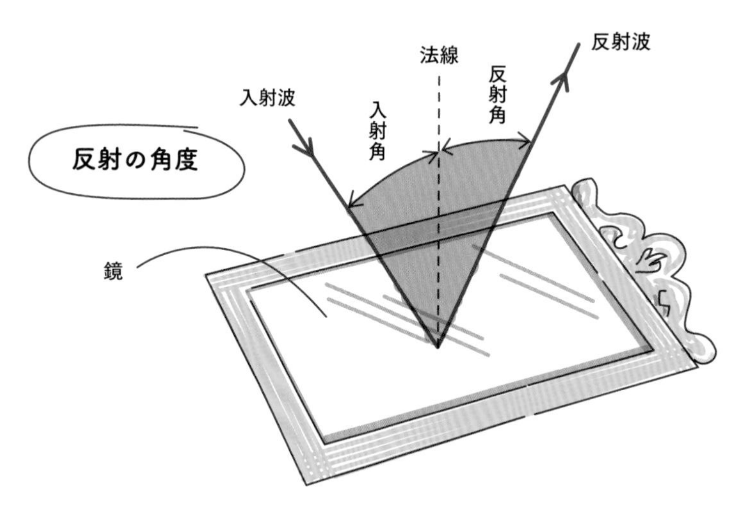

屈折

光の進行方向と速度の両方が変化する現象が**屈折**である。密度の異なる媒質に光が斜めに入射するときには、境界にぶつかった光の速度が変わって波長も変化する。その結果として進行方向が変化する。

光は空気のような透明な媒質から、水のような別の透明な媒質に入るときに屈折する。空気から水へ進む場合のように、より密度の大きな媒質へ光が入射する場合には波の速度が遅くなるので、図のような方向に進路が変わる。

入射波が境界面の法線となす角度θ_iを**入射角**、屈折光と法線がなす角θ_rを**屈折角**という。

光が空気から水に入射するような場合には、その一部は反射する（116ページ）。

屈折のようすは、両側の媒質の光学濃度（116ページ）の違いと境界を通過する光の振動数によって決まる。紫や青の光は赤い光に比べて大きく屈折する。それによって、ガラスのプリズムで見られるような**光の分散**という現象が起こる。分散していない太陽の光を白色光という。

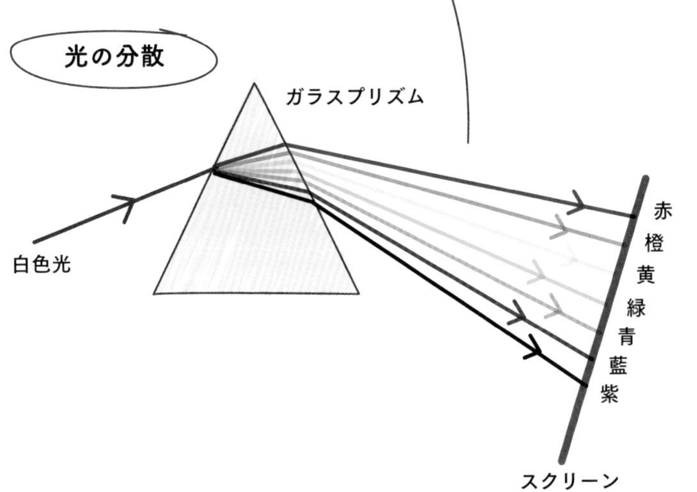

虹が見えるわけ

雨上がりの直後の水滴の一つひとつが丸いプリズムとなり、太陽光の屈折と全反射によって虹が見える。水滴の中で1回全反射をして出てくる屈折光は紫が上で、赤が下になる。目に入る赤い光は紫の光よりも高いところにある水滴からやってくるので、空にかかる虹は赤が上で紫が下になっている。水滴の中で全反射が2回起きると主虹の外側に色の順が逆になった副虹が見える。

回折

回折によっても波動の速度と方向が変化する。媒質は変わらないけれども狭い隙間を通過したり、障害物を迂回したりしたときに起こる現象である。平面だった波は狭い隙間を通るときに扇形になって、外側へ広がる。

回折の起こり方は波の波長と、通過しようとする隙間の幅によって変わる。波長と隙間の幅が同じくらいのときにもっとも顕著な回折現象が見られる。

隙間を通るときの回折

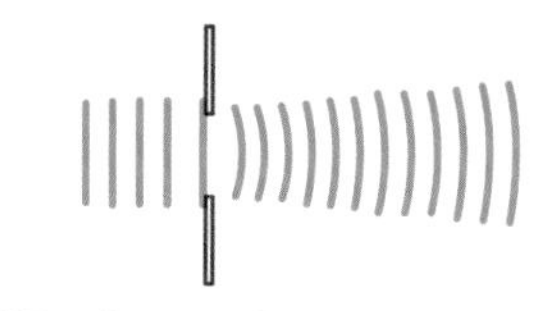

間隔が広いと回折しにくい

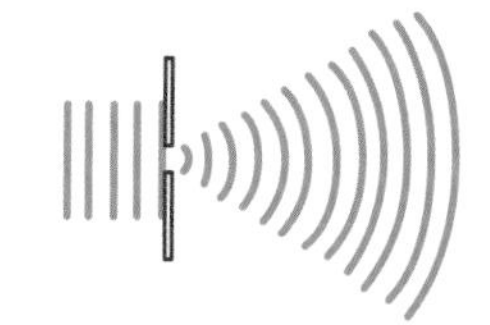

間隔が狭いときは大きく回折する

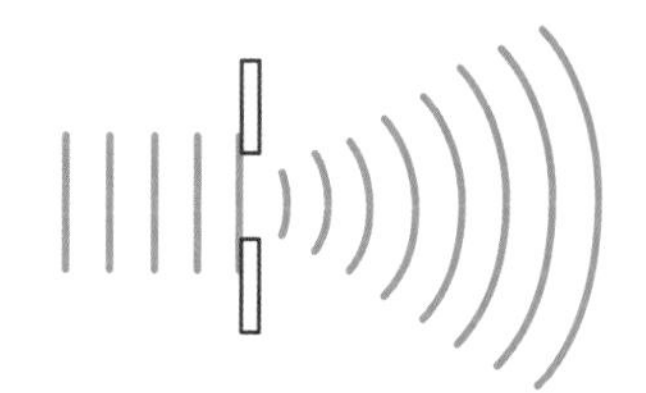

波長が大きい方が回折しやすい

回折現象は光でも音でも水の波でも起こる。可聴音である低振動数の音波の波長は1.7 cmから17 m程度で、人の周囲のものの大きさに近く回折しやすい。そのため低振動数の音の方が高振動数の音より物体を迂回して聞こえやすい。

物体による音波の回折

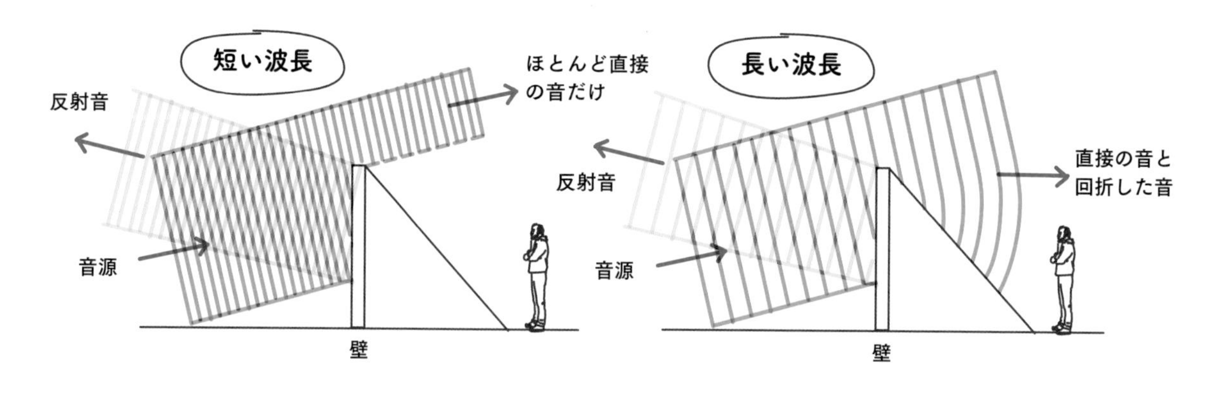

電波を使った通信は回折に大きく影響される。送信される電波の振動数はさまざまで、多くの異なる波長が使われている。

波長が短いと丘のような大きな障害物に遮られるが、波長が長ければそれらは容易に迂回できる。丘の後ろの地域は送信者にとっても、受信者にとっても**電波の陰**と言われている。この陰は長波長の電波の送信にはほとんど影響しないが、短い波長の電波は完全にブロックされてしまう。

電波の陰

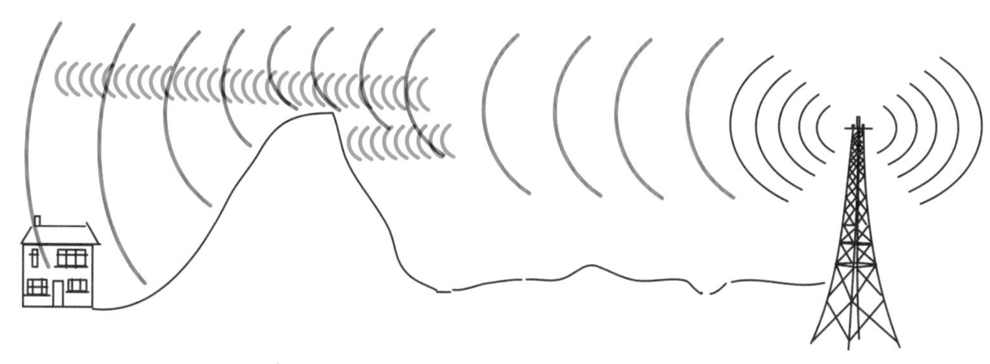

干渉と定常波

２つの波が出合うと、重なって山や谷の大きな波になったり、一部あるいは全部がうち消し合ったりすることがある。２つの波が重なり合ってできる波形は、振動数（波長）、振幅、位相の関係によって決まる。波の重ね合わせでこのような新しい波形ができる現象を「干渉」という。

干渉

同じ場所に同時に到達した２つの波の間に干渉の現象が見られる場合、それらの波には**干渉性**があるという。位相の関係がでたらめに変動するような２つの波は干渉しない。

同じ方向、あるいは逆の方向に進行する２つの波の山、あるいは谷がぴったり合うと互いに強め合ってずっと大きな山、あるいは谷になる。これを**強め合う干渉**という。

ある波の山と同じ振幅のもうひとつの波の谷が相互作用をすると、互いに打ち消しあって消えてしまう。これは**弱め合う干渉**と呼ばれる。

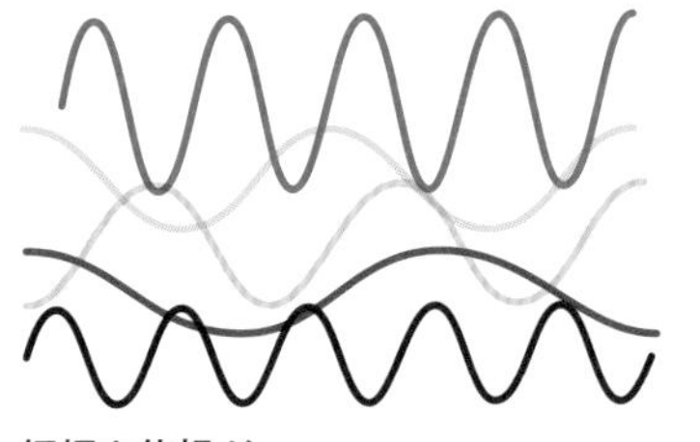

振幅や位相が
異なる波

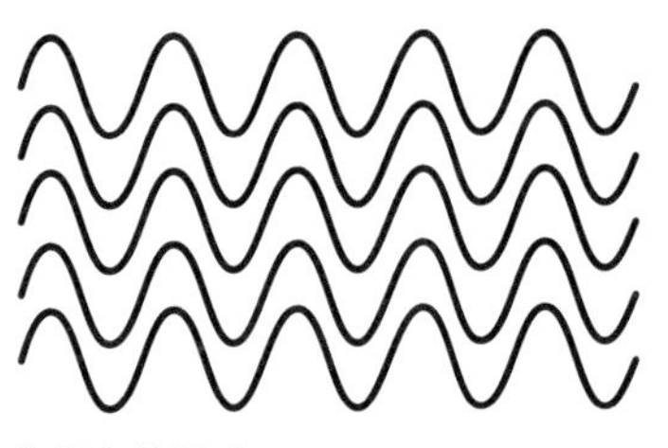

振幅と位相が
揃った波

２人の釣り人が離れたところで同時に糸を投げると、それぞれの波が円形に広がる。２つの波が出会うと、山と山、谷と谷が出合うところでは大きな山と谷ができ、山と谷が出合うところでは水面は平らになる。

山と山が正確に重なるとき、**同位相**であるといい、強め合う干渉が起きる。互いに通り過ぎるにつれて山はずれてくる。ある地点で山と谷が重なるところでは、波長の半分（半波長）だけ波がずれていて、この状態を**逆位相**であるという。

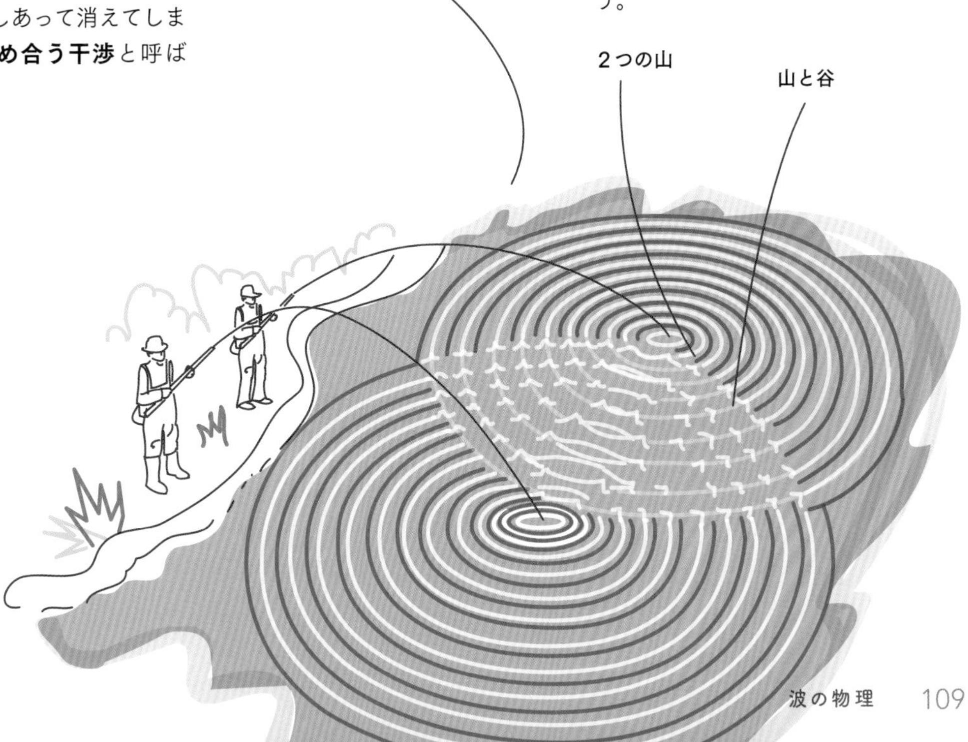

定常波

連続する波が壁に向かって進行し反射すると、逆方向に進行する同じ波と出合うことになる。

一方の端を固定し、反対側の端が自由なひもを考えよう。自由な端を一定の振動数で揺すると壁に固定された端へ向かう**横波**の進行波が発生する。波は端で反射して逆方向へ向かい、やってくる波と出合う。その結果、強め合う干渉や弱め合う干渉が起こる。

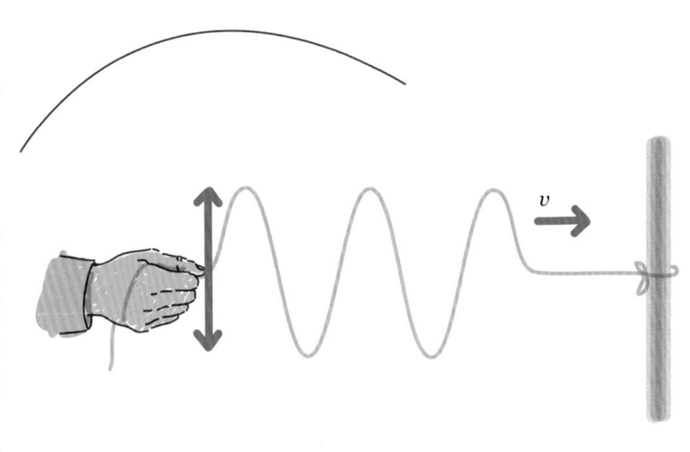

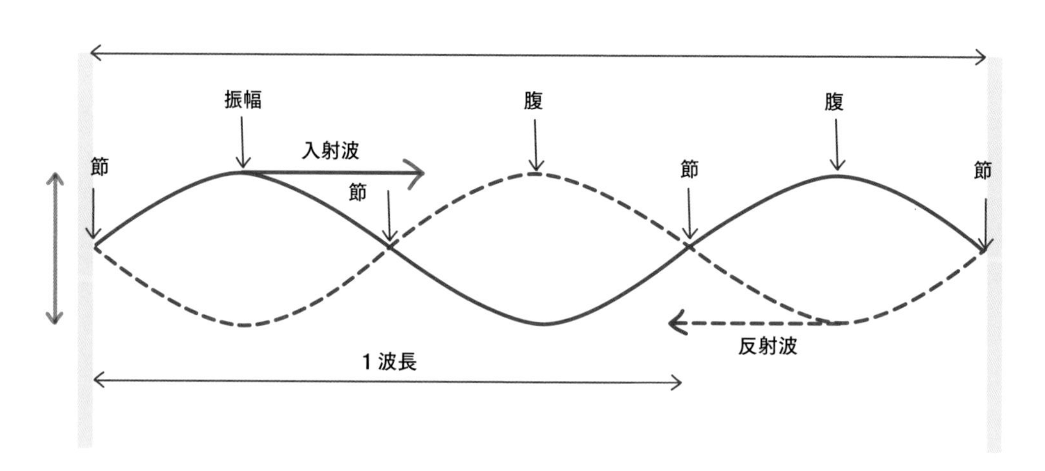

左から進行する**入射波**と右端で折り返す**反射波**が重なって、上の図のように、ある点ではまったく変位せずに、山は大きく振動するという波ができることがある。このときの波の半波長の整数倍がひもの長さに一致している。入射波と反射波が干渉し、弱め合ってまったく変位しない点（**節**（ふし））と、強め合って大きく振動する点（**腹**（はら））ができる。このようなときに、「ひもの各点は完全に同じ位相で振動している」といい、この波を**定常波**（**定在波**）と呼ぶ。この波と同じ周期のストロボライトで照らせば、静止した波形が見える。

倍音

弦楽器の弦の長さの整数分の1の位置を軽く押さえると、新たな定常波ができる。これを**倍音（ハーモニクス）**という。弦の中央を軽く押さえたときには2倍の振動数をもつ2倍音、3分の1の点では3倍音が聞こえる。

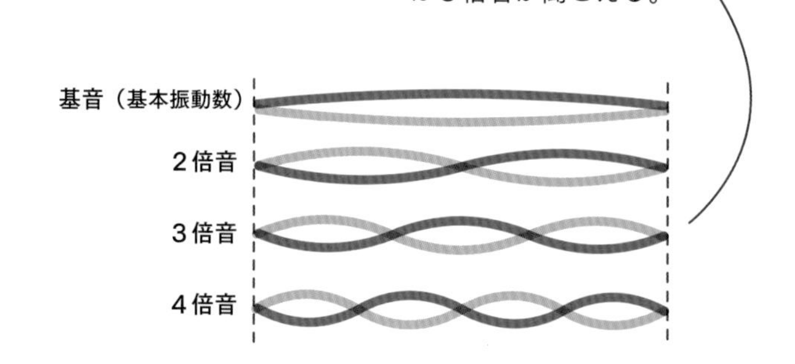

ドップラー効果

電磁波や音波を出しながら波源が移動していると、波長が伸びたり縮んだりして振動数が変化する。これがオーストリアの物理学者クリスチャン・ドップラー（1803-53）が1842年に発見したドップラー効果である。

空気中の音速は15℃、1気圧のときに秒速およそ340 mである。振動数によって音の高さが違い、振動数が大きいほど音は高い。サイレンを鳴らしながら救急車が近づいてくると、波長が圧縮されて振動数が増え、元の音よりも高く聞こえる。救急車が通り過ぎて離れていくときには波長は引き伸ばされ振動数が減って、音は低く聞こえる。このように音の高さが変化することを**ドップラー効果**、またはドップラーシフトと呼んでいる。

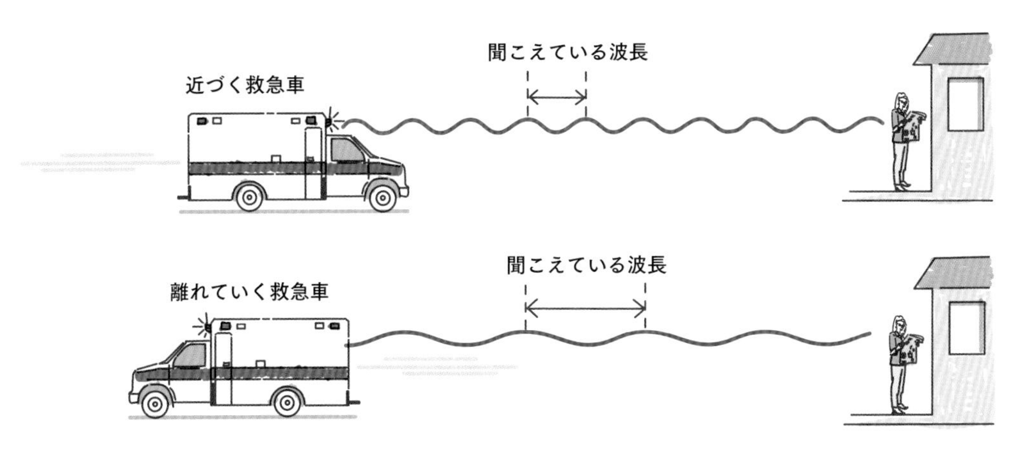

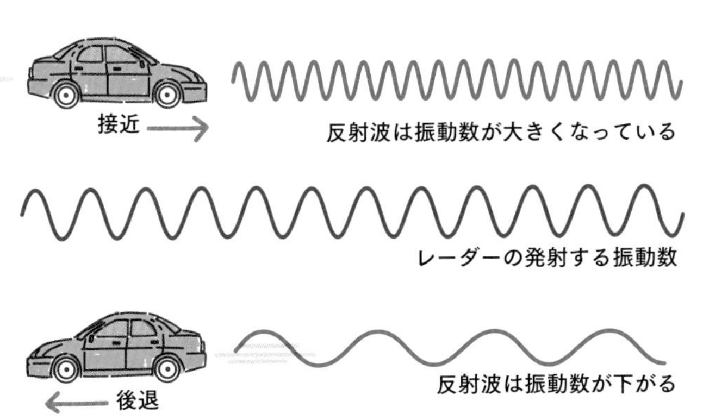

速度の測定

車両の走行速度の測定にドップラー効果が使われている。スピードカメラのレーダーから決まった高振動数の電波を発信し、近づく車からの圧縮された反射波を受信して、カメラで解析し車両の速度を算出する。

右の式を使えば、発射した電波と受信した電波の振動数から車両の正確な速度がわかる。

$$f_o = \frac{v}{v - v_e} f_e$$

ここで、f_eはスピードカメラの電波の振動数、f_oは車で反射された電波の振動数、v_eは車両の速度、vは音速である。ただし、v_eは車両がカメラに接近中なら正、離れて行くときは負である。

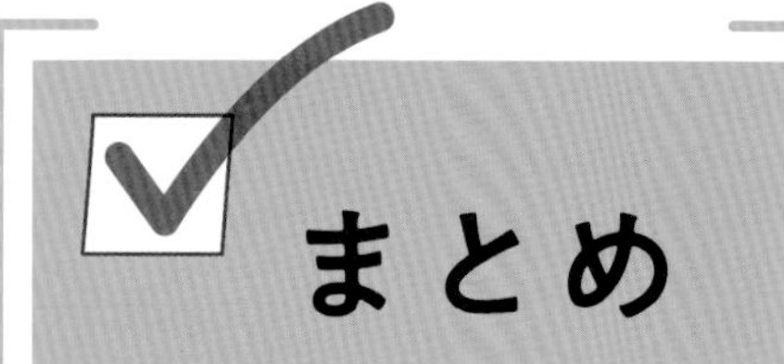

まとめ

波の物理

波動に関する情報

振動数（周波数）
ある位置を１秒あたりに通過する波の数。

振幅
波の平衡位置から山の頂点、または谷の底までの距離。

波長
山と山、谷と谷のように、振動の状態が等しい隣り合う2点間の距離。

周期
1回振動するためにかかる時間。

ドップラーシフト

ドップラー効果
動いている音源からの波長が変化し振動数が増減する。

スピードカメラ
ドップラー効果を使った車両速度の測定。

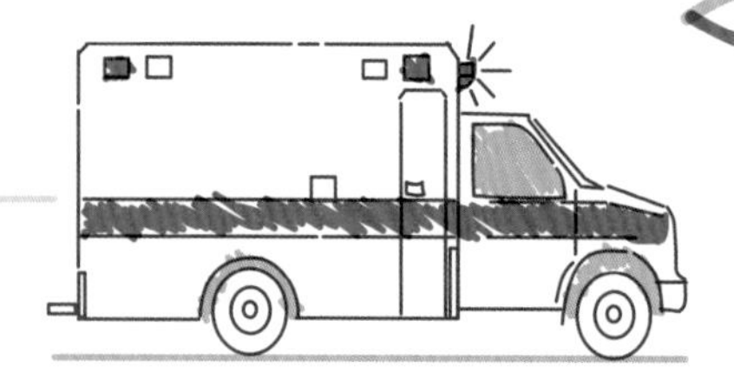

干渉

強め合う干渉
２つの波が出合って、山と山、谷と谷が重なるような干渉。

定常波
波源から壁までの距離が半波長の整数倍のとき、壁で反射して逆方向に進行する波は入射波とまったく同じ波となり、重なって定常波になる。

いろいろな振動

単振動

中央の平衡位置をはさんで左右に（あるいは前後や上下に）振動する。

振り子

長い糸に重りを吊るす。

ばね振り子

重りを下げたばねは鉛直方向に振動する。

進行波

横波

電磁波など進行方向に垂直に振動する波。

縦波

音波など進行方向で媒質が前後に振動する波。

波の速度

波を伝える媒質によって変化する。

波動の性質

反射

進行方向が変わるけれども波長と速度は変わらない。

回折

狭い隙間を通過したり大きな物体を回り込んだりして波が扇形に広がる。

屈折

媒質の異なる境界を通過して伝搬の方向、速度、波長が変わる。

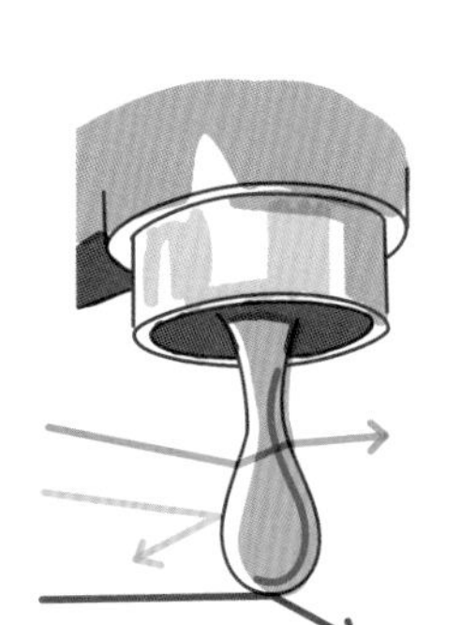

弱め合う干渉

出合った波の山と谷が重なって打ち消し合うような干渉。

Chapter

9

光の科学

ここでは、可視光についてもう少し調べよう。可視光は電磁波の一部で、直進、反射、屈折、回折、干渉などの波の性質がすべて揃っていて、他の波動と同じ法則に従っている。そしてそのような光の性質は、鏡やレンズから、高速広帯域通信のための光ファイバーケーブルなどの最新のものまで、幅広く利用されている。これまでの生活でも、虫眼鏡や鏡から近視、遠視用の眼鏡はもちろん、顕微鏡、双眼鏡、望遠鏡、それにカメラ、ひょっとしたら内視鏡や胃カメラのお世話になった人もいるかもしれない。3D映画の劇場では立体視用の眼鏡をかけて、光の偏光という性質を利用した映像を楽しんだ人もいるだろう。

反射の法則

すべての波は物体の表面で反射する。可視光ばかりでなく、すべての光は反射され、反射の程度は表面の質による。多くの素材はある振動数の光を吸収するけれども、鏡は大部分を反射する。

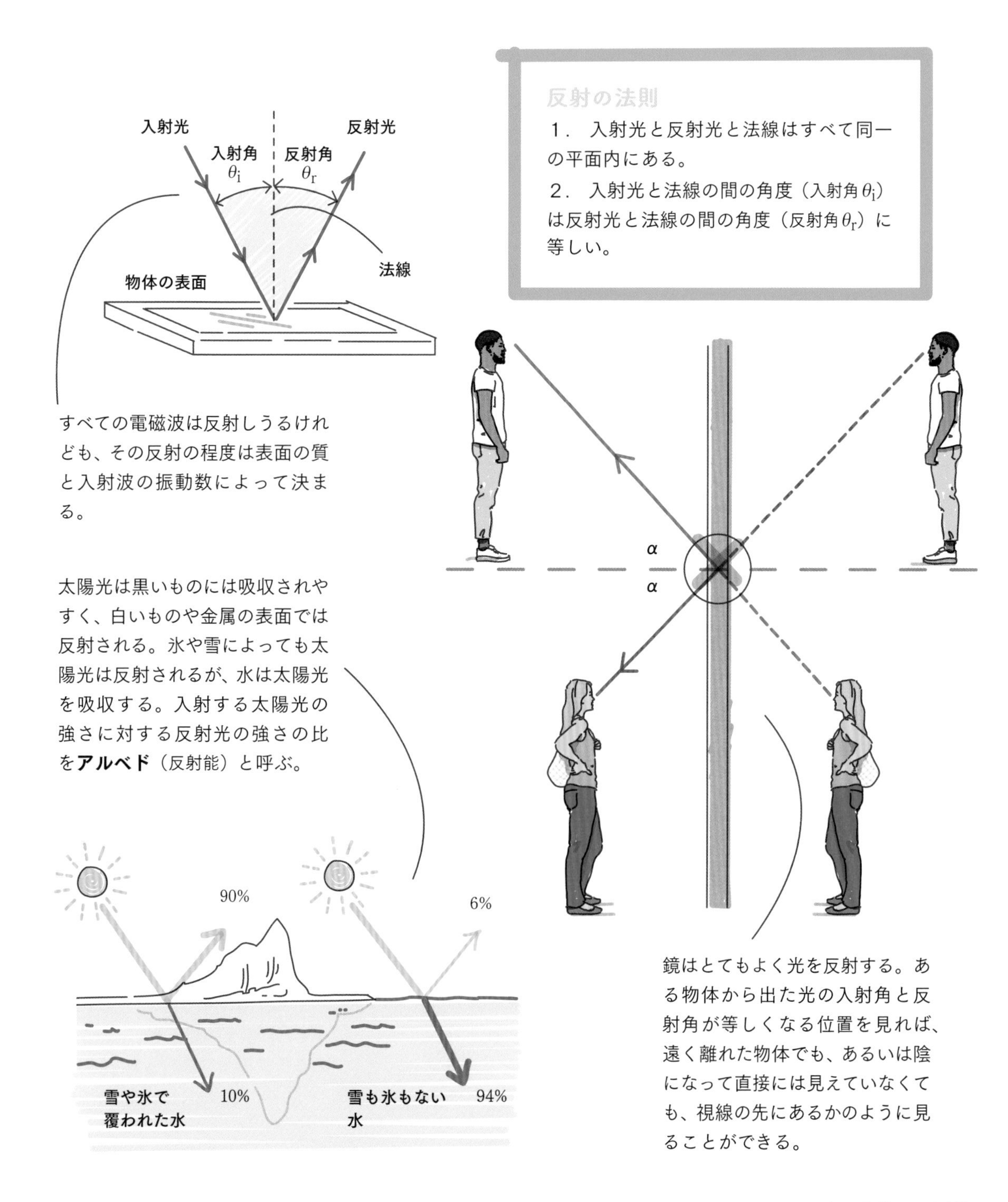

反射の法則

1．入射光と反射光と法線はすべて同一の平面内にある。

2．入射光と法線の間の角度（入射角θ_i）は反射光と法線の間の角度（反射角θ_r）に等しい。

すべての電磁波は反射しうるけれども、その反射の程度は表面の質と入射波の振動数によって決まる。

太陽光は黒いものには吸収されやすく、白いものや金属の表面では反射される。氷や雪によっても太陽光は反射されるが、水は太陽光を吸収する。入射する太陽光の強さに対する反射光の強さの比を**アルベド**（反射能）と呼ぶ。

鏡はとてもよく光を反射する。ある物体から出た光の入射角と反射角が等しくなる位置を見れば、遠く離れた物体でも、あるいは陰になって直接には見えていなくても、視線の先にあるかのように見ることができる。

屈折、スネルの法則、全反射

107ページで見たように、光は透明な媒質から別の透明な媒質に入射するときに屈折し、波長と速度と進行方向が変化する。入射光の一部は反射もする。

屈折の法則

屈折の際の波長、速度、方向の変化はすべて**光学濃度**と呼ばれる透明な媒質の性質で決まっている。1621年にオランダのヴィレブドルト・スネル（1580-1626）が屈折の法則を発見したが、スネルの法則がよく知られるようになったのは1690年にホイヘンスがその著書で内容を紹介してからであった。

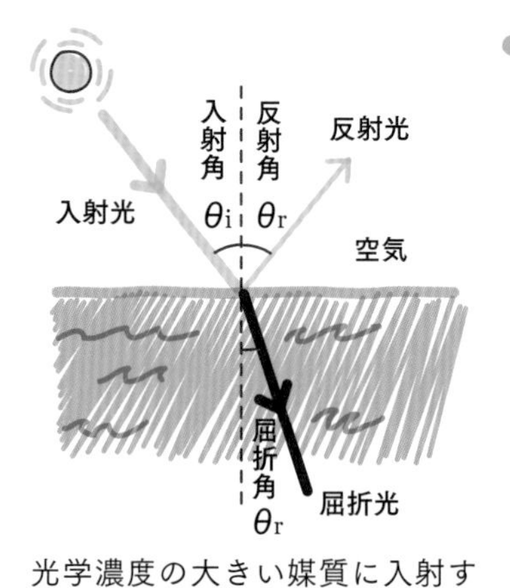

光学濃度の大きい媒質に入射する光線の速度は遅くなり、濃度の小さい媒質に入るときには速度は速くなる。

スネルの法則

屈折率がn_1の媒質からn_2の媒質へ入射する光が法線となす角度θ_i（入射角）と屈折した光が法線となす角度θ_r（屈折角）の間には下の式に示すような関係がある。

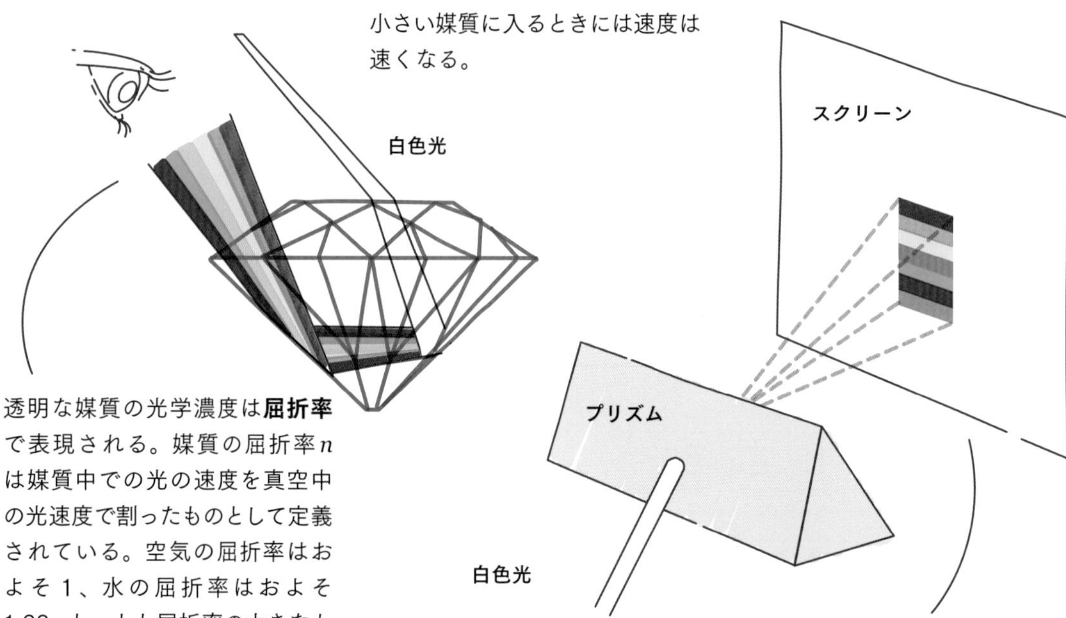

透明な媒質の光学濃度は**屈折率**で表現される。媒質の屈折率nは媒質中での光の速度を真空中の光速度で割ったものとして定義されている。空気の屈折率はおよそ1、水の屈折率はおよそ1.33、もっとも屈折率の大きなものの1つであるダイヤモンドは2.4である。ダイヤモンドに入射する光は大きく屈折し、美しく輝く。光の波長によっても屈折率が違う（107ページ）ので、プリズムを通った光は虹のように分散して見える。

屈折率がn_1の媒質からn_2の媒質へ入射する際の入射角と屈折角の関係であるスネルの法則は、次のような式で表現される。

$$n_1 \sin\theta_i = n_2 \sin\theta_r$$

ある媒質の屈折率は、入射角と屈折角を測定すればスネルの法則から計算できる。空中からの入射であれば空気の屈折率がほぼ1であるので簡単に求められる。

全反射

ガラスの中から空気中へ向かう光の場合には、入射角よりも屈折角が大きい。入射角がさらに大きくなって屈折光が法線から90°の方向になるときの入射角を**臨界角**という。この角度より入射角が大きくなると光は媒質から出ていかない。

スネルの法則の式に屈折角90°、屈折率としてガラスは1.5、空気は1を代入しよう。

$$1.5\sin\theta_c = 1$$

すると入射角として次のような角度が得られる。これをガラスの場合の臨界角θ_cという。

$$\theta_c = \sin^{-1}\frac{1}{1.5} \approx 41.8°$$

この角度で入射すると、光は表面に達するだけでガラスから出てこない。入射角がこの臨界角よりも大きくなれば光はすべてガラスの中へ戻ってしまう。この現象を**全反射**という。水から空気への場合にはこの角度はおよそ48.6°となる。

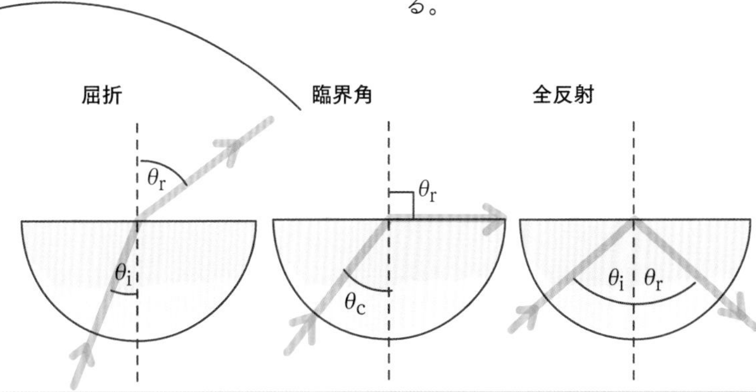

光ファイバー技術

光の全反射という性質は薄いガラス管、あるいは毛細管を使うことで役に立つ先端技術になった。これは、発明されたときには装飾的な照明に使われるだけだった光ファイバー技術の基本であって、いまやインターネット技術を牽引するものになっている。

光ファイバーケーブルを使うことで、信号の漏れが少なく、外部からの電磁波の影響を受けにくくて、超高速で広帯域な信号を長距離に伝送できるようになった。

光ファイバーケーブルはプラスティックで保護された多数のグラスファイバー（ガラス繊維）を束ねたもので、さらにプラスティックの被覆で保護されている。

このようなケーブルが広く世界に張り巡らされ、ケーブルの全長に渡ってほとんど損失はなく、ほぼ瞬時に情報が共有されるようになった。

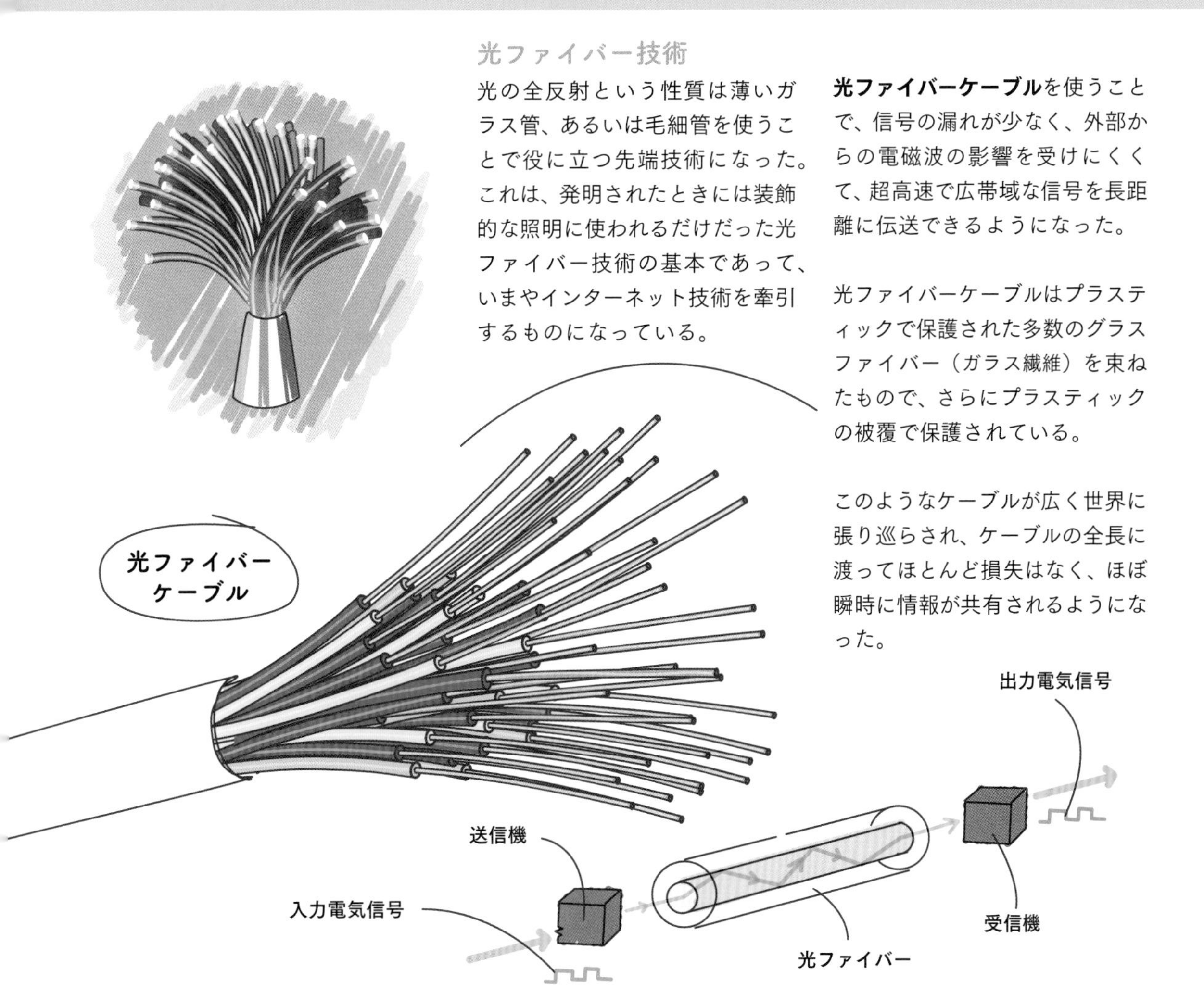

レンズと鏡の働き

光学レンズや鏡はとても強力な科学の道具である。技術の進歩によって人々は微視的な世界を観察するための顕微鏡を作り、遠い宇宙を観測するために直径10 mもの鏡を使った反射式の光学望遠鏡を建造できるようになった。

レンズと鏡

レンズは光の屈折によって、光線を1点に集めたり（**凸レンズ**）、あるいは分散させたり（**凹レンズ**）している。光はレンズに入るときと出るときに屈折する。レンズは中央部分と周辺部の厚さが違うので、屈折の大きさも変化して、**凹レンズ**に入った平行な光線は手前の1点から出たように広がり、**凸レンズ**に入った平行な光線は逆にレンズから出て1点に集まる。凹レンズの手前で光が出るように見える点や凸レンズの光の集まる点をレンズの**焦点**という。

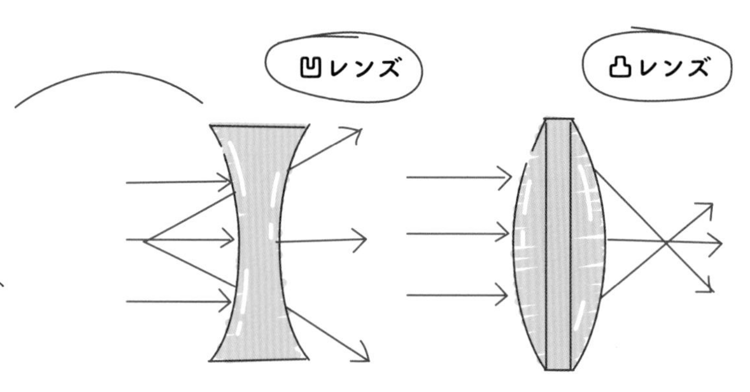

レンズや鏡の像には**実像**と**虚像**がある。レンズや鏡によって光が1点に集まれば実像ができる。右ページの懐中電灯の光は凸レンズを通ってスクリーン上に集まり、倒立した実像になる。凸レンズでは物体が焦点より遠くにあれば実像ができるが、焦点とレンズの間に物体を置くと、光は集まらずに物体と同じ側に虚像ができる（右ページ下の図）。凹面鏡も凸レンズと同じように働く。凹レンズや凸面鏡では集光しないので、虚像しかできない。

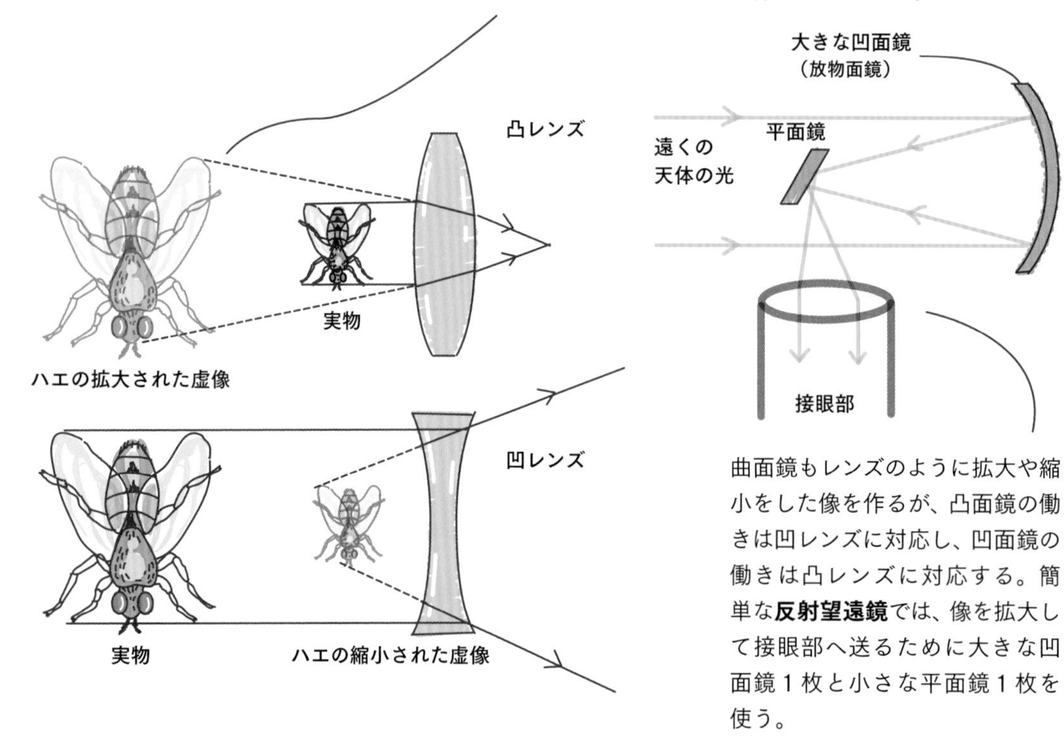

曲面鏡もレンズのように拡大や縮小をした像を作るが、凸面鏡の働きは凹レンズに対応し、凹面鏡の働きは凸レンズに対応する。簡単な**反射望遠鏡**では、像を拡大して接眼部へ送るために大きな凹面鏡1枚と小さな平面鏡1枚を使う。

レンズによる実像と虚像

レンズの中心を通る線を**光軸**という。物体のある1点から出て光軸に平行に凸レンズに向かう光はレンズで屈折して反対側の焦点を通り、同じ点からレンズの中心に向かう光はそのまま直進する。また、同じ点から出た光がレンズの手前の焦点を通るとレンズで屈折して光軸に平行に進む。このような光の進路の交わるところに物体の像ができ、交点がレンズの反対側ならば倒立の実像となる。反対側に交点ができない場合には、光の進路をそのままレンズの手前に延長してできた交点に正立の虚像ができる。

物体から光軸に平行に凹レンズに向かう光はレンズの手前の焦点から出たように広がり、反対側に交点はできない。凹レンズでは、レンズの中心に向かう光とレンズの手前の焦点から出たように延長された進路との交点に正立の虚像ができるだけで、実像はどこにもできない。

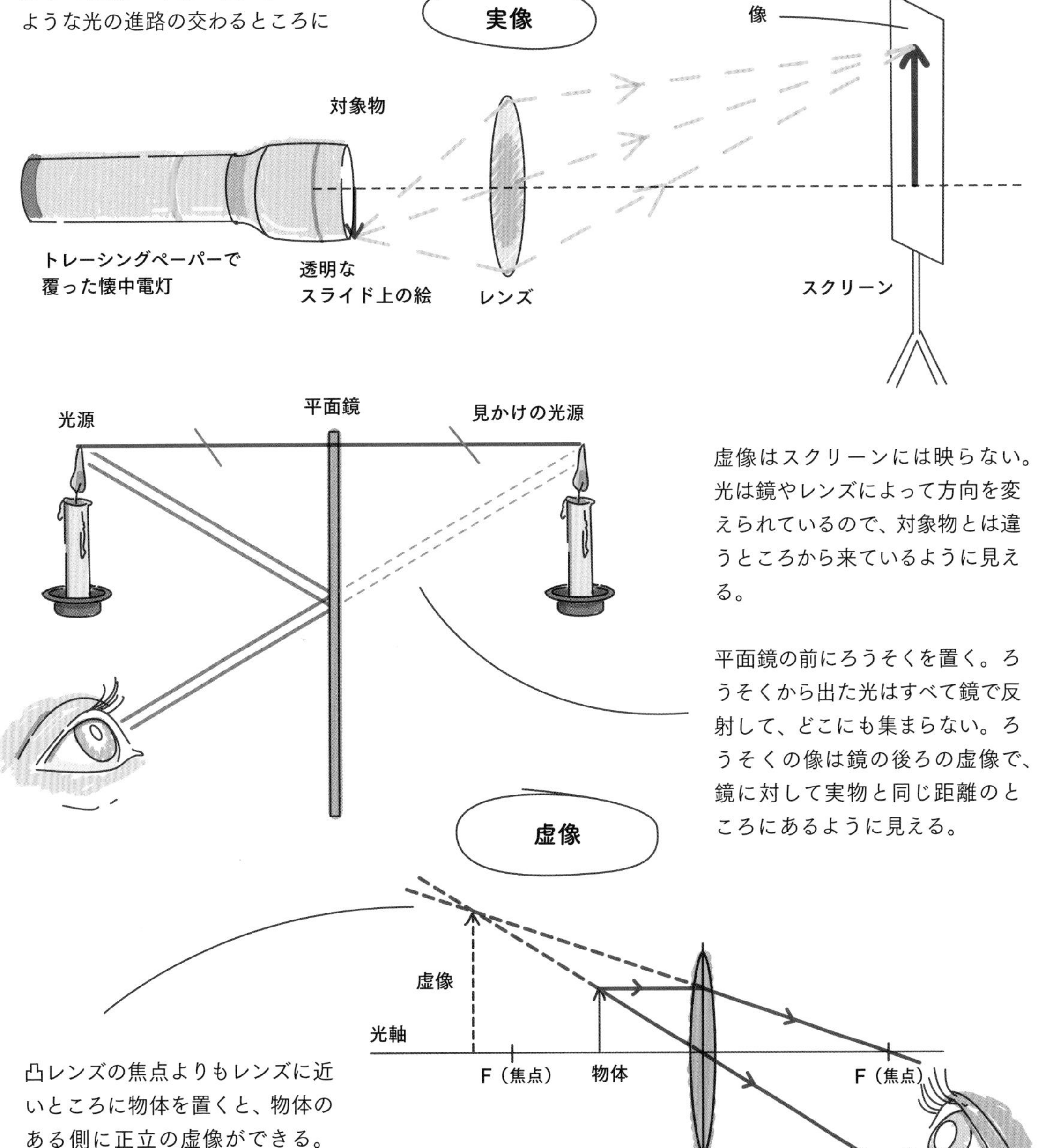

虚像はスクリーンには映らない。光は鏡やレンズによって方向を変えられているので、対象物とは違うところから来ているように見える。

平面鏡の前にろうそくを置く。ろうそくから出た光はすべて鏡で反射して、どこにも集まらない。ろうそくの像は鏡の後ろの虚像で、鏡に対して実物と同じ距離のところにあるように見える。

凸レンズの焦点よりもレンズに近いところに物体を置くと、物体のある側に正立の虚像ができる。虫眼鏡で見える大きな昆虫は、右の図のような光の進路でできた虚像である。凹面鏡で、同じように焦点よりも鏡の近くに物体を置くと鏡の向こう側に正立した大きな虚像が見える。

光のふるまい

太陽の光はいろいろな振動数の電磁波（フォトン）で、直交する電場と磁場でできている。宇宙空間ではそれぞれの光の電場と磁場はさまざまに異なる面内で振動しながら直進している。地球の大気圏に入ってくると多くのフォトンは散乱され、進行方向も変わる。

偏光

偏光というのは、電場と磁場がある方向に向いた光だけを選び出したものである。偏光板はある方向だけを選んで通し、それ以外の方向の光は通さない。これはレンズを通る光の量を減らす効果もあるので、**偏光レンズ**は眩しい光を軽減するためのサングラスに使われる。

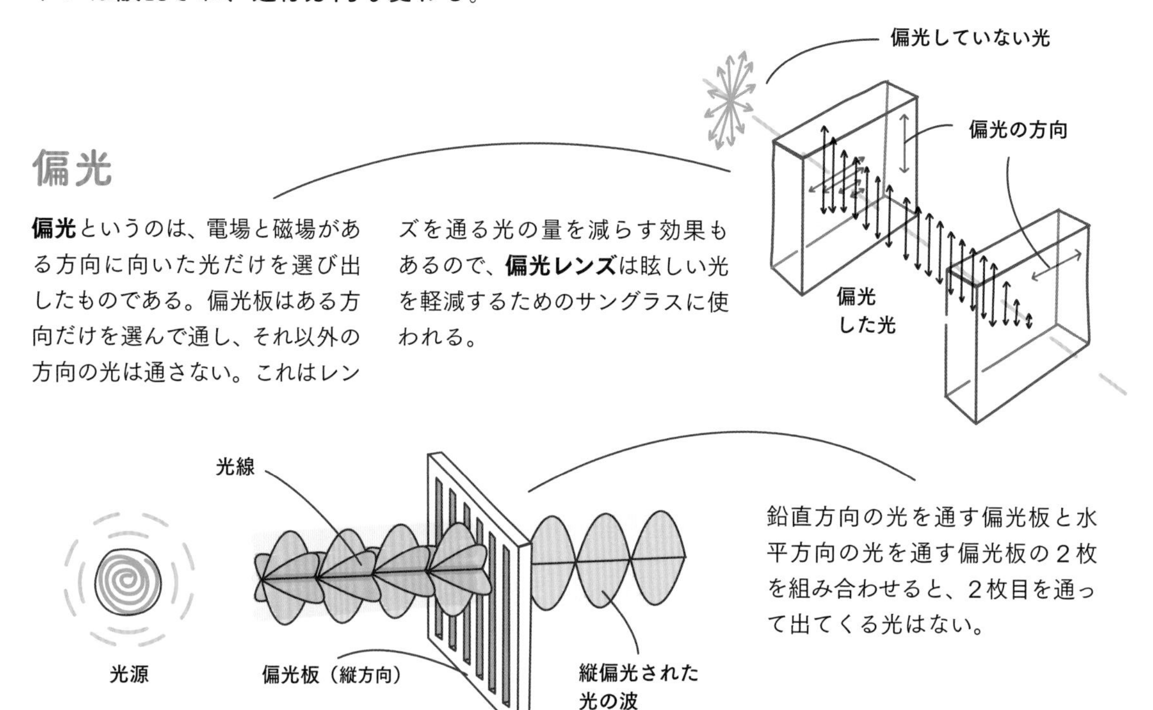

鉛直方向の光を通す偏光板と水平方向の光を通す偏光板の２枚を組み合わせると、２枚目を通って出てくる光はない。

偏光の利用の一例は映画館の立体視用の眼鏡である。私たちはわずかに離れた両目で世界を見ているので、目に映る像は立体像である。３D映画では、左右に縦偏光と横偏光の別々のフィルターを使った眼鏡で、左右の目に異なる視点からの映像を見せて、目の前に立体が存在するかのような効果を実現している。

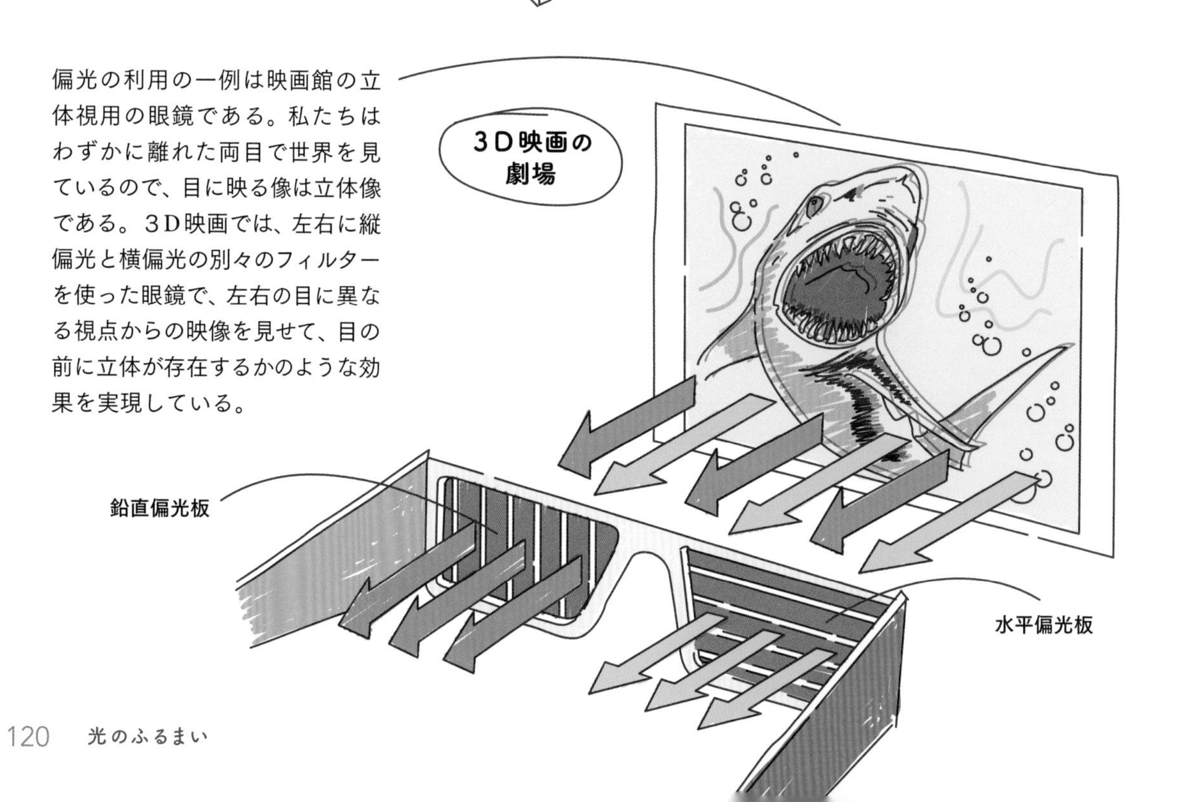

散乱

太陽光が大気中の微粒子に当たってさまざまな方向へ広がっていくことを散乱という。雲の中の水蒸気の粒子は可視光の波長よりも大きく、あらゆる波長の光を散乱する。飛行機の窓から見える雲は、その泡のような構造でほとんどの光を上空の大気に向かって反射し、白くてふわふわである。地上から見ると、同じ雲が太陽からの光をほとんど遮っている。曇りの日には、光の多くは反射によって宇宙へ戻ってしまい、地表には少ししか届かない。

太陽光はあらゆる方向へ散乱される

光の一部は雲の底から抜け出してくる

太陽の光の多くは大気中のさまざまな原子や分子によって吸収され、赤外線が粒子を暖めたり、別の方向へ別の振動数で放射されたりする。地球の大気は、他の天体からやってくる紫外線やX線などの多くの有害な放射から地上の生物を保護してくれている。

太陽光の波長

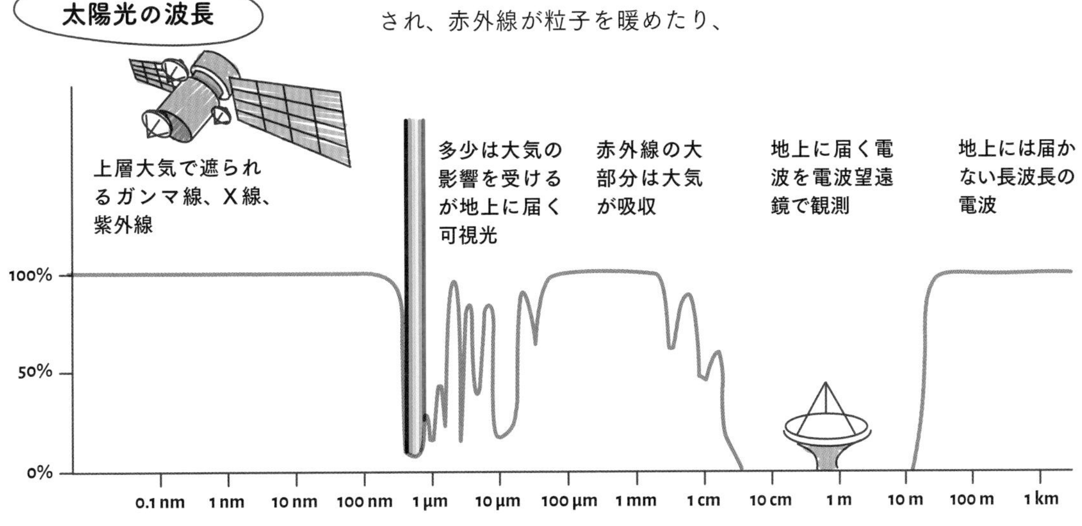

上の図は宇宙から来る電磁波のスペクトルである。横軸は波長、縦軸は大気による吸収率を示す。太陽光は海や陸を暖めて熱として蓄えられ、**赤外線**として再放射される。二酸化炭素などの気体はこの赤外線を吸収して宇宙への飛散を妨げ、大気の温度を上げる。二酸化炭素やメタンのような温室効果ガスと呼ばれる気体は宇宙へ逃げる熱の量に影響を与えている。

温室効果ガス

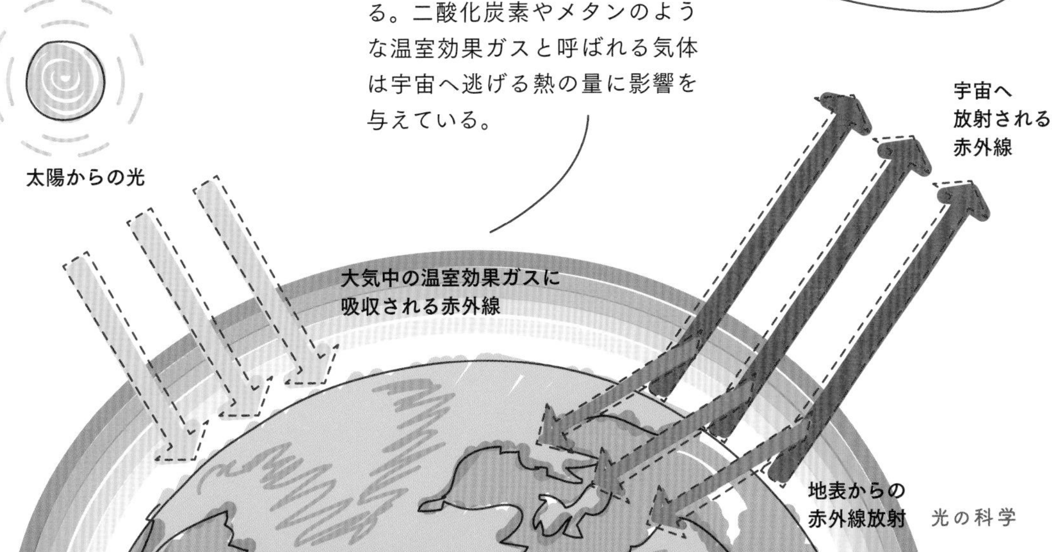

空の色

ここまでで太陽光の放射が、地球上の物体のいろいろな色を作り出していることがわかった。太陽の白色光にはすべての色が含まれていて、物体の表面に当たると、ある振動数の光が吸収されて、他の振動数の光は反射されるからである。光がその波長よりもかなり小さな粒子に当たる場合には、波長の短い光の方が散乱されやすい。大気中の気体分子や微粒子によって太陽光の中の青い光がおもに散乱され、他の波長の光は透過してしまうので、昼間は散乱された光が見えて空は青い。宇宙空間には太陽光を散乱する粒子がないので昼間でも空は暗い。

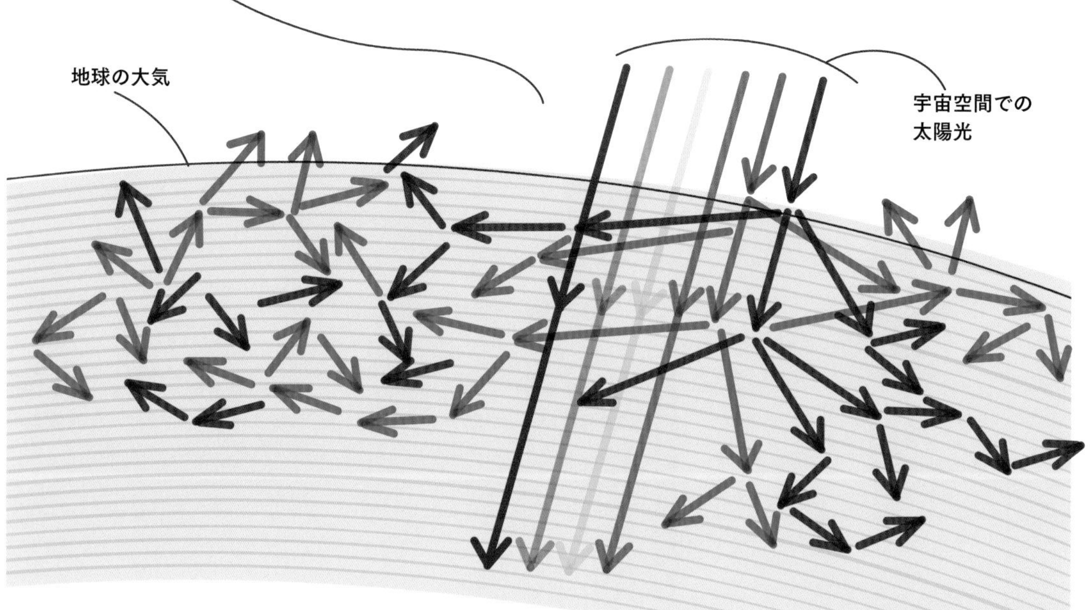

夕焼けの空

地表付近には上空の大気に比べて微粒子が多い。明け方や夕方の太陽高度が低い時間には、太陽光は地表近くの長い距離を通ってくるため、波長の短い青い光がさらに散乱されてしまって、波長の長い赤い光の割合が多くなる。赤い光は散乱されにくいが、それでも長い距離を通過しながら散乱されて太陽光の通路の周辺だけに広がる。そのため日没前の地平線に近い太陽は赤く見え、西の空は美しい茜色となる。

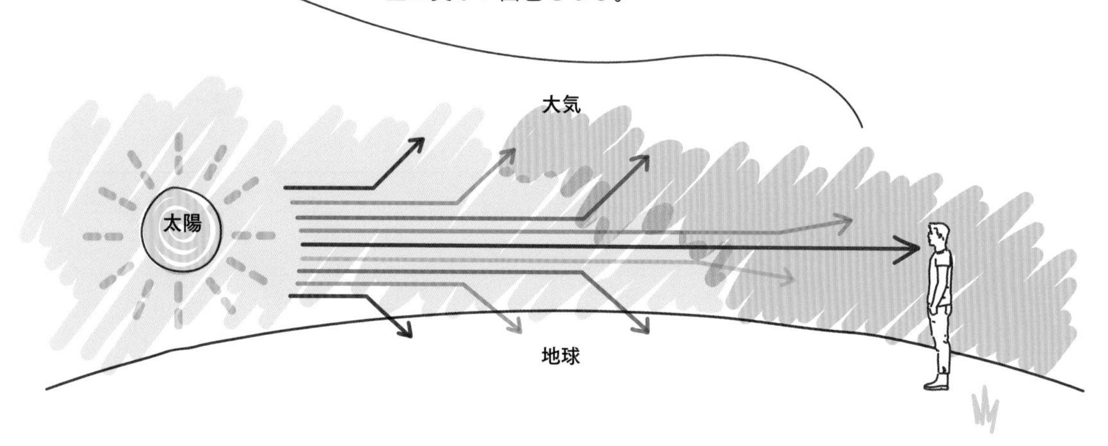

干渉と干渉計

波の干渉という現象はいろいろな場面で見られる。マイケルソン干渉計を使うと、光の波長を決めたり、微小な動きを検出したりすることもできる。一般に電灯などの光の波には、水面にできる波と違っていろいろな波長や位相が混じっている。したがって、光の干渉の実験には同じ光源から出る波長を限定した単色光を使う。

薄膜（はくまく）による干渉

洗剤や油などの薄くて透明な膜で覆われた水面やしゃぼん玉の表面に虹のような模様が見えることがある。太陽光には多くの波長が含まれていてふつうは干渉しにくいが、これらは「薄膜による光の干渉」と呼ばれ、太陽光によっても起こる現象である。

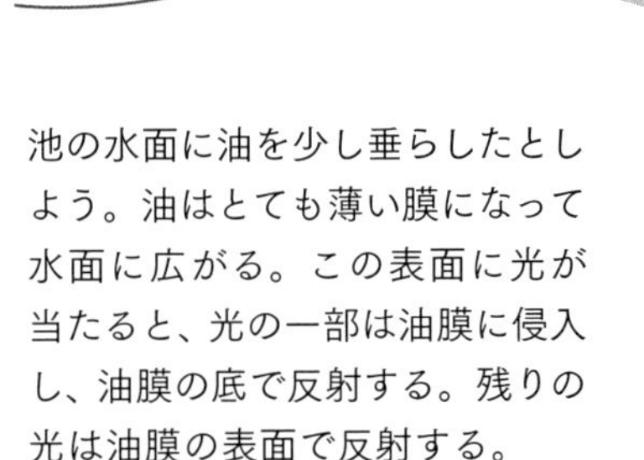

膜の厚さは場所によって少しずつ違うので、干渉を起こす光の波長、つまり色が変化する。すると表面には虹のようなパターンが現れる

池の水面に油を少し垂らしたとしよう。油はとても薄い膜になって水面に広がる。この表面に光が当たると、光の一部は油膜に侵入し、油膜の底で反射する。残りの光は油膜の表面で反射する。

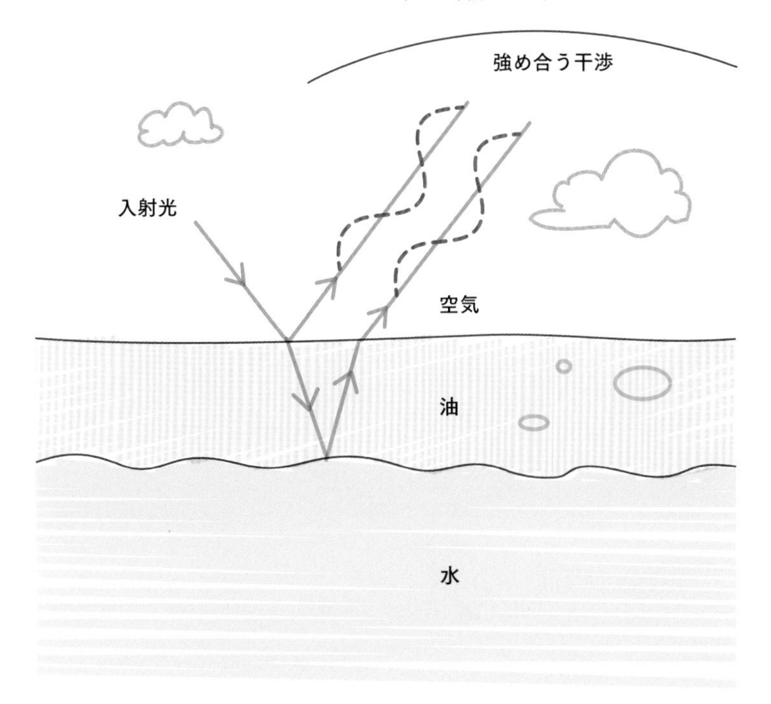

条件が揃うと、油膜の表面を出た２つの波は同位相になって、その色の振幅が大きくなり**強め合う干渉**となって明るく見える。

ここでは油膜の厚さが重要で、２つの波、すなわち表面で反射する波と油膜の底で反射する波の道筋の差（光路差という）が、強められる色の波長の正確に整数倍になったときに干渉が起こる。

マイケルソン干渉計

ドイツ生まれのアメリカの物理学者アルバート・アブラハム・マイケルソン（1852–1931）の実験によって、真空中の光の速度が基本的な定数であること、つまり光速は不変であることが確立された。彼は**マイケルソンの干渉計**と呼ばれる、きわめて小さな長さの変化を測定するために波の干渉の原理を使う装置を1881年に発明し、のちにノーベル賞を授与された。

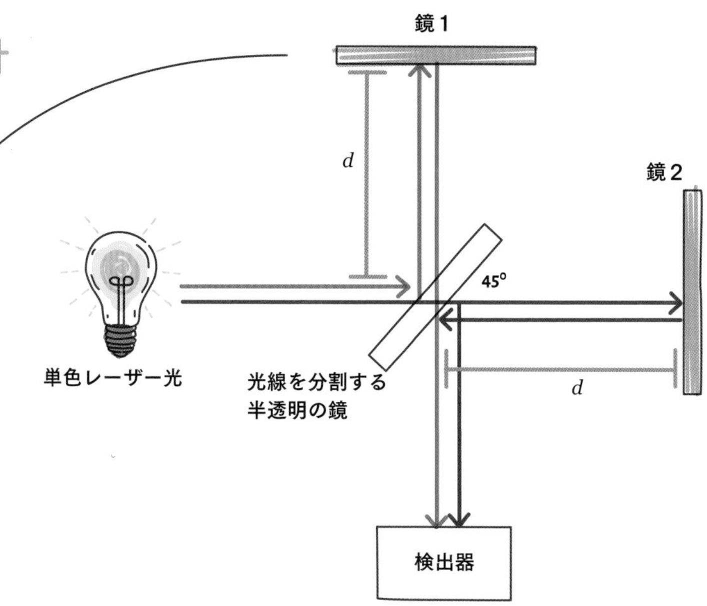

振動数が単一であるようなレーザー光（**単色光**という）を光源として、半透明の鏡で進行方向を２つに分岐する。進行方向の先にはふつうの鏡を置き、元の方向へ反射させる。その２つの光を光電検出器に入れて観測する。

波の検出

半透明の鏡から２つの鏡までの距離dが同じであれば、２つの光線は同位相で検出器に入射し、強め合う干渉が観測される。片方の鏡を動かして光線の経路の距離が変わると、検出器には位相の異なる波が届くので光の強度の変化が記録される。レーザー光の波長がわかっていれば、光の強度の変化から経路のわずかな変化を検出することができる。マイケルソン干渉計の精度はナノメートル（10^{-9} m）の程度である。

２つのブラックホールが合体する際に重力波が発生する。その重力波の通過による時空のごくわずかな変化を検出するために、巨大なマイケルソン干渉計が建造された。カリフォルニア工科大学の**LIGO**（ライゴ）と呼ばれる重力波検出器で、その精度は陽子１個の直径（１フェムトメートル＝10^{-15} m程度）の1万分の１といわれる。

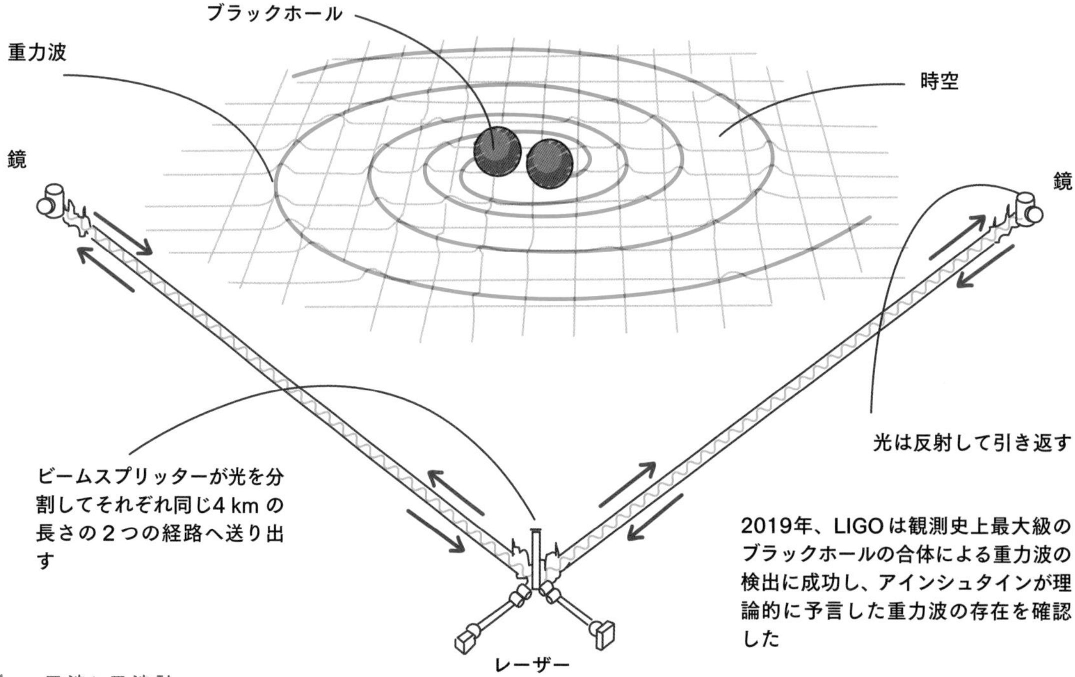

二重スリットによる干渉

1801年、イギリスの科学者トーマス・ヤング（1773-1829）は光の波長を計算するために、2つのスリットを使って、のちにヤングの実験と呼ばれる実験を実施した。

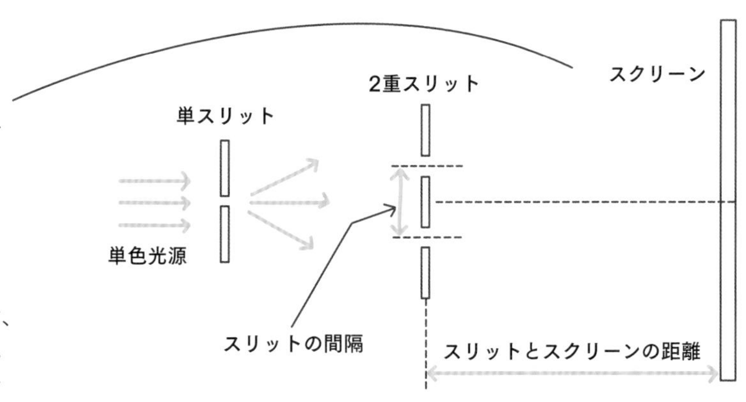

単色の光源を使って光を縦方向の単スリットに当てて回折させ、同位相の回折光をわずかに離れた縦方向の2つのスリットに入射させる。スリットで回折した光の波面は、それぞれが108ページの上の図のように扇形に広がる。

2つの波が出合うと干渉して強め合ったり、弱め合ったりする。スクリーン上には明るいところと暗いところができて、**干渉縞**（かんしょうじま）と呼ばれる明暗の線になる。

単スリットを使って、二重スリットへの入射光の位相を揃えてあるため、それぞれのスリットから出た2本の光線は同位相なので、光路差が**波長の整数倍**でスクリーン上の同じ点に到着すれば明るい縞、**明線**になる。

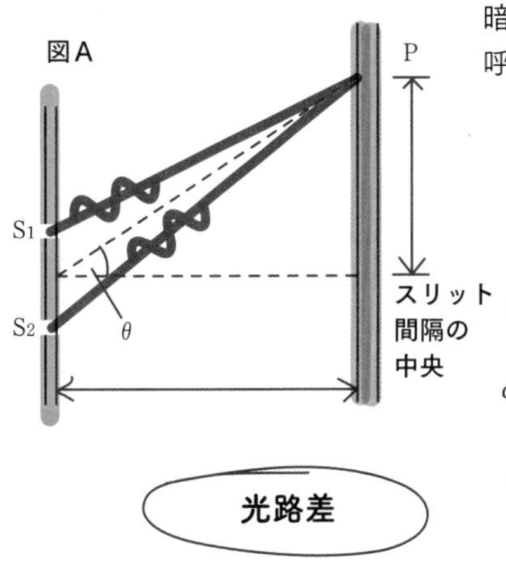

図B
Pへ
θ
Pへ
d
θ
θ
光路差

スクリーン上の結果

スクリーンには何本かの明暗の干渉縞がほぼ等間隔に見える。一番明るいスクリーンの中央を除くと、2つのスリットからの光路差が1波長のところに最初の明線ができる。光路差が2波長になると2番目の明線ができ、離れるに従って明線の強度は弱くなる。そこで、右の図のように中央の両側から順に明線に番号nをつけて、この番号と光の波長の関係を調べよう。

上の図Aに示した角度をθとする。スリットS_1からの光とS_2からの光の、スクリーン上の点Pまでの光路差を計算する際に、スリットからスクリーンまでの距離がスリット間隔dに比べて十分大きければ（たとえば前者が1m程度、後者が1mm程度）、スリット付近ではS_1PとS_2Pは平行と考えてよい（図B）。この近似を使うと光路差は角度θを使って$d\sin\theta$になる。n番目の明線の位置での光路差は波長のn倍なので次の関係が得られ、n番目に対応するθを計測すれば、光の波長λを知ることができる。

$$d\sin\theta = n\lambda$$

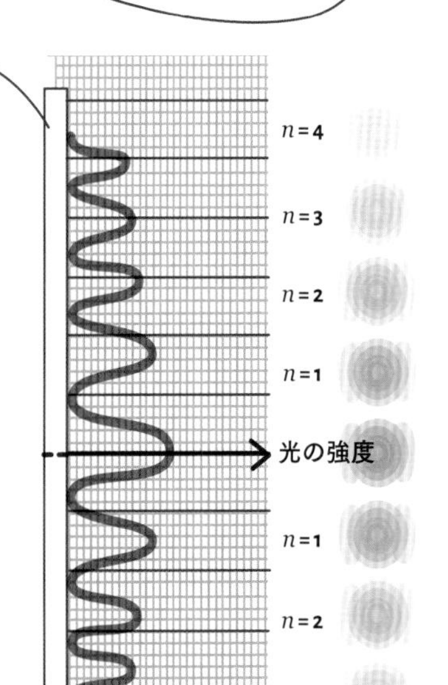

まとめ

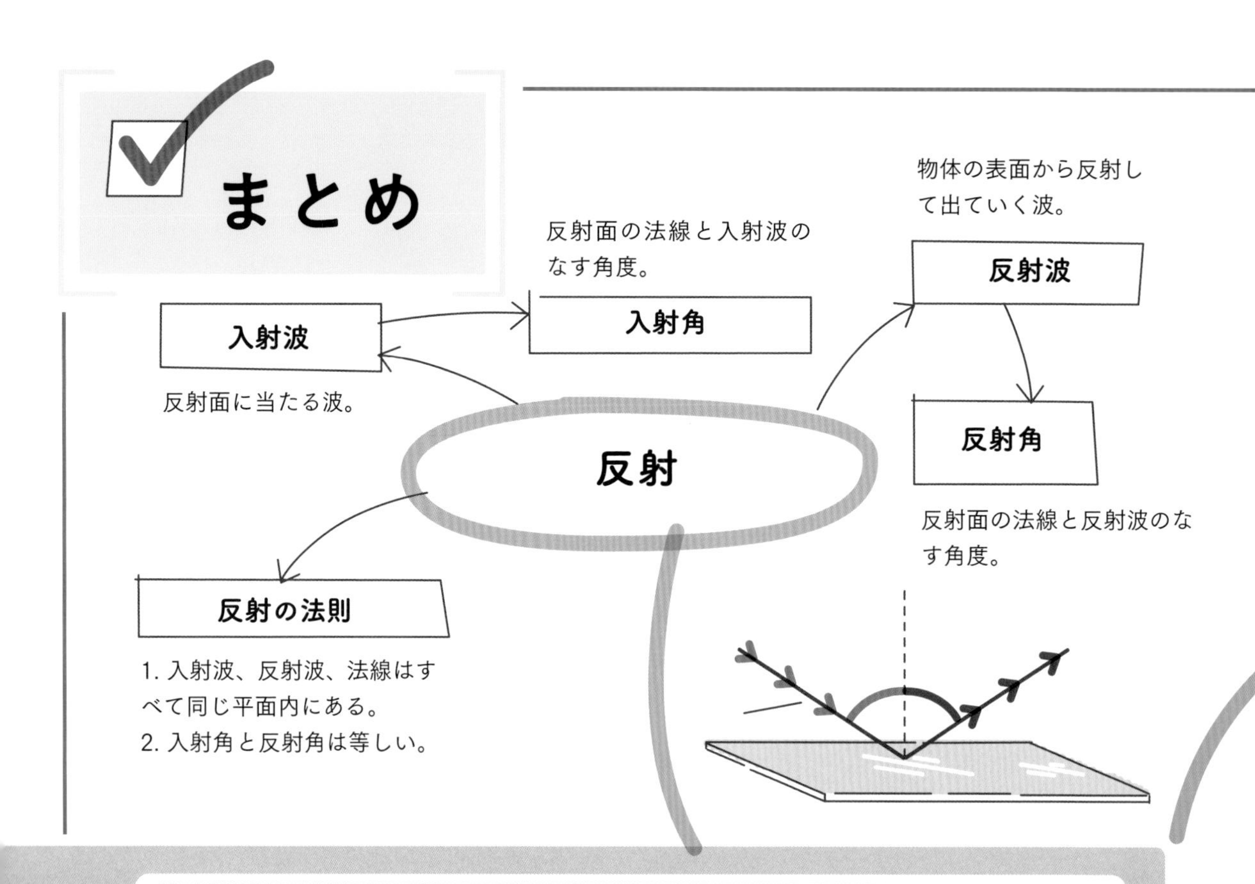
入射波
反射面に当たる波。
入射角
反射面の法線と入射波のなす角度。
反射波
物体の表面から反射して出ていく波。
反射角
反射面の法線と反射波のなす角度。
反射
反射の法則
1. 入射波、反射波、法線はすべて同じ平面内にある。
2. 入射角と反射角は等しい。

光の科学

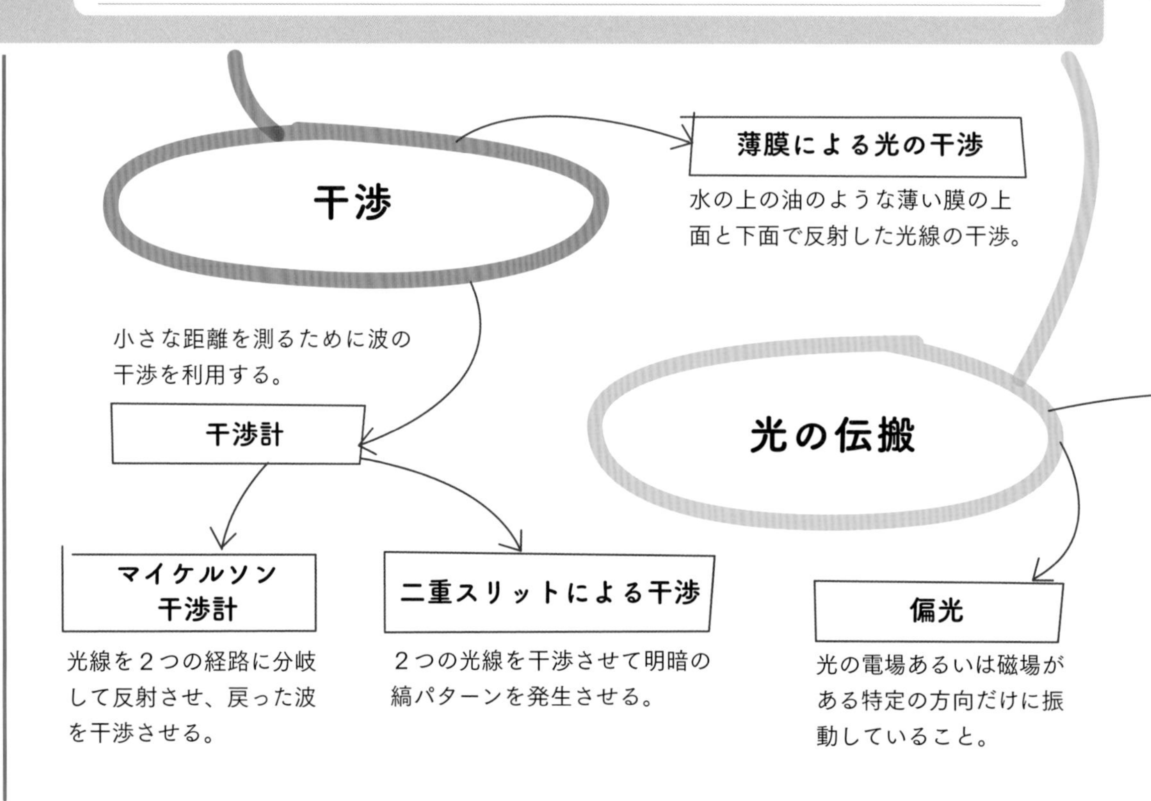
干渉
薄膜による光の干渉
水の上の油のような薄い膜の上面と下面で反射した光線の干渉。
小さな距離を測るために波の干渉を利用する。
干渉計
マイケルソン干渉計
光線を2つの経路に分岐して反射させ、戻った波を干渉させる。
二重スリットによる干渉
2つの光線を干渉させて明暗の縞パターンを発生させる。
光の伝搬
偏光
光の電場あるいは磁場がある特定の方向だけに振動していること。

スネルの法則

屈折率の異なる2つの透明な媒質の間での屈折率と屈折角の関係を表す。

$$n_1 \sin\theta_i = n_2 \sin\theta_r$$

屈折角

2つの媒質の境界面の法線と屈折光がつくる角度。

屈折率

透明な媒質の光学濃度の尺度で、空気は1、水は約1.33。

屈折

全反射

臨界角より大きい角度で屈折率の大きい媒質から小さい媒質へ向かう光は反射され、その媒質の外へ出ない。

臨界角

ガラスから空気へ向かう光の屈折角が90°になる入射角を臨界角という。

光ファイバーケーブル

超高速広帯域の信号伝送にガラスの細管内での全反射を利用する。

実像

スクリーン上に倒立像が投影される。

鏡とレンズ

虚像

鏡やレンズによって実際には光が到達しない位置に見える正立の像。

鏡

凹面鏡

集光して倒立像を作るので反射望遠鏡などに利用される。

凸面鏡

実際より広い範囲の正立の虚像を作るので自動車のサイドミラーなどに利用される。

散乱

光は散乱されてさまざまな方向に向かい、あるいは吸収され、ときには波長が変化する。

レンズ

凹レンズ

中央が周辺よりも薄いレンズで光は広がる。

凸レンズ

中央が周辺よりも厚いレンズで焦点に集光する。

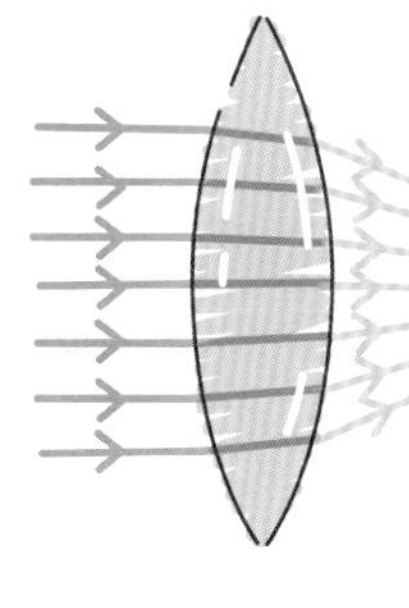

Chapter

10

熱力学

熱力学は、ある系の中で、機械的な仕事や熱の放射、あるいは熱伝導によってエネルギーが移動する過程を扱う。ある系の中のすべての粒子には、固体の中では振動、液体や気体の中では速度をもって動くという形の運動エネルギーがある。固体の中の原子はそれぞれの平衡位置のまわりで振動しながら、隣の原子にエネルギーを熱として伝達する。液体や気体の粒子は固体中の原子よりずっと自由に動いている。このようにエネルギーは熱としてさまざまな方法で伝達されていく。

熱力学に関係した単位はW（ワット）とJ（ジュール）である。Jは64ページで紹介したようにエネルギーの単位で、物体を1Nの力で1m動かす時の仕事が1Jである。また1秒間に1Jの仕事をする「仕事率」が1Wである。Wは電力の単位でもあって、イギリスのジェームズ・ワット（1736-1819）に因んでいる。

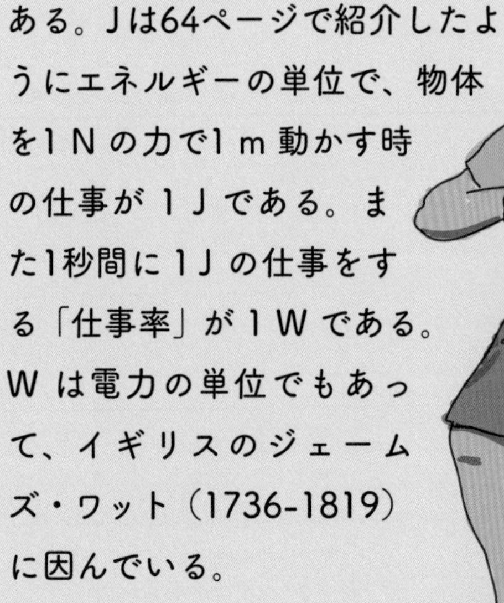

温度

物質の内部には、原子や分子を結びつけているエネルギーなど、多くのエネルギーがある。液体や気体の分子の運動や、固体の中の原子や分子の平衡位置のまわりでの振動の運動エネルギーが「熱」と呼ばれるエネルギーであり、このような運動を熱運動という。温度はその熱運動の激しさを表している。原子や分子の熱運動は温度が下がるにつれて穏やかになり、-273.15℃ですべての熱運動は止まってしまう。

物質が固体、液体、気体のどの状態をとるかは、温度や圧力で決まる。固体の状態では形や体積はほとんど変わらず、個々の分子の熱運動は平衡位置を中心にした振幅の小さな単振動である。温度が上がると熱運動は激しくなり、振動の振幅が大きくなって、分子の振動の中心どうしの間隔が広がる。これが固体の熱膨張である。液体や気体も固体と同じように、圧力が一定ならば温度の上昇につれて分子の熱運動が激しくなり、分子間の間隔が広がって体積が増える。気体は温度の上昇とともに固体や液体よりもはるかに大きく膨張する。

空気が膨張する

水が膨張する

3種類の温度めもり

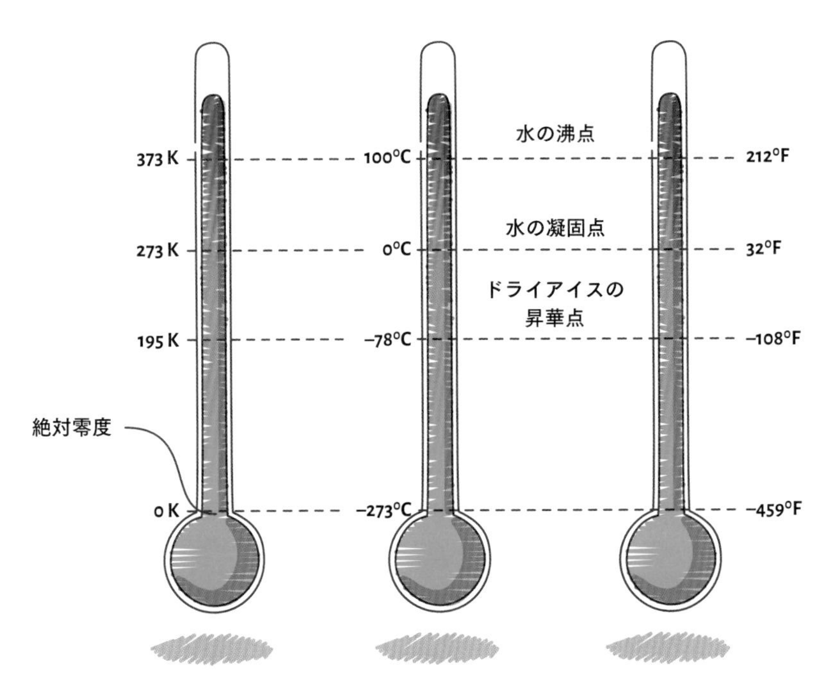

絶対温度
水の沸点　373 K
水の凝固点　273 K

セ氏温度
水の沸点　100 ℃
水の凝固点　0 ℃

華氏温度
水の沸点　212 °F
水の凝固点　32 °F

日常の温度は ºC（セルシウス温度、セ氏温度）で表示されるけれども、ところによっては ºF（華氏温度）も使われている。でも物理学では**絶対温度**のKで表示するのがふつうで、ケルビンと読み、1848年に絶対温度を導入したケルビン卿（1824-1907）に因んでいる。

絶対温度の最低温度は0K、そこではふつうの意味での固体の運動エネルギーは0になり、原子が動き回ることはできない。0 K は正確には -273.15 ºC で、1 ºC の温度差と1 K の温度差は同じ大きさである。

ºC は1気圧での水の凝固点と沸点を基準に決められている。水が凍って固体になれば、水分子の運動エネルギーは減って自由に動き回れなくなる。水分子の運動エネルギーが大きくなって分子間の結合を壊すほどになれば水は気体になる。

熱エネルギーの移動

熱エネルギーが与えられた物質の応答のしかたはさまざまである。運動エネルギーが増加すれば温度が上がる。固体が液体に、液体が気体に、あるいは固体が気体に、ときには気体がプラズマ（電離気体）に、状態が変化することがある。物理学的に言えば、温度が上がれば物質の体積と圧力が変化する。

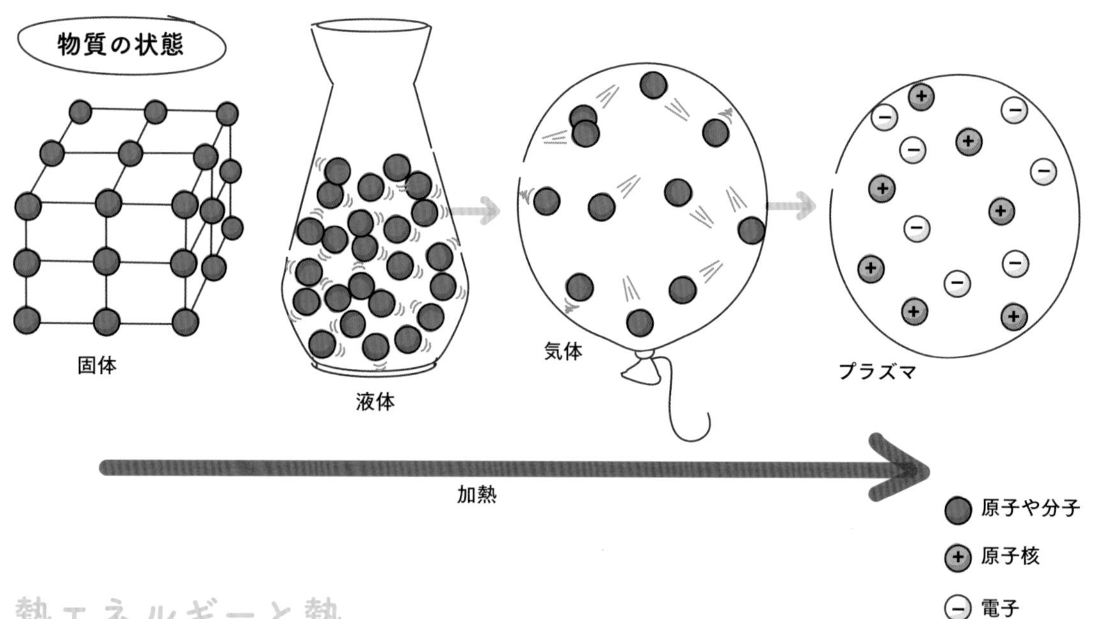

熱エネルギーと熱

ある物質の系の中には**熱エネルギー**（単位はJ）と呼ばれるエネルギーがある。それはその系の中で動いている粒子の運動エネルギーの総量である。

高温の物体から低温の物体へ移動するエネルギーが熱である。お茶のために湯を沸かそう。ふつうは室温の水を入れて沸騰させる。この図は電気湯沸かし器なので内部の熱源を電力で加熱している。高温の熱源に触れた水は運動エネルギーを得て、高温になった水は上昇し、入れ替わりに下降した水が熱源で温められる。このように水は熱源から**伝導**でエネルギーを得て、対流でエネルギーを運ぶ。熱の移動につれて水の運動エネルギーは増加し、やがて沸騰する。これは水と熱源という2つの別の物体が、エネルギーを移動させることによって熱的につり合った状態になっているという例である。エネルギーの一部は周囲に逃げて失われる。

お茶の用意！

電気エネルギー

熱エネルギー

音のエネルギー

熱膨張

液体と固体は熱が与えられても、大きく膨張することはない。たとえば、鉄棒は加熱して温度が上がると鉄原子の運動エネルギーは増加するが、体積はほとんど変わらない。とは言っても鉄道線路の継ぎ目には、鉄の膨張を補うため、ある程度の隙間が必要！

気体粒子の場合は、固体のようには束縛されていないので、加熱されて粒子の運動エネルギーが増えると、運動はとても激しくなる。

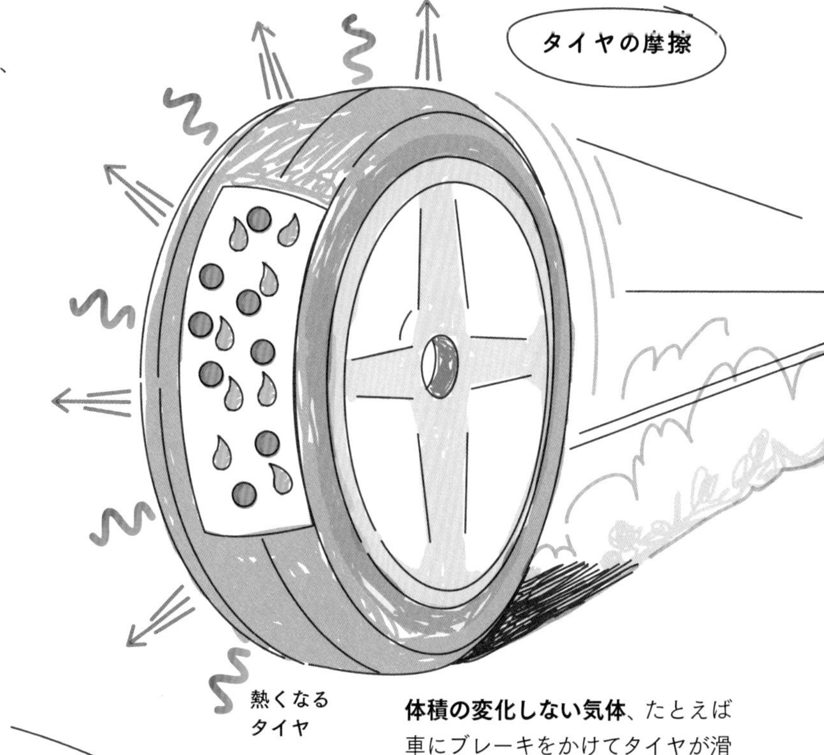

体積が自由に変わる気体、たとえば車のエンジンの液体燃料に点火すると、シリンダー内部の気体が高温になり、ただちに膨張してピストンが押される。

体積の変化しない気体、たとえば車にブレーキをかけてタイヤが滑り、摩擦によって熱が発生する場合などには、中の気体の体積はほとんど変わらないので、タイヤの空気圧が増える。

ピストン

排気

膨張

点火

シリンダー

回転

跳ねる
スカッシュのボール

スカッシュのゲームを始めたときには、ボールの中の気体の圧力は高くないので、ボールは簡単にへこむ。しかしラケットで打たれるたびに、衝撃による運動エネルギーはボールの中の気体分子に伝達されて、気体分子の運動は活発になり、加熱され、内部の圧力が高まる。ボールは硬くなり、へこみにくくなって、より高く弾むようになる。

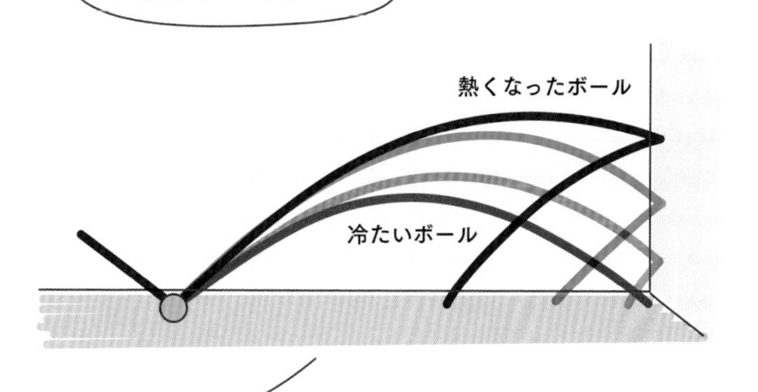

加熱と冷却

熱が物体に流れ込めば、物体の温度は上がり、逆に熱が流れ出れば、温度は下がる。熱の流れる方向は温度の違いで決まる。食品の加熱から、気温の変化や天気が移り変わるしくみまで、実例はたくさんある。

物体が熱くなるか冷たくなるかは、その物体の中にどれだけのエネルギーがあるか、つまり系の**内部エネルギー**によって決まる。熱が流れ込めば温度が上がるが、どれだけ上がるかは物体の材質による。

例えば水は同じ量の金属などに比べて温まりにくく、冷めにくい。水は熱をよく蓄え、大量のエネルギーを吸収するが、温度はあまり上がらない。これが春になっても海水温が上がるには時間がかかることや、たいていのエンジンは水冷式であることの理由である。

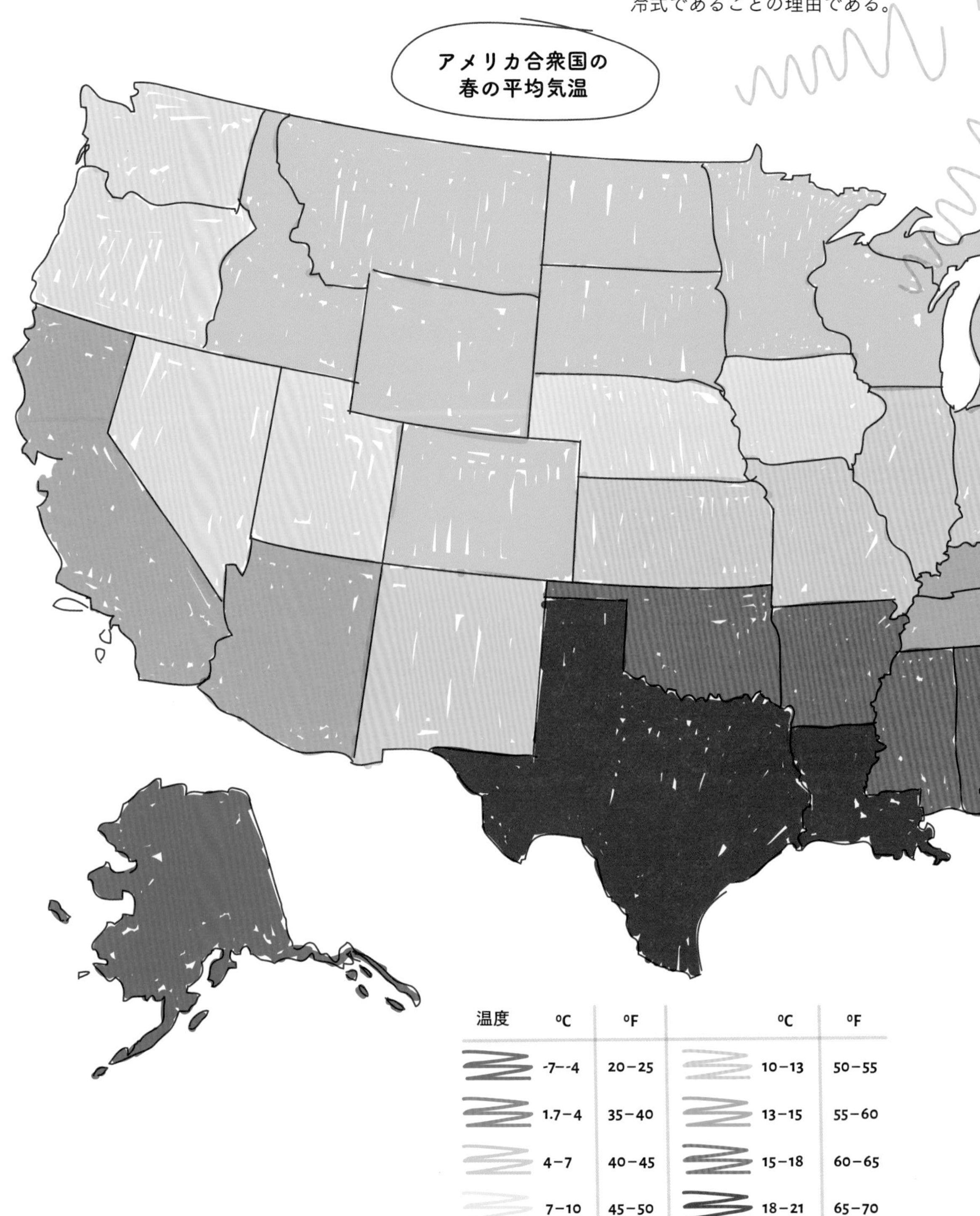

温度の勾配

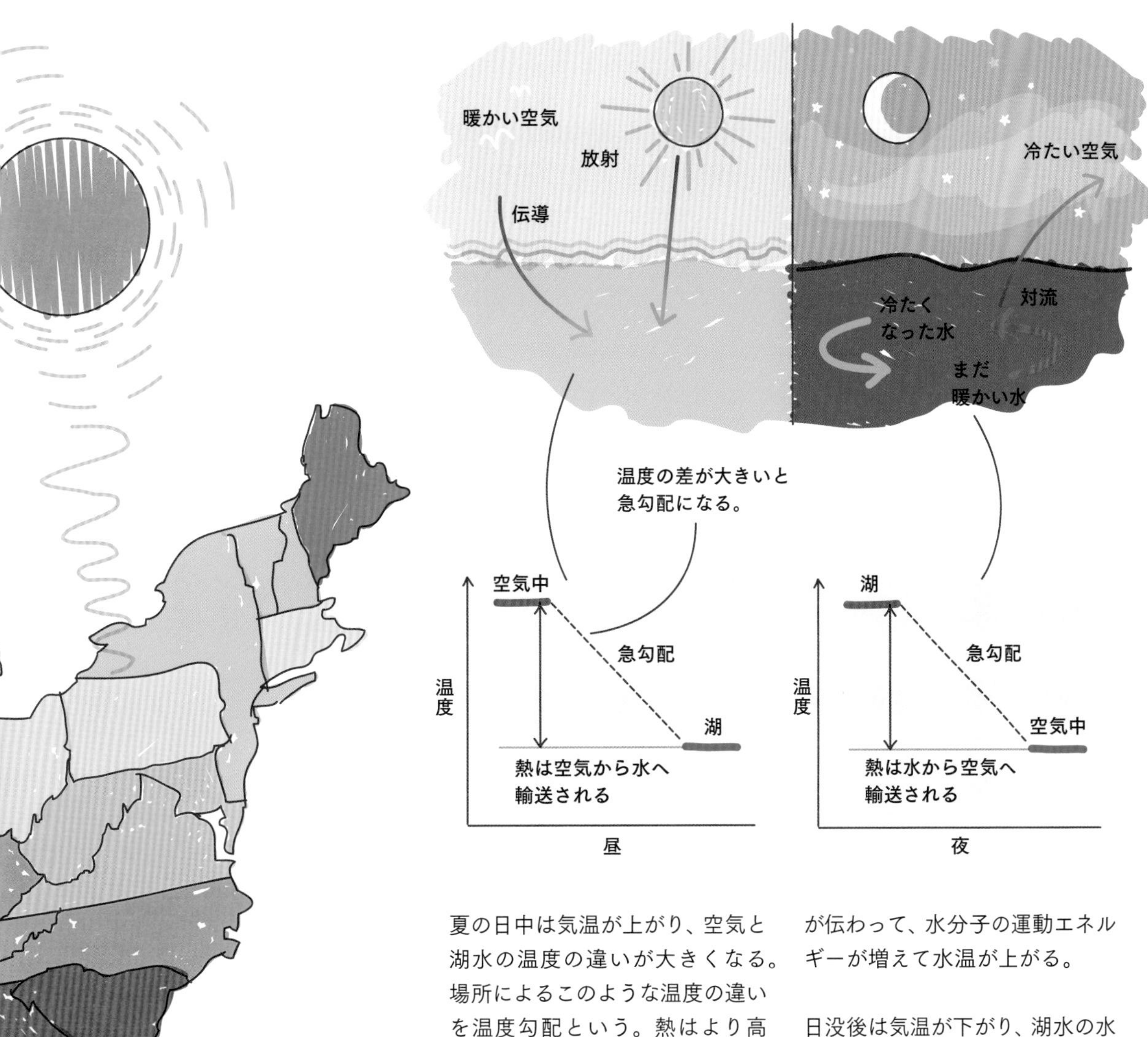

夏の日中は気温が上がり、空気と湖水の温度の違いが大きくなる。場所によるこのような温度の違いを温度勾配という。熱はより高温のところから低温の方へ、両方が同じ温度になるまで流れ続ける。湖の冷たい水に夏の日光が当たると、水は太陽の**放射**による熱を吸収し、水面付近の暖かい空気からの**熱伝導**によっても水に熱が伝わって、水分子の運動エネルギーが増えて水温が上がる。

日没後は気温が下がり、湖水の水温よりも低くなる。熱は湖水から空気へ流れて水面の水温が下がる。水中に温度の違う層ができると**対流**が起こって低温の水は深い方へ下降し、底のまだ温度の高い水が水面へ押し上げられる。

大陸は海よりも暖まりやすいので、太陽のエネルギーは日中、大きな大陸に吸収される。赤道に近いところほど、吸収量は多く、高緯度の極地方は少ない

ある質量の物質全体の温度を1K上げるのに必要な熱の量を**熱容量**といい、その単位はJ/Kである。また、単位質量（1g）の物質の熱容量を**比熱（比熱容量）**という。金属の比熱は小さくて少しの熱量で温度が上がり、すぐに冷める。木材の比熱は金属よりかなり大きく、水の比熱はさらに大きいので、海は大陸よりも暖まりにくく、冷めにくい。海辺の気候が穏やかで、内陸部では寒暖差が大きいのもそのためである。

熱力学の法則

熱力学には４つの法則がある。ある系への熱の流れ込みと系からの熱の流れ出し、エネルギーの移動が系の運動をどのように変化させるかはこれらの法則に従っている。温度に差がなくエネルギーが移動しない状態を熱平衡状態と呼び、熱平衡状態に関する法則が熱力学第０法則、ここでは続く第１、第２の法則をみよう。

熱力学第１法則

系への熱の出入り、系の内部エネルギーの変化、系の膨張の際になされた仕事の量を関係づけるのが熱力学第１法則である。これはエネルギー保存則の別の表現でもある。

気体を満たした箱を考えよう。空気の漏れない円筒状のシリンダーで、底は閉じられ、反対側には自由に動くピストンがついている。シリンダー内の気体には熱エネルギーがあり、シリンダーの壁とピストンに圧力が働いている。気体は温度に対応する体積になっていて、静的なつり合いの状態にある。

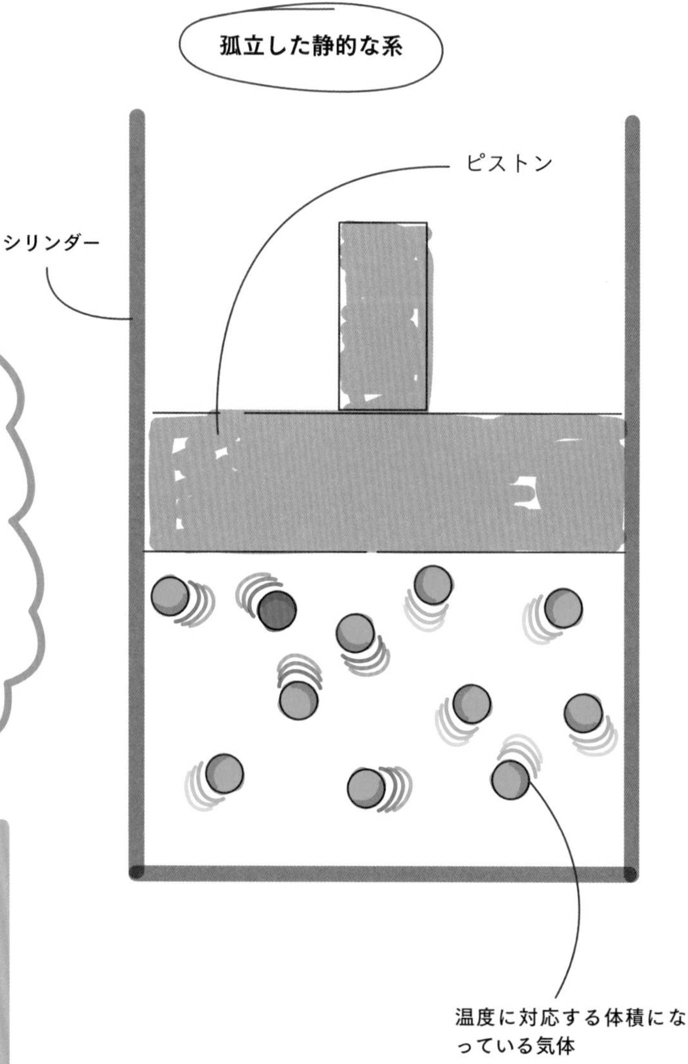

第１法則を言いかえると熱はエネルギーの１つの形態であって、エネルギーの形態の変化はエネルギー保存則に従わなければならない。

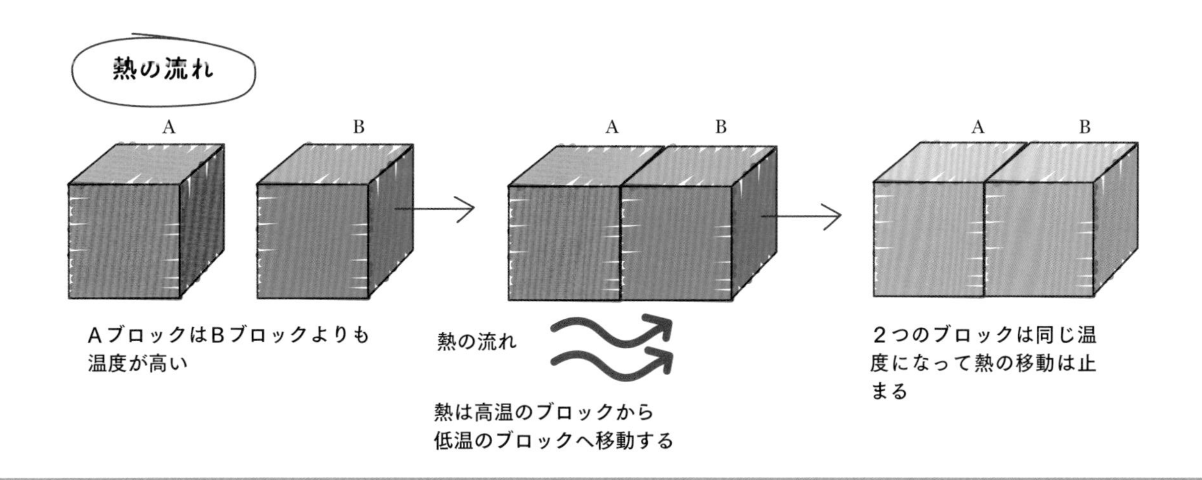

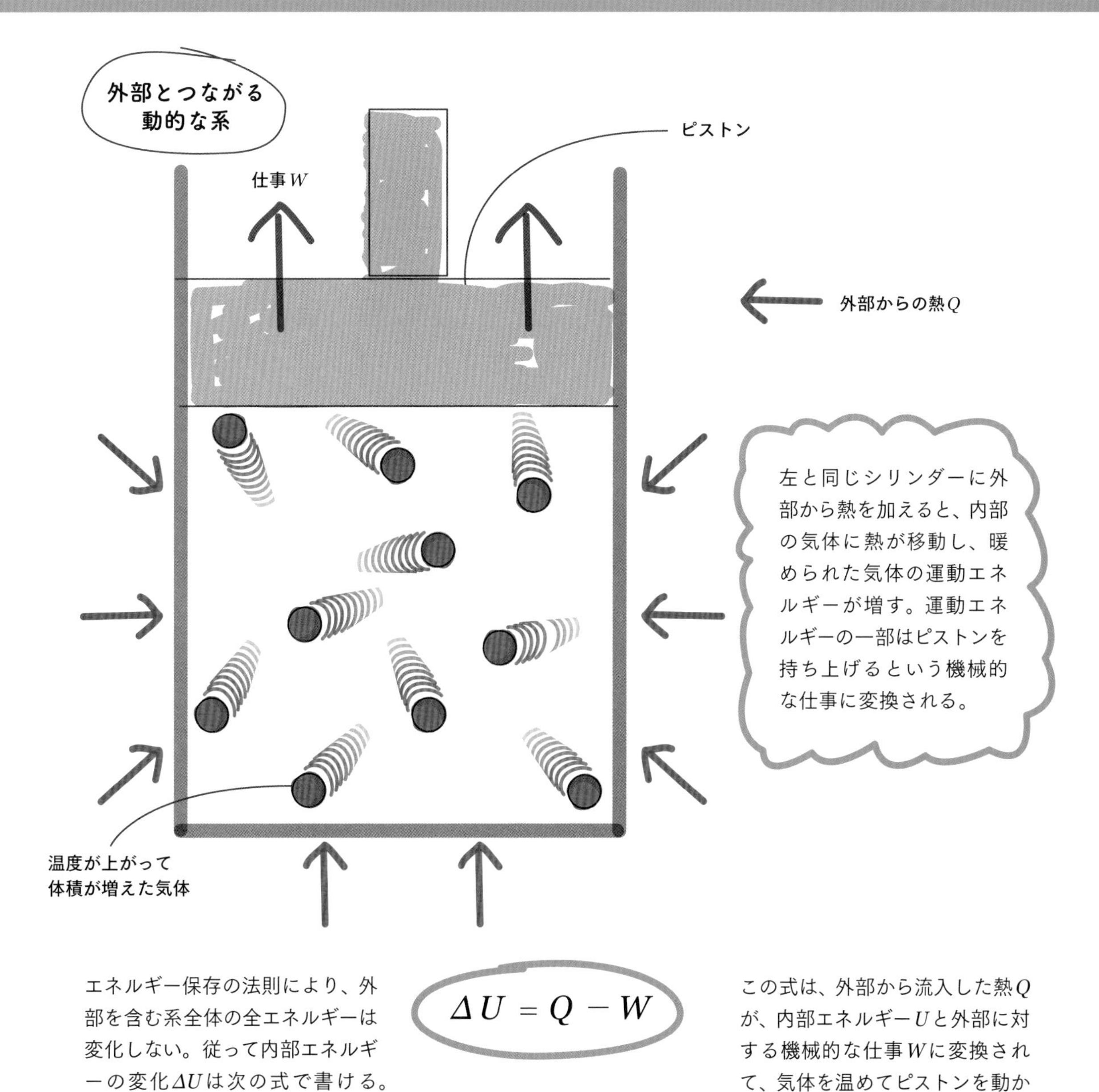

エネルギー保存の法則により、外部を含む系全体の全エネルギーは変化しない。従って内部エネルギーの変化ΔUは次の式で書ける。これが熱力学第一法則である。

$$\Delta U = Q - W$$

この式は、外部から流入した熱Qが、内部エネルギーUと外部に対する機械的な仕事Wに変換されて、気体を温めてピストンを動かしたという意味である。

気体の仕事と熱の移動

前のページのような系ではピストンはどちら向きにも動く。外の温度が上がると熱が流れ込み、シリンダー内の気体の圧力が上がってピストンが外向きに動くのとまったく同じように、逆のことも起こる。ピストンが機械的に押し下げられて容器の中の気体を圧縮した場合には、気体に対して仕事がなされたという。

この仕事も同じように気体粒子の運動エネルギーを増やすので、気体の温度が上がる。シリンダー内の気体の温度が上がると外気温よりも高温になり、温度勾配ができて外部への熱の流れができる。

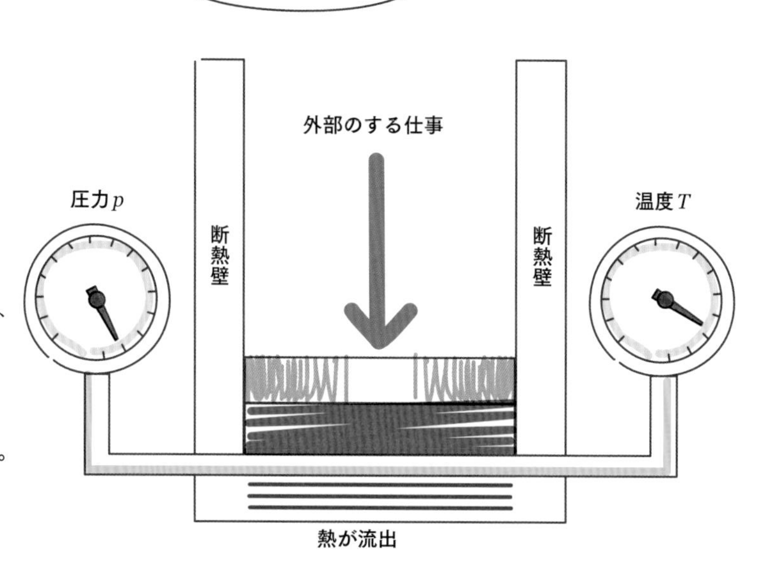

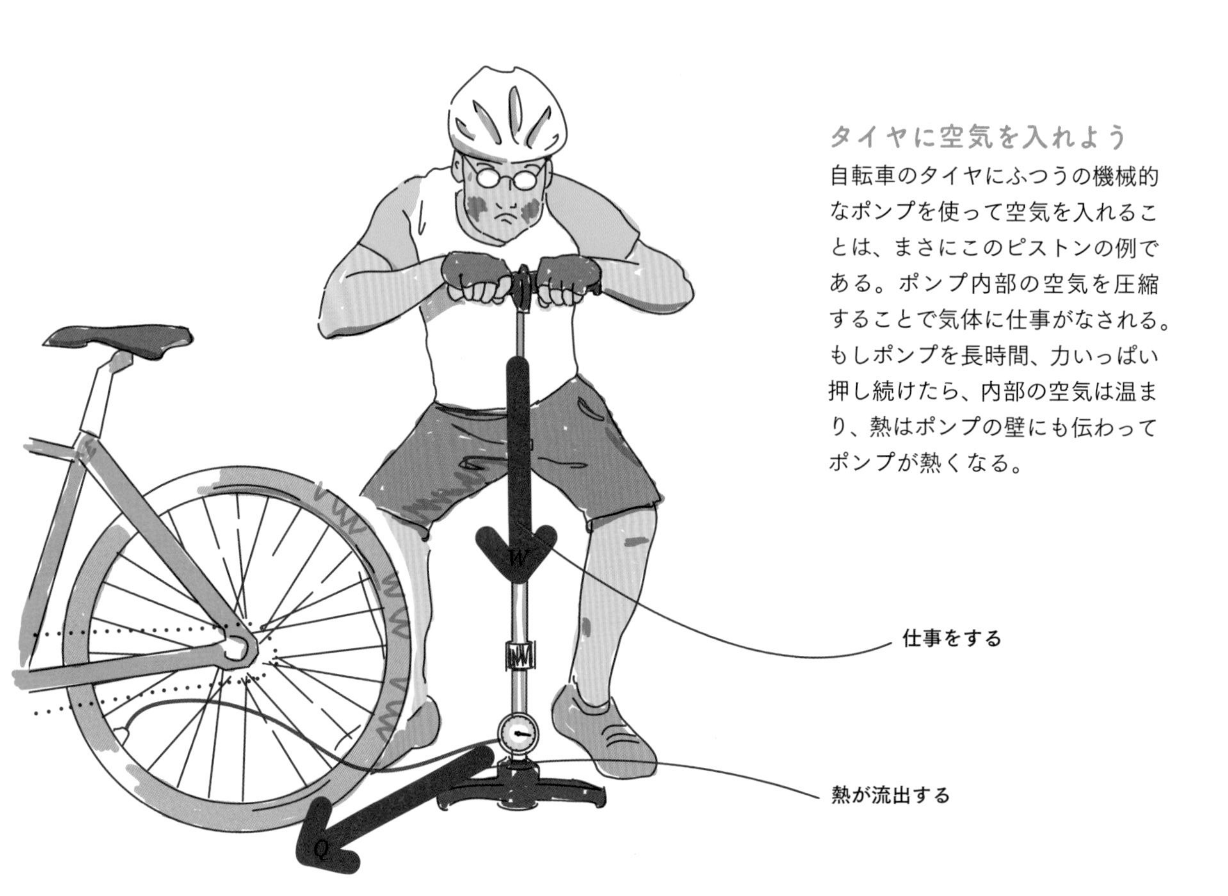

タイヤに空気を入れよう

自転車のタイヤにふつうの機械的なポンプを使って空気を入れることは、まさにこのピストンの例である。ポンプ内部の空気を圧縮することで気体に仕事がなされる。もしポンプを長時間、力いっぱい押し続けたら、内部の空気は温まり、熱はポンプの壁にも伝わってポンプが熱くなる。

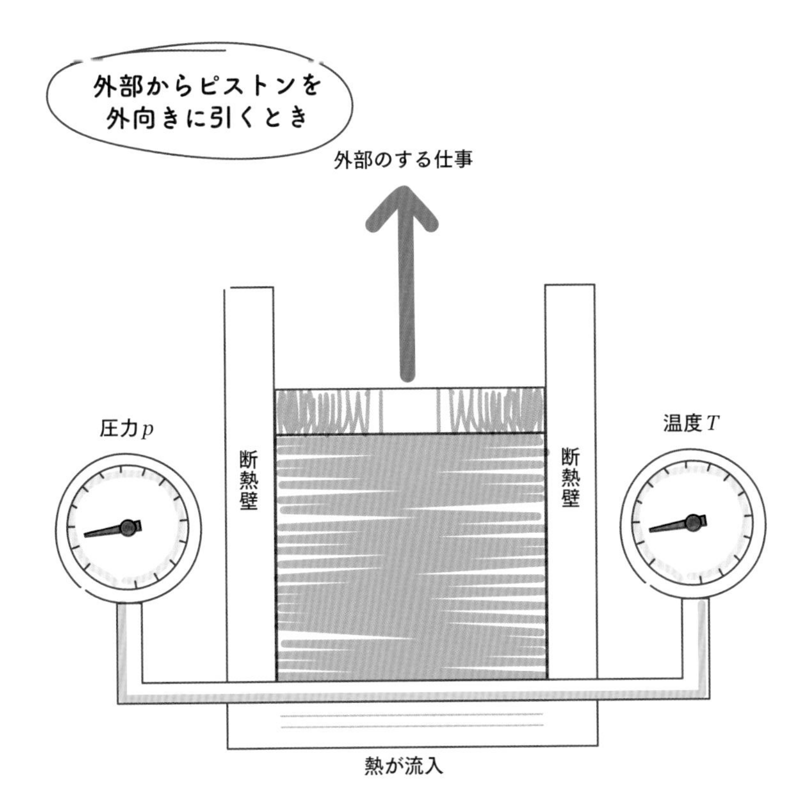

この操作は系から熱を取り出すことになるので熱の流れは逆になって、気体の内部エネルギーの変化は系に対してなされた仕事と流出した熱の差になる。

$$\Delta U = W - Q$$

この式では、外部のした仕事をW、気体が外部へ与えた熱をQとしているので、135ページの式とは符号が逆になっているが、熱力学第1法則の意味するところは変わらない。シリンダーの中の高温の空気はただちに膨張し、ピストンを外向きに押して系に仕事をし、体積が増えている間に気体は冷えて圧力が減る。これは131ページの車のエンジンのピストンの働きと同じである。

生物と熱力学

熱力学は動物や植物の系にも当てはめられる。食べ物の化学エネルギーが体に入ってエネルギーとして蓄えられる。筋肉が仕事をし、発生した熱は外へ逃げる。食べ物によって入るエネルギーと外へ逃げる熱の差が内部エネルギーに変わる。

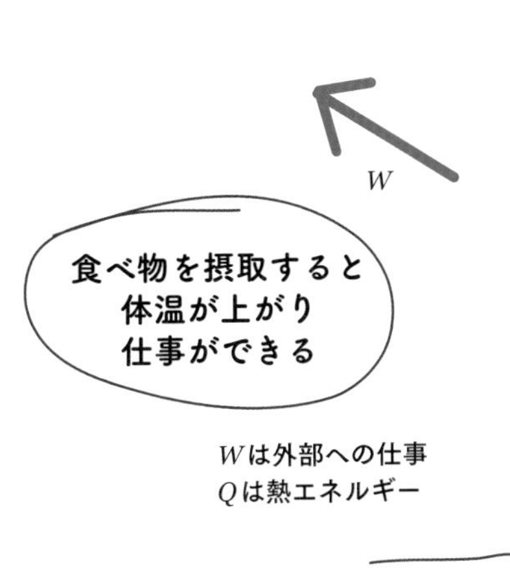

Wは外部への仕事
Qは熱エネルギー

Q_{in} は植物が吸収した太陽の光
Q_{out} は植物が使用せずに花弁や葉で反射された光

植物は太陽の光の一部を吸収し、化学エネルギーに変換して蓄える。その他の青や緑の光は花弁や葉が反射する。

熱力学第２法則

熱力学第２法則は逆戻りのできない過程（これを**不可逆な過程**という）について述べている。孤立している系の中だけで熱の移動があるとき、その系全体が秩序のない状態に向かう、ということである。

ある系がどのくらい秩序がない状態にあるかは**エントロピー**で表現する。固体が熱を受け取ると、液体や、さらに気体の状態となって粒子の動きの乱雑さが大きくなり、エントロピーは増大する。ドイツのルドルフ・クラウジウス（1822-88）は、1865年にエントロピーを定義して熱力学に大きく貢献した。

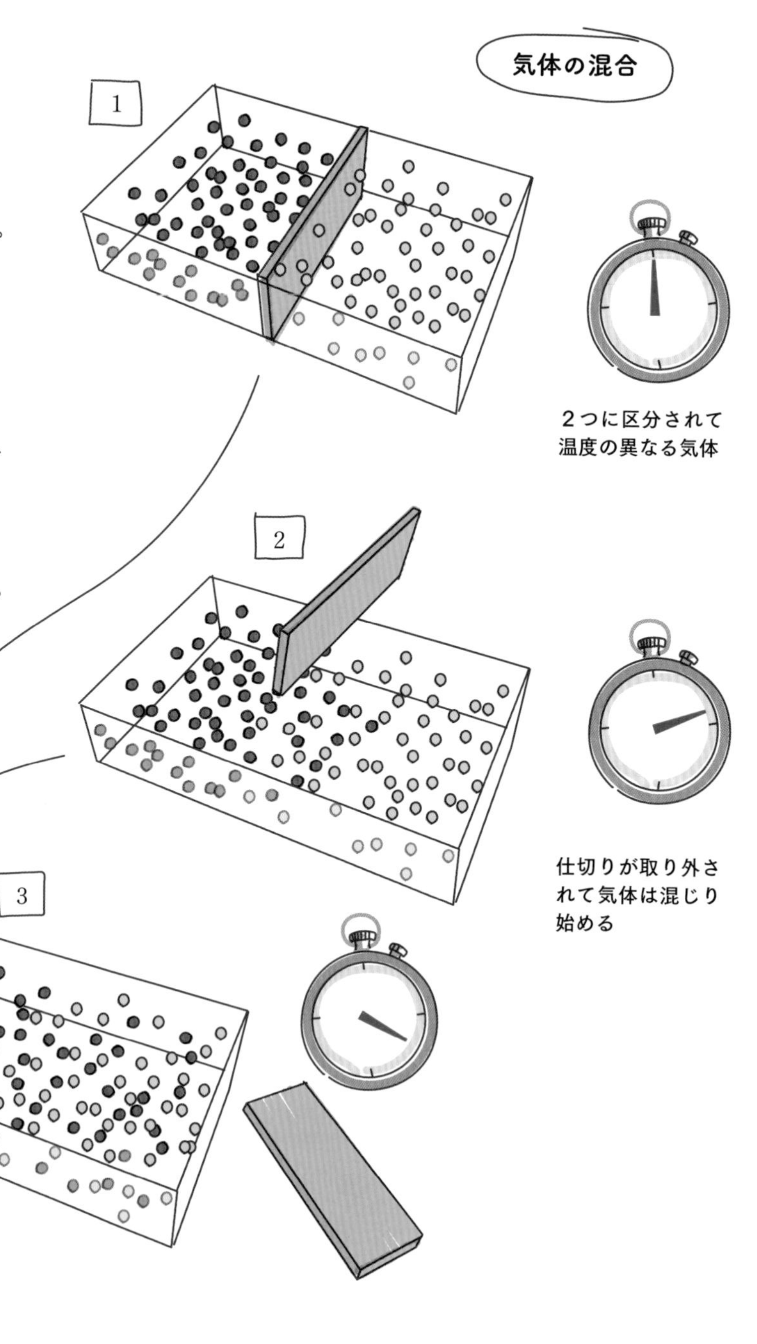

エントロピーの大きい状態

気体について考えよう。２つに仕切られた容器があって、それぞれの温度が異なる状態を、物理学では「この系は秩序があってエントロピーが小さい」という。仕切りをとって気体が混ざり始めると、系の秩序が失われてくる（エントロピーが増大する）。粒子が完全に混ざってしまうと、気体粒子はばらばらな速度で運動しているけれども、元の２つの温度の中間の温度に落ち着く。これがこの系の**エントロピー最大の状態**で、もはや元の状態に戻ることはできない。

> **熱力学第２法則**
> 自然に起こる熱の移動や変換を含む過程は不可逆である。

無秩序な状態

きちんと積み上げたれんがを運んでいたトラックが誤って荷崩れを起こしたとしよう。れんががきちんと積まれた状態のままで荷台から滑り落ちて着地するとは考えられない。たぶんでたらめに積まれた山になるだろう。れんがのでたらめな山の積み方は無数にあって、どのように積んでも違う積み方になる。そしてどの積み方もエントロピーの大きなカオスのような状態の1つである。あらゆる状態を数え上げれば、きちんと秩序のある状態よりも秩序のない状態の方がずっと多く、統計的にははるかに起こりやすい。

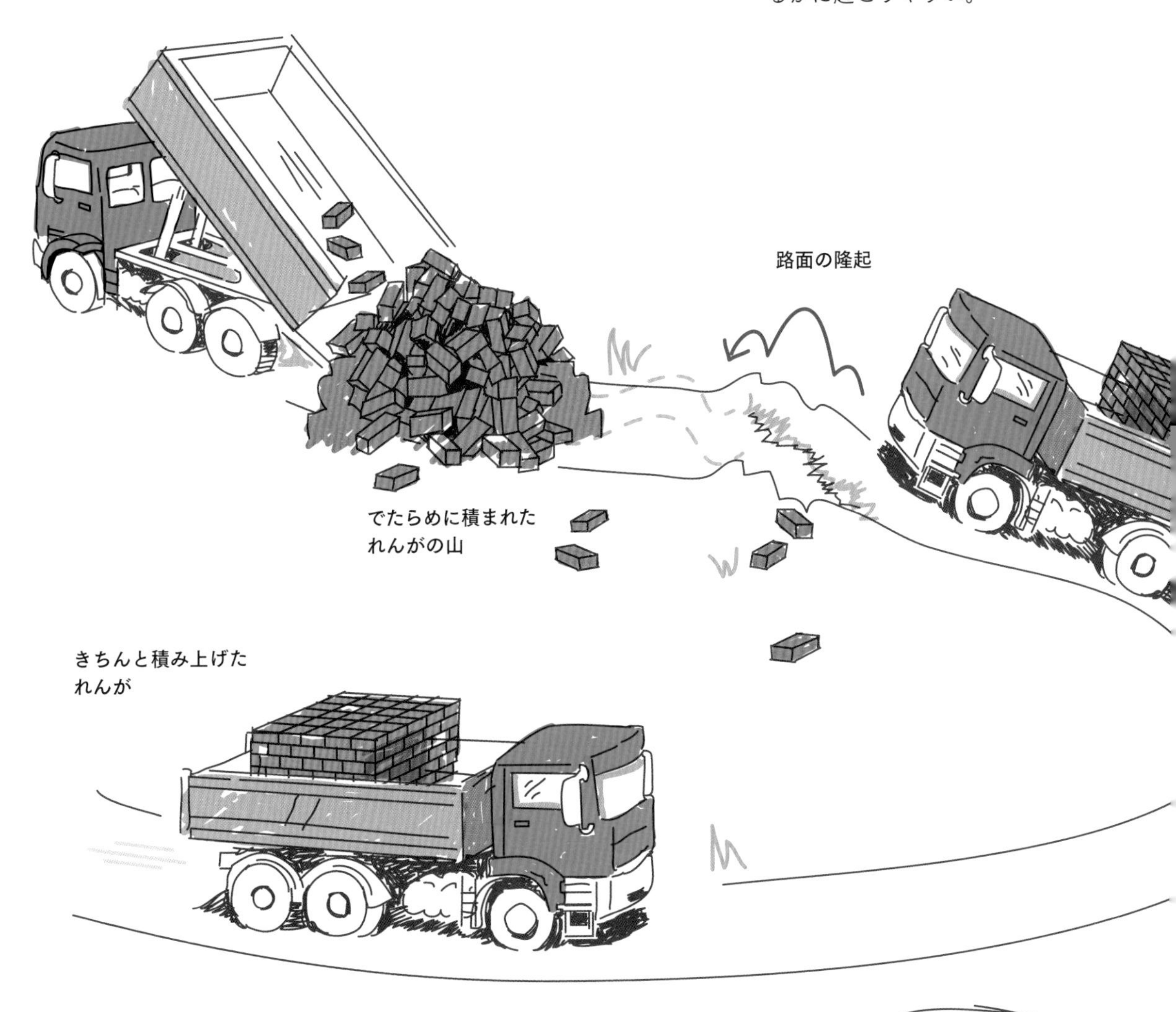

エントロピーの小さい状態

金属のような固体のエントロピーは小さい。金属中の原子の運動は限られていて、個々の原子のエネルギーはほとんど同じである。形の整った蹄鉄を作るときは、原子がよく動けるようにまず1,260℃まで加熱する。そのあと冷却すると、混合された気体のような状態とは違って、原子は元のように秩序ある状態に戻る。その際、蹄鉄の細かい歪みも取れる。

まとめ

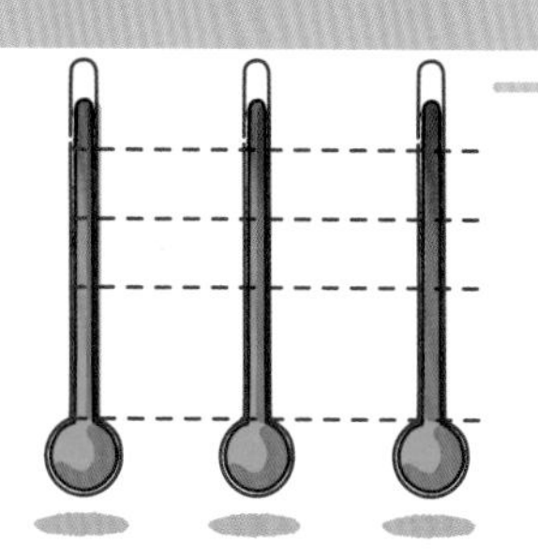

温度

温度は物質の平均運動エネルギーを示す。

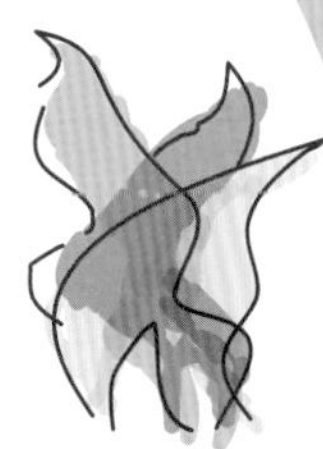

温度とは？

℃の温度めもり

水の凝固点を0℃、沸点を100℃と決めためもり。

℉の温度めもり

当時の観測地の最低外気温と発熱時の人間の体温から決めたと言われている。

絶対温度

物理学的な最低温度は0 K（ケルビン）で -273.15 ℃に等しい。

熱力学

熱力学の法則

熱力学第2法則

閉じた系の中でのエネルギーの移動はエントロピーの大きい無秩序の状態に向かい、この過程は不可逆である。

エントロピー

エネルギー的に見てどれほど系が雑然としているかを示すもので、固体などはエントロピーが小さく、液体や気体はエントロピーが大きい。

熱力学第1法則

閉じた系の中ではエネルギーが発生することはなく、消滅することもない。気体の系に外から熱が加わると内部エネルギーが増加し、ピストンを動かして外へ仕事をする。

$$\Delta U = Q - W$$

熱エネルギーの移動

熱

熱エネルギーは高温の物質から低温の物質へ移動する。

熱エネルギー

物質の中では粒子の運動エネルギーとして蓄えられる。エネルギーの単位はJ（ジュール）。

温度の勾配

温度が場所によって、あるいは時間によって変化している割合。

熱膨張

多くの物質は熱を吸収すると膨張する。固体や液体はわずかだが、気体は大きく膨張する。

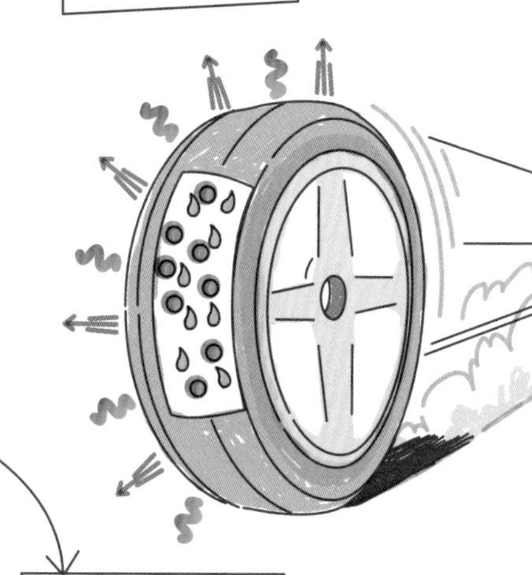

加熱と冷却

エネルギーが高温部から低温部へ移動することによって物体は加熱されたり冷却されたりする。

熱伝導

熱源との直接的な接触で熱が移動する。

対流

気体や液体の場所による密度の違いによって流体に流れが起こり、熱が運ばれる。

熱放射

物体から電磁波として放出された熱が移動する。

熱の流れ

熱は常に高温の部分から低温の部分へ両方が同じ温度になるまで移動する。

気体における仕事と熱の移動

閉じた容器の中の気体は熱伝導か、外からなされた機械的な仕事によって熱を吸収する。この過程は逆にすることもできる。

Chapter

11

流体の物理

流体というと、ふつうは水のような液体を想像する。しかし流体の定義は「自由に流れ、形を変えるような状態」である。液体はもちろんこの定義に含まれるが、実は気体も流体である。流体には、密度、圧力、体積、温度などというさまざまな物理的な性質があり、たがいに密接な関連がある。流体とその力学を理解することによって、私たちは船で大洋を航海し、航空機で空を旅行することができるようになった。圧力の単位Pa（パスカル）はフランスの数学者で物理学者のブレーズ・パスカル（1623-62）に因んでいる。パスカルは流体の力学にも業績があり、また哲学者としては「人間は考える葦(あし)である」という言葉でも知られている。

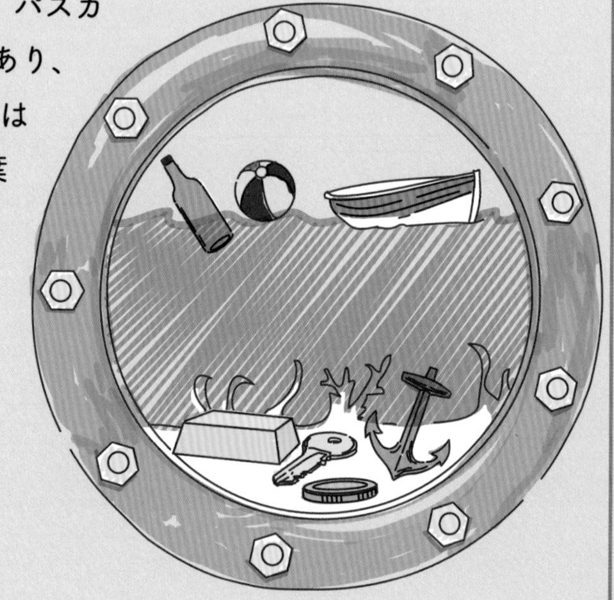

密度と圧力

流体、特に気体は、閉じ込められている容器の体積と温度に応じて変化する。気体の粒子数が変わらない場合には、体積の増加、あるいは減少によって、単位体積あたりの質量（これを密度という）が変化する。

形、大きさの変化が可能な容器に決まった質量の気体を入れたと考えよう。簡単な例は風船で、膨らませて縛っておけば気体は逃げ出さない。室温では、空気の分子は十分な運動エネルギーをもって高速で運動しているので風船は膨らんでいる。空気の分子は風船の壁にぶつかって小さな外向きの力を生じ、すべての分子の力を合わせて風船の形を保っている。

風船の単位面積あたりの気体分子の力が**気体の圧力**で、温度と体積の関数である。容器の体積が一定のまま、気体の温度が上がると、気体の圧力は増加する。

一定の質量の気体の圧力pと体積Vと温度Tの間には次のような関係がある。kは比例定数、温度は絶対温度で、この関係をボイル–シャルルの法則という。

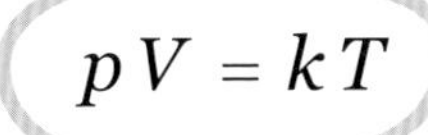

$$pV = kT$$

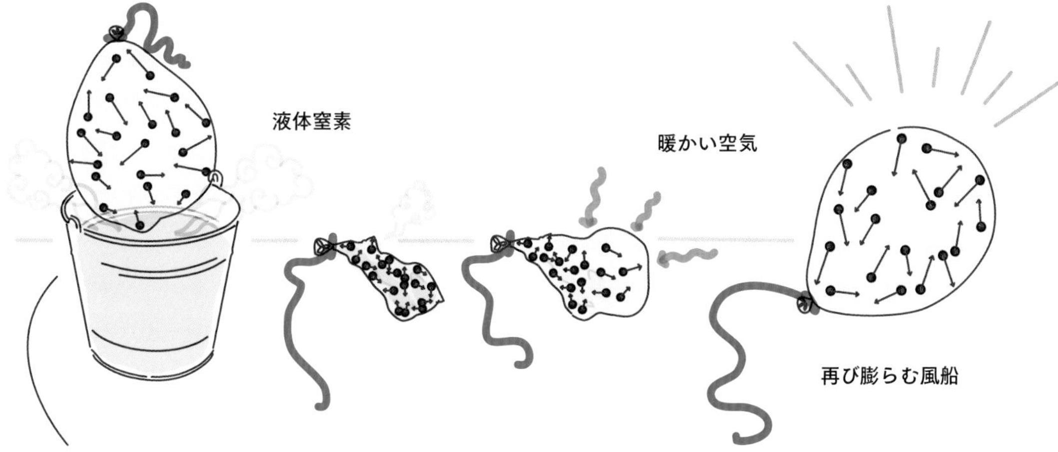

風船を液体窒素（およそ-196 ºC = 77 K）に入れると、空気の分子の運動エネルギーはかなり小さくなってしぼんでしまう。

粒子の速度が急激に小さくなって互いに接近し、小さい体積にたくさんの粒子が集まって密度が高くなる。粒子の運動による圧力がぐっと低下して風船はしぼむ。気体から液体になる温度は窒素が 77 K、酸素は 90 K なので、風船の中のほとんどの空気はスプーンに１～２杯ほどの液体になる。

風船を液体窒素から引き上げると、周囲の暖かい空気から熱が流れ込んで粒子の運動エネルギーが増加し、風船は再び膨らむ。

流体の浮力

周辺よりも密度の小さい物体が上向きの力で持ち上げられるという原理は「浮力」として知られている。古代ギリシア時代のシラクサのアルキメデス（紀元前287－212ごろ）は数学者で物理学者、発明家、技術者、天文学者でもあったといわれ、浮力の研究をした人物としてよく知られている。

浮力

浮力というと、まず思い浮かぶのは水面に浮かぶボートである。英語の「buoyancy浮力」の語源は港の浅瀬に目印として浮かんでいるブイの語源でもある。

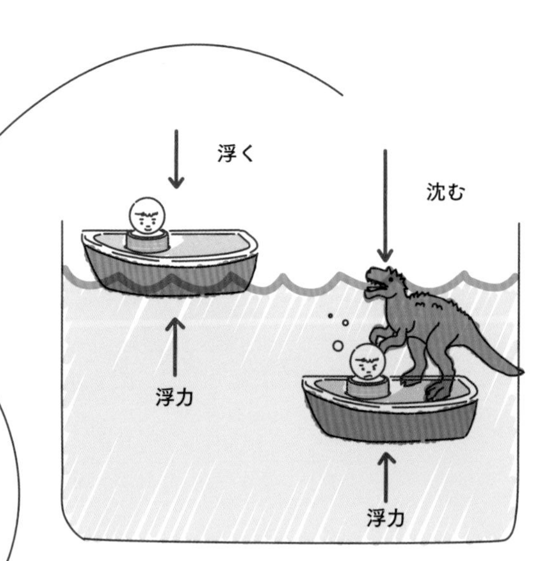

ヘリウムをつめた風船は空気よりも密度が小さいので浮き上がる。同じように熱気球も、周囲の冷たい空気に比べて気球の中の空気が暖かく密度が小さいので浮上する。

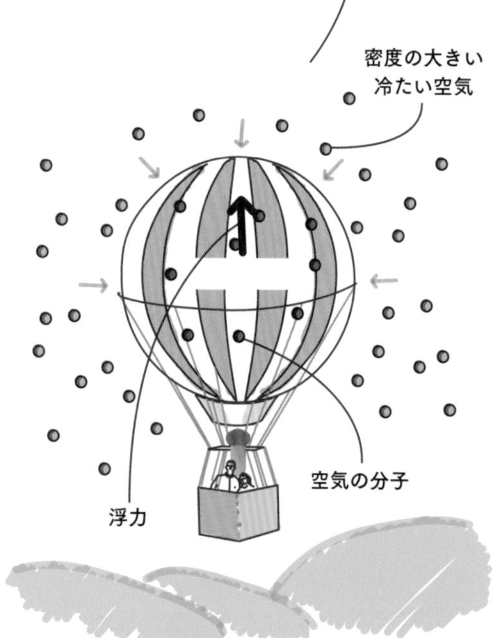

水に潜るとしよう。深くなるにつれて体よりも上にある水が増え、**水圧**も大きくなる。深さとともに一様に水圧は増加し、同じ深さの水中ではあらゆる方向から同じ圧力を受ける（これを静水圧という）。水深 10 m ごとにおよそ大気圧程度の水圧が増加し、水深100 m になると大気圧の10倍を超える。

アルキメデスの原理

流体中に物体を浮かせる方法は1つしかない。つまり、重力と上向きの力をつり合わせることである。

水中の物体が沈むか浮くかは、水に比べてその物体の密度が大きいか小さいかで決まる。

アルキメデスは、ある物体がその物体と同じ体積の水に比べて軽ければ、つまり物体の方が水よりも密度が小さければ水に浮く、ということに気がついた。したがって木や、船体の中に空気が入っている船は水に浮くし、石や金属の塊は沈む。

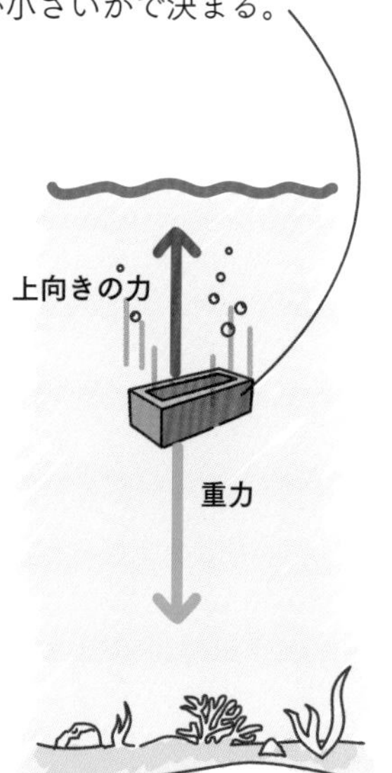

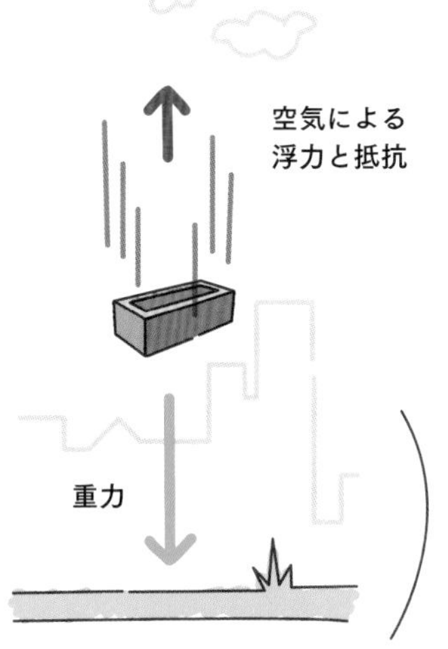

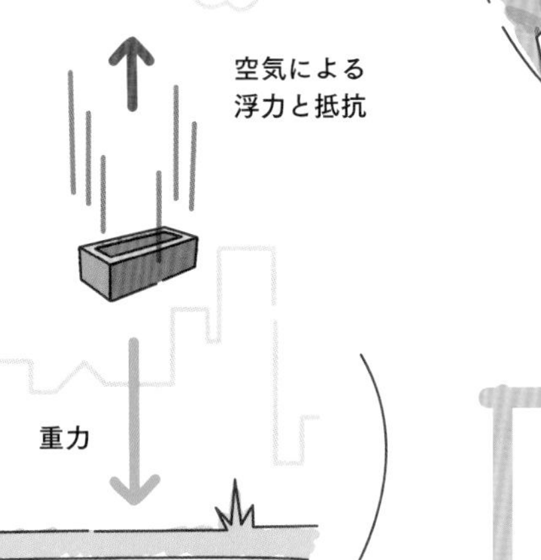

れんがのような物体でも水中では上向きの浮力を受ける。この力がその物体に働く重力よりも大きければ浮き上がるし、小さければ空中で落下するよりはゆっくりではあるが沈む。

アルキメデスの原理

物体に働く浮力の大きさは同じ体積の流体に働く重力の大きさに等しい。

0.75 kg の物体を入れてあふれ出た水の重さが 0.25 kg であれば浮力の大きさは 0.75 kg の物体に働く重力より小さいのでどうしても沈む。

エウレーカ！（わかったぞ！）

アルキメデスは、金の王冠と、金よりも軽い銀を混ぜて同じ重さに作った偽物の王冠に働く浮力の違いから偽物を見破った。水中の物体に上向きに働く浮力の大きさは、その物体と同じ体積の水の重さに等しいことを彼が発見した瞬間であった。

水よりも密度の小さい物質は、同じ体積の水よりも軽いので、浮力の方が物体に働く重力よりも大きい。これによって船のように大きなものでも水に浮くことが可能である。れんがなどの水よりも密度の大きいものは沈む。

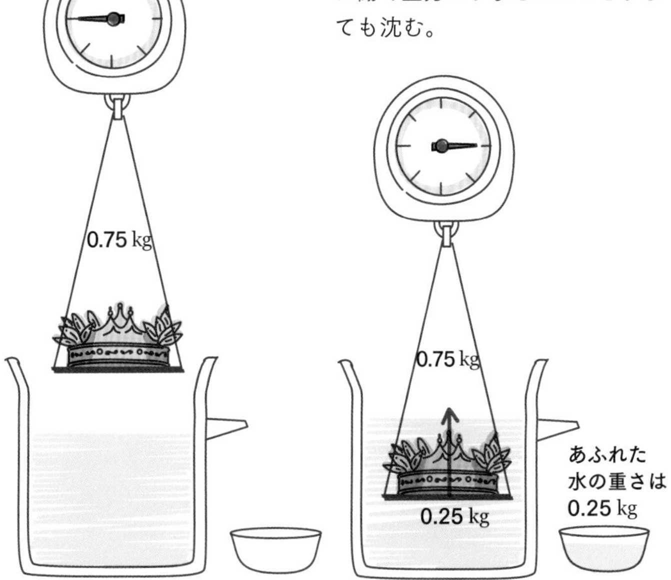

流体とベルヌーイの定理

流体は形を変えられるという特性のために物体を回り込んで流れることができる。硬い物体があれば流体はそれに対応して形を変え、迂回する。この性質はレーシングカーの空気力学や船のプロペラの周囲の水の流れなどに、多くの例がある。流体力学は、流体の運動とそれに対する応答としての力について調べる物理学の分野である。

流れる流体

気体や液体などの流体は力が働けば流れる。水はほぼ4 ℃ でその密度が最大になる。4 ℃ 以下の温度では密度は小さくなるため、氷は冷たい水に浮く。液体の温度が下がって分子の運動エネルギーが小さくなれば、分子間の距離が近くなり、密度が大きくなってアルキメデスの原理で液体のその部分は沈む。

冷たい水は暖かい水の下に沈み、暖かい水が上で、冷たい水が下という温度の層ができる。気体の動きにも同じことが起こる。暖かい空気は冷たい空気の上になる。ラジエーターは付近の空気を暖め、部屋の中の暖かい空気の流れを作る。

この原理はまた、地球の気象システムを駆動する主要な原理である。空気は暖まれば上昇し、あとの気圧が低くなったところに冷たい空気が進んでくる。低気圧が通過するときには風が吹く。上昇した暖かい空気は気圧の低い大気中で膨張し冷えて、暖かかった空気の中の水分が凝縮して雨になる。

ベルヌーイの定理

スイスの物理学者ダニエル・ベルヌーイ（1700-82）の名に因む流体に関するベルヌーイの定理は、気象システムの原理も説明している。

航空機の翼の形は、翼の下よりも翼の上の方がまわりの空気の流れが速くなるようにデザインされている。翼の上側の方が空気の流れが速ければベルヌーイの定理により圧力の低いところができる。空気の流れの速度が違うと、翼の上と下で圧力の差ができる。空気の相対的な流れで航空機の翼に揚力が生じる。向かい風の中では航空機はさらに大きな揚力を得るが、実際に航空機が揚力を得て飛ぶためには、ベルヌーイの定理による揚力だけではなく、翼の表面にできる空気の渦が大きな働きをしている。

143ページの風船の例で述べたように、圧力pは力Fをその力がかかっている面積Aで割ったものである。つまり圧力は単位面積あたりにかかる力で定義されるので、圧力の単位 Pa（パスカル）は N/m^2 と同じである。

$$p = \frac{F}{A}$$

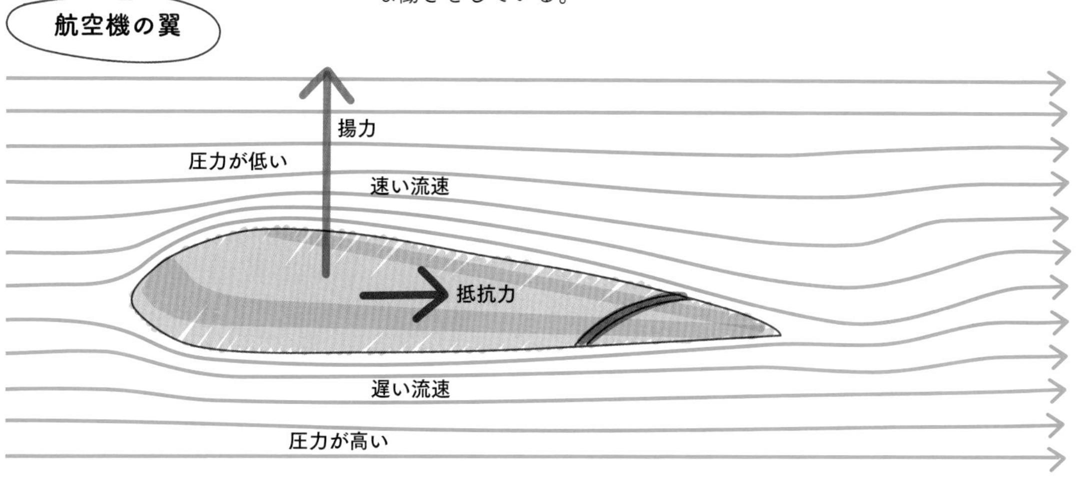

抵抗力

空気による抵抗力は、流体中を動く物体に働く摩擦力である。抵抗力は物体の大きさ（たとえば流体に向かう前面の断面積）と物体の速度の2乗に比例する。レーシングカーは空気中をできるだけ効率的に走るように設計されている。空気抵抗が最小で車体が薄ければ空気は滑らかに流れる。

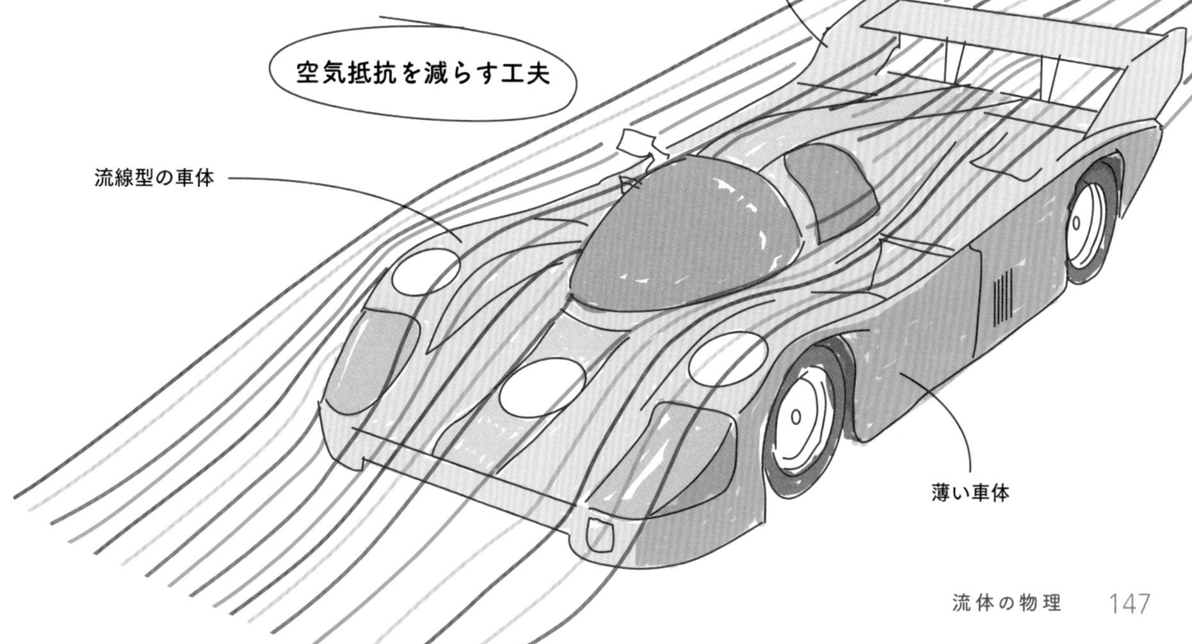

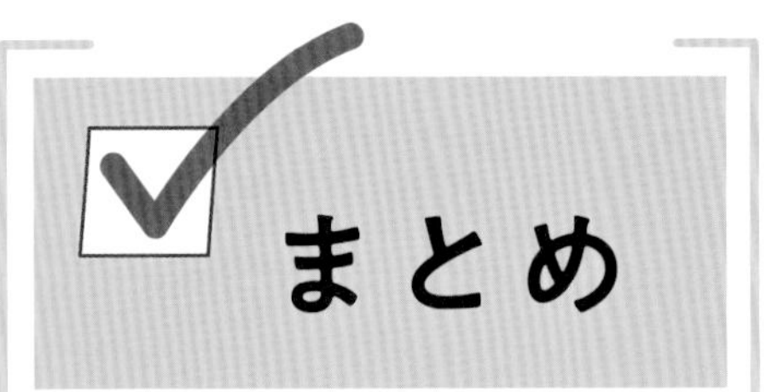

まとめ

密度

気体や液体の中でそれぞれの粒子がどのくらい近くに存在するかは、密度、すなわち単位体積あたりの流体の質量による。

運動する気体粒子が容器の壁の単位面積に衝突する力。高温の方が粒子の速度は大きく、単位体積あたりの粒子数が多ければ衝突も多くなり、いずれの場合も圧力が大きくなる。

気体の圧力

密度と圧力

流体の物理

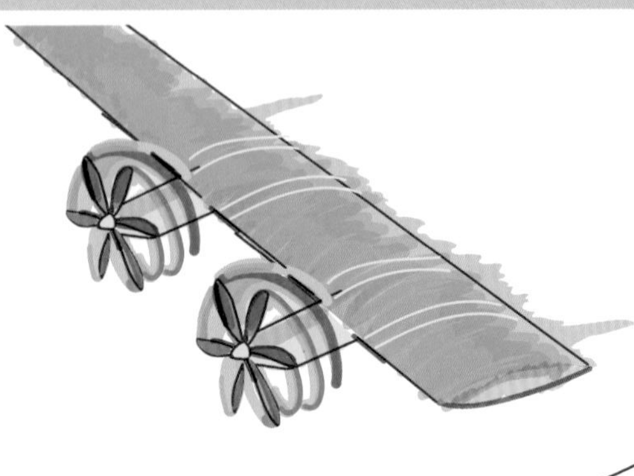

物体のまわりの流れの速度が異なると圧力差が生じる。

ベルヌーイの定理

揚力

翼の周囲の空気の流れによって翼の上面の流れが速く圧力が低くなるので、翼には上向きに揚力が発生し、機体は浮くことができる。

流体力学

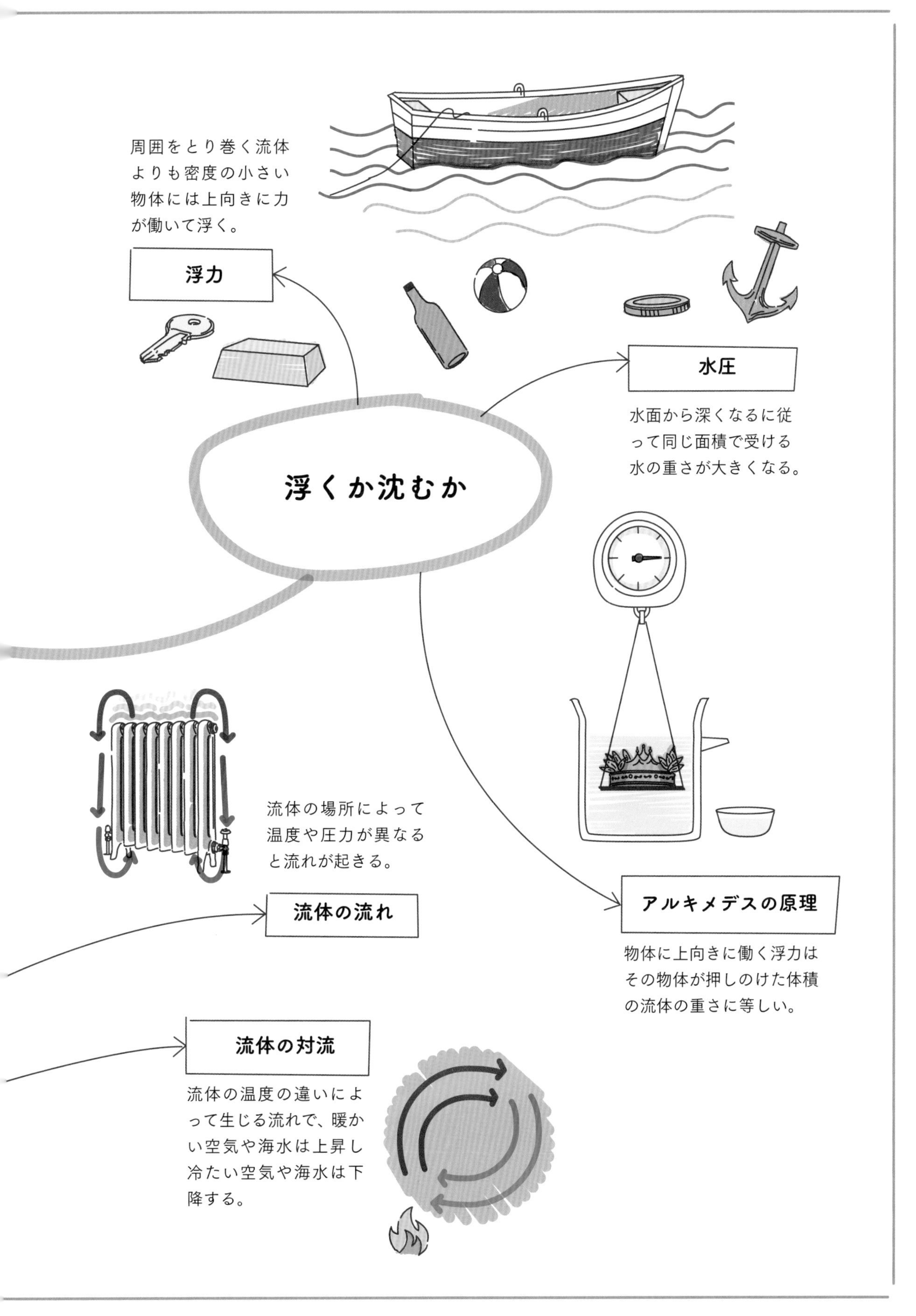
周囲をとり巻く流体
よりも密度の小さい
物体には上向きに力
が働いて浮く。
浮力
水圧
水面から深くなるに従
って同じ面積で受ける
水の重さが大きくなる。
浮くか沈むか
流体の場所によって
温度や圧力が異なる
と流れが起きる。
流体の流れ
アルキメデスの原理
物体に上向きに働く浮力は
その物体が押しのけた体積
の流体の重さに等しい。
流体の対流
流体の温度の違いによ
って生じる流れで、暖か
い空気や海水は上昇し
冷たい空気や海水は下
降する。

Chapter

12

現代物理学

物理学というのは、宇宙を支配する基本的で普遍的な法則の追究である。本書でこれまでに紹介した力学、電磁気学、光学、熱力学、そして流体力学はおよそ19世紀の末までに確立した。20世紀に入って、新しい実験や観測によって、原子や原子よりも微細な世界の粒子の運動、あるいは光速に近い粒子の運動などに、私たちの理解を混乱させるような物理現象があることがわかった。

ニュートンは、日常目にするようなものの運動に注目して運動の法則を組み立てたが、微視的な世界や超高速の世界ではこの法則には修正が必要となり、多くの頭脳が新しい時代の物理学をめざして、現在もなお努力を続けている。この章では20世紀以降の現代の物理学を紹介しよう。

特殊相対性理論

すべての慣性系の中では物理学の法則は不変で、光速は宇宙空間のどの観測者にとっても変わらない。これが特殊相対性理論の前提である。慣性系とは宇宙の中で静止、または等速直線運動をしている系のことで、そこではニュートンの運動の法則が成り立つ。

1887年、マイケルソンとモーレーは**マイケルソン干渉計**（124ページ）を使って、宇宙は真空なのか、あるいは**エーテル**で満たされているのかを調べた。当時、**電磁波**はエーテルという媒質が伝搬し、地球はエーテルの風の中を移動していると考えられていた。実験は、空間の仮想的な媒質とそれに対する地球の相対運動を測定し、地球の動きに相対的な光の運動を調べようと計画された。つまり走行中の車に対する風速を測定する実験ともいえる。地球に相対的な光の速度の時間や季節による変化を測定しようとした実験は、光速は変化せず、エーテルは存在しないという結果に終わった。しかしこの結果は実験の失敗ではなく、新たな疑問を投げかけた。もしエーテルが存在しないのならば、そして光速が地球の速度に関係なく不変であるならば、光とはいったいどういうものなのだろうか、と。

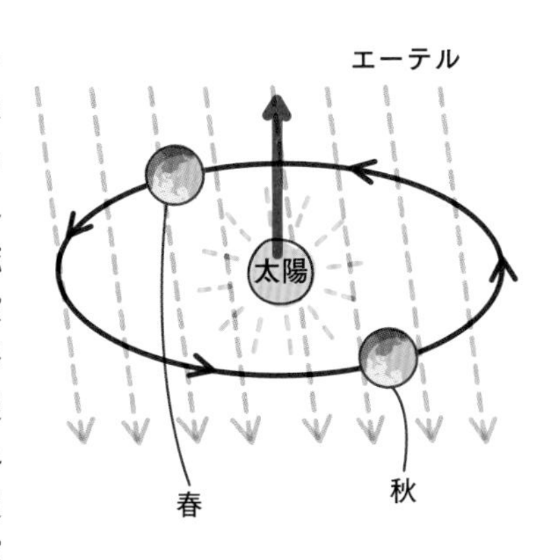

アインシュタインは1905年に、**光速**は宇宙空間で最大の速度であるという特殊相対性理論を発表した。この理論によれば、ある慣性系の中で飛行している時計の刻み幅は、静止している観測者の時計の刻み幅より常に小さい。つまり静止している時計で1年間経過しても、飛行中の宇宙船内の時計ではまだ1年経っていない。宇宙船の速度が大きいほど、船内の時間の進み方は遅くなり、静止している時計より大きく遅れる。

2つの飛行体がどちらも動いているとき、一方から見た他方の速さ、つまり相対速度の大きさはどちらから見ても等しい。特殊相対性理論にしたがって、この相対速度を計算すると、それぞれの速度がどのような大きさでも、どちら向きに動いていても、相対速度は決して光速を超えない。

一般相対性理論

空間と時間（これを時空という）の幾何学においては質量とエネルギーが影響力をもっていて、局所的な歪みをもたらして光と時間の経過に影響を与える。これが一般相対性理論である。

長い間、ニュートンの重力の法則は、質量のある物体に対する重力の影響を表現するものとして認められていた。重力のあるところでは質量のあるすべての物体は重力の強さに応じて加速される、というこの理論はすべての観測事実に合っていた。ここで重要な前提は物体の質量の存在で、質量のある物体は質量Mの物体の重力によって加速される。この場合の加速度をgと書けば次の式で表せる。

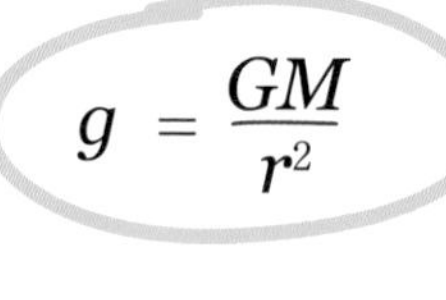

$$g = \frac{GM}{r^2}$$

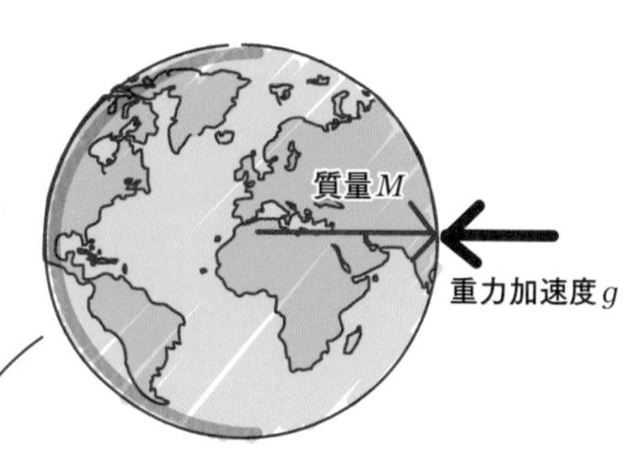

Gは万有引力定数、Mは重力の場を作る大きな物体の質量、rは大きな物体と、その重力を受けて落下する物体の重心間の距離である。

等価原理

1907年、アインシュタインは**等価原理**と呼ぶ新しい考えを提唱した。一般相対性理論への最初のステップとなるこの原理は、重力と、座標系が加速されているときに現れる「見かけの力」（慣性力）とは等価であると述べている。

国際宇宙ステーションの高度での重力加速度は地表の９割近くもあるが、推力なしで飛行しながら徐々に高度が下がる自由落下をしていて、船内は無重力の状態である。宇宙ステーションに固定した座標系ではその自由落下の加速度とは逆方向の見かけの力が現れ、重力をちょうど打ち消すからで、ロープが切れて落下中のエレベーター内も同じである。ここで手を離したボールはエレベーターの床には落ちずに静止しているように見える。このとき乗っている人には、自分が地表に向かって落下中なのか、地球から遠い宇宙で静止したエレベーターにいるのか、どちらかわからない、というのが等価原理の別の表現である。

時空の歪み

アインシュタインの理論の多くは**思考実験**、つまり実際には実験をせずに条件などを簡単にして実験で起こると考えられる結果を理論的に推論してみることから生まれたもので、あとになって数学的に証明された。

エレベーターのシナリオをもう一度考えよう。しかし今度は完全に孤立した系ではなく、上昇中のエレベーターの両側の壁のまったく同じ位置に丸い穴をあけてある。光は直進するので、片方の穴から光が入ったら反対側の穴から出るはず、であるけれども、エレベーターがその間も上昇するので、そうはいかない。しかし光の立場に立ってみれば、あくまでも直進したのだ。

この簡単な思考実験は、等価原理と結びつくと深遠な意味を帯びる。もし、座標系が加速されていることと重力の場があることが同じであるならば、重力は、質量のない光の粒子の進路にも影響を与えたことになり、ニュートンの重力の法則に反する。この予言はまったく新奇なことであり、論争の的となった。

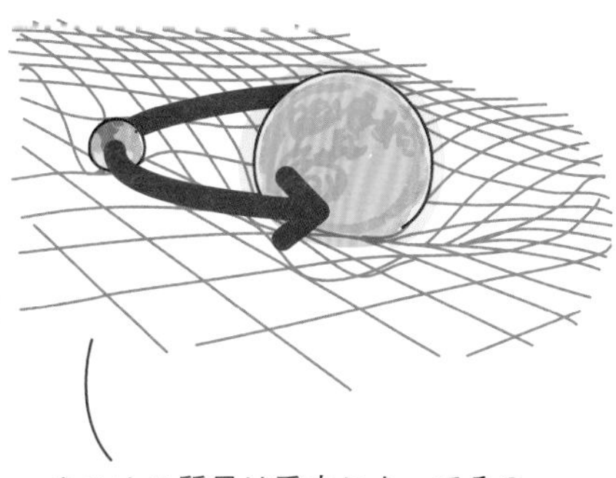

あらゆる質量は重力によってその周囲の時空を歪ませ、その歪みは質量が大きいほど大きい。太陽は時空に大きな歪みを作り、地球のような近くの天体の運動に影響を与える。

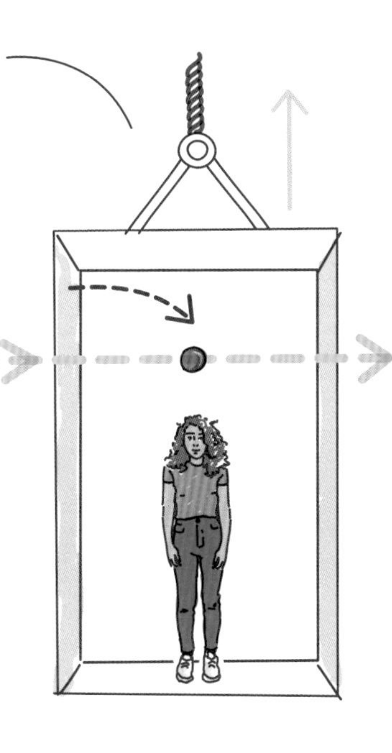

アインシュタインの理論は、**重力レンズ効果**（182ページ）によって星や銀河からの光が曲げられることや、**ブラックホールや重力波の存在**、重力の場の存在による時間の遅れなどを予言した。

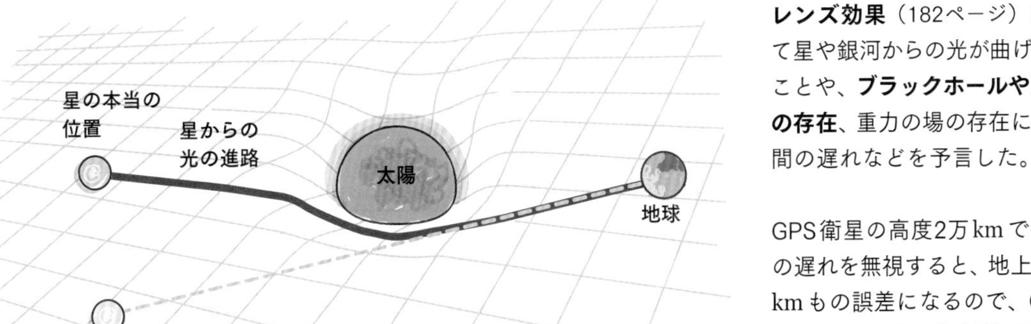

GPS衛星の高度2万kmでの時間の遅れを無視すると、地上では何kmもの誤差になるので、GPSの時刻信号は常に相対性理論に基づいて補正されている。

原子の構造

この分野は、ここ100年ほどの間に大きく進展した比較的新しい物理学である。原子核はとても小さいので直接観測することはできない。そのような原子核の世界の理解を前進させたのは20世紀初頭の物理学者たちの天才的な働きであった。

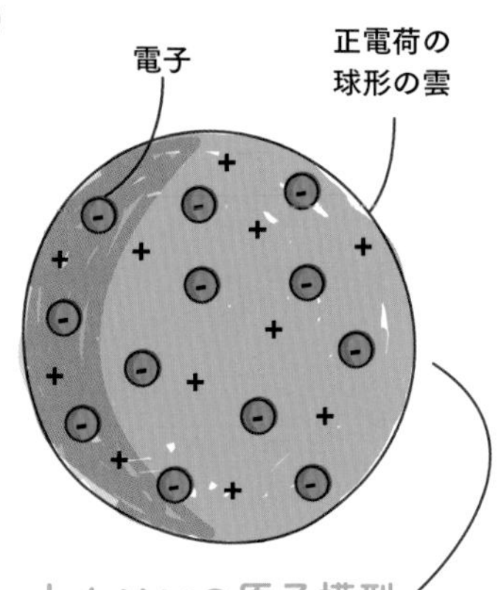

ラザフォード散乱の実験

アーネスト・ラザフォード（1871-1937）はニュージーランド生まれのイギリスの物理学者で、原子の構造に関するそれまでの考え方を一変させてしまった。1909年の有名な**散乱の実験**によって、ラザフォードは金の薄膜を通過するアルファ粒子（ヘリウムの原子核）とその経路を観察した。ジョゼフ・ジョン・トムソン卿によって示された原子模型が正しければ、粒子は少しもずれることなく、まっすぐに通過しなければならない。しかし、実験の結果はまったく違っていて予想もしないものだった。大部分の粒子はまっすぐに通過したが、いくつかは大きな角度で進路をそれ、さらにごく一部は完全に跳ね返されたのだ。

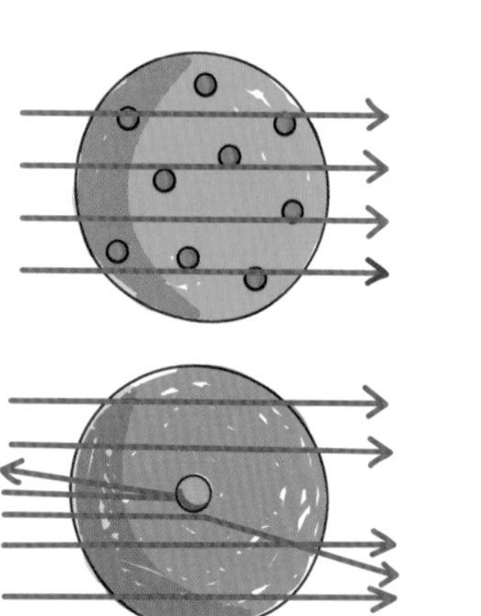

ラザフォードは、この実験結果について「信じられないことに、紙に砲弾を撃ち込んだら跳ね返されたのだ」と語った。「つまり原子はほとんど空っぽで、その真ん中の極めて小さな体積に、アルファ粒子を跳ね返す正電荷が集中しているのだ」と。

トムソンの原子模型

ラザフォードの実験の5年前、イギリスの物理学者トムソン卿（1856–1940）は**プラムプディングモデル**と呼ばれる原子模型を提案した。負電荷を帯びた電子の存在は既に知られていたし、原子全体としては中性であることから同じ量の正電荷があることも示唆されていた。トムソンはある体積のプディングが正電荷を帯びていて、その中に電子がまるで負電荷を帯びたプラムのように埋め込まれているに違いないと考えた。

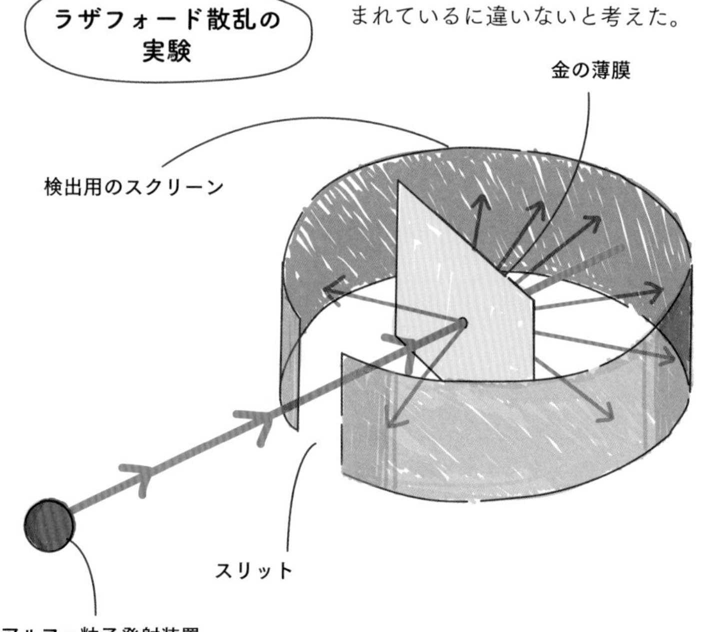

原子と原子核

ラザフォードの発見はそれまで信じられていた原子模型をすっかり変えることになってしまった。原子には極めて小さく高密度な正電荷の原子核があって、そのまわりを電子が回っているということが明らかになった。この**ラザフォードの原子模型**が提唱されたのは1911年であった。

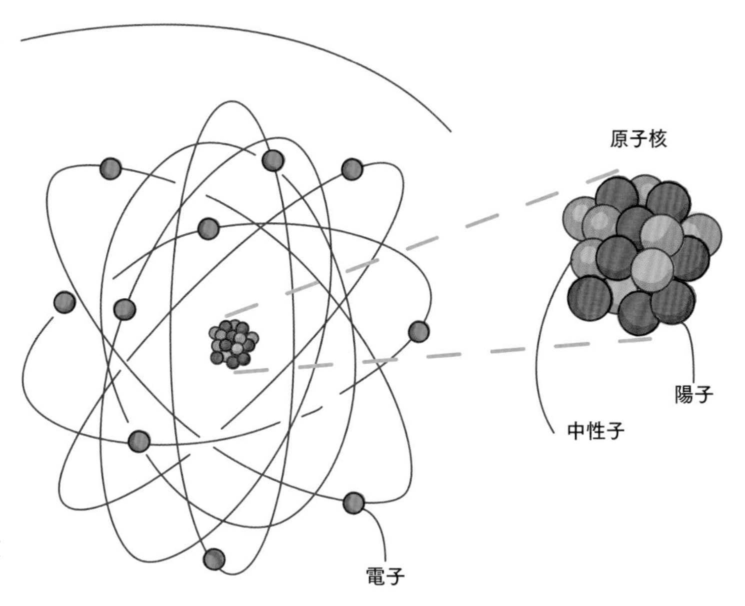

1913年にデンマークの物理学者ニールス・ボーア（1885-1962）は、ラザフォードのモデルを修正して、**量子化された**と表現される特定のエネルギーをもつ電子が殻状に存在し、そのそれぞれの殻に含まれる電子の数には上限があると述べた。この修正されたモデルによって、原子の発する特定の振動数の放射が、ある殻からエネルギーの低い別の殻へ電子が移るときに放出されると説明できることがわかった。

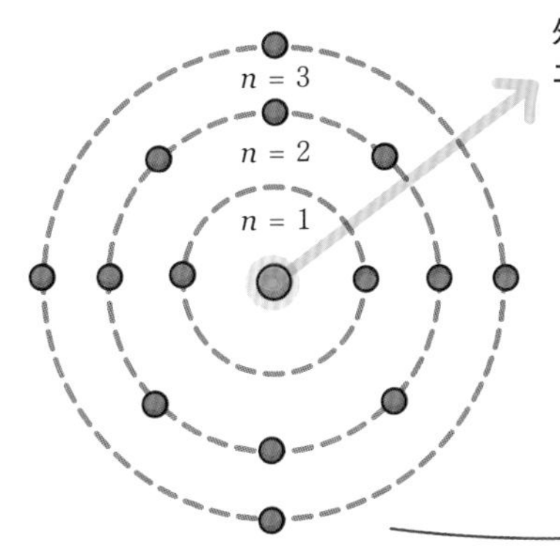

元素はすべて原子であって、原子核の中の正電荷の陽子の数（原子番号）がその元素の性質を決めている。

水素の同位元素

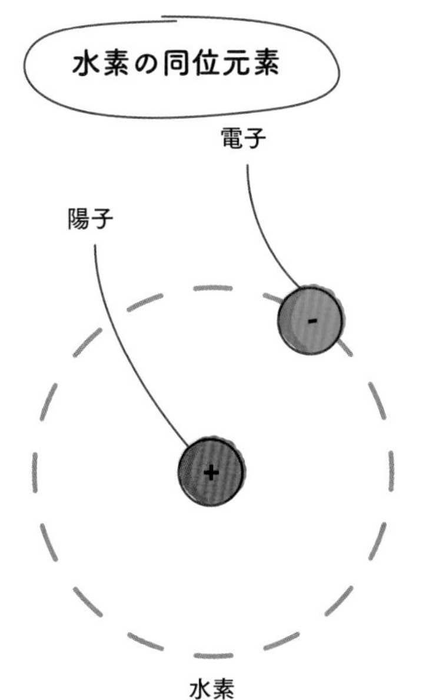

水素

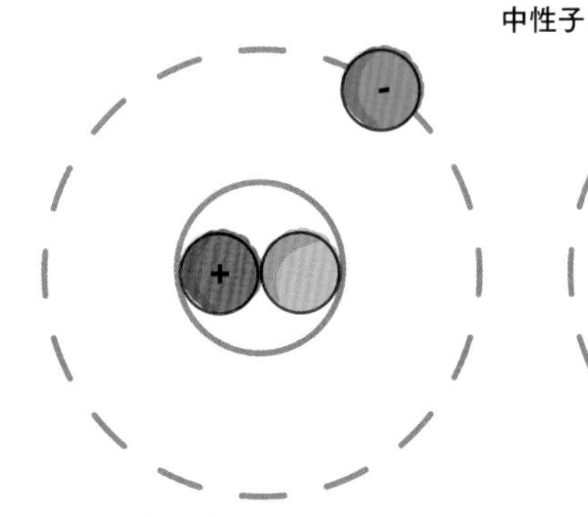

重水素（デューテリウム）

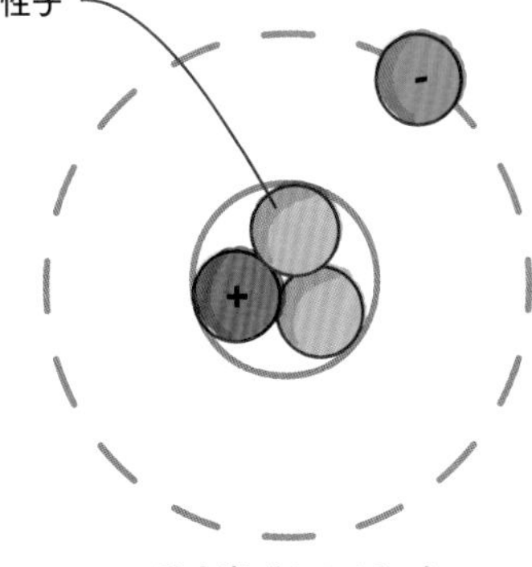

三重水素（トリチウム）

原子全体の電荷の中性を保つために電子と陽子の数は等しい。元素によって陽子の数が決まっているのに対して、中性子の数は同じ元素でも何通りかあって、中性子の数が違う元素は**同位元素**と呼ばれている。たとえば、水素は陽子が１つだけであるが、同位元素には、水素、重水素（デューテリウム）、三重水素（トリチウム）の3種類があって、上の図のように中性子の数が異なる。これらの同位元素の存在が、太陽のような恒星で水素からヘリウムへの**核融合**が起こってエネルギーが放出される過程と密接に関係している。

原子核反応

核反応は２つの原子核、あるいは１つの原子核と中性子などの粒子との相互作用で起こり、その結果として別の核種が出現する。1つの原子の陽子と中性子（合わせて核子という）の総数を質量数と呼び、ふつうは元素記号の左上に ^{1}H のように書く。一般に、反応にかかわる核子の総数は電荷やエネルギーと同じように、原子核反応の前後で保存される。

簡単な原子核反応

リチウム６（^{6}Li）　デューテリウム（^{2}H）

ベリリウム（^{8}Be）

娘核種

ヘリウム（^{4}He）　ヘリウム（^{4}He）

原子核の崩壊

重い同位元素が、原子核の中の陽子同士の強い反発で不安定であるときに原子核は崩壊する。これを**放射性崩壊**といい、原子核は**娘核種**に変わり、**アルファ粒子**（ヘリウムの原子核）、**ベータ粒子**（電子）、**ガンマ線**（電磁波）などの放射線を出す。崩壊過程で飛び出す粒子の運動エネルギーおよびガンマ線放射としてエネルギーが放出される。放射性崩壊は確率的な過程でいつ起こるかは予測できないけれども、平均として崩壊によって最初の原子核の数が半分になるまでの時間を**半減期**という。

U 238　Pa 234m　U 234 ウラン　Th 234　Th 230 トリウム　プロトアクチニウム　Ra 226 ラジウム　Rn 222 ラドン　At 218 アスタチン　Po 218 ポロニウム　Po 214　Po 210　Bi 214　Bi 210 ビスマス　Pb 214 鉛　Pb 210　Pb 206　Tl 210 タリウム　Tl 206　Hg 206 水銀

不安定な原子核がアルファ粒子を放出すると、陽子２つと中性子２つを失って別の元素になる。ベータ粒子が放出される場合には中性子が陽子に変わって原子番号が１つ増え、やはり違う元素になる。不安定な原子核からガンマ線が放出されるとエネルギーを失ってその原子核は安定になる。左図はウラン238から安定な鉛に至るウラン系列と呼ばれる放射性崩壊である。途中のウラン234、トリウム230、ラジウム226は半減期が長いので自然界に放射性同位元素として存在している。

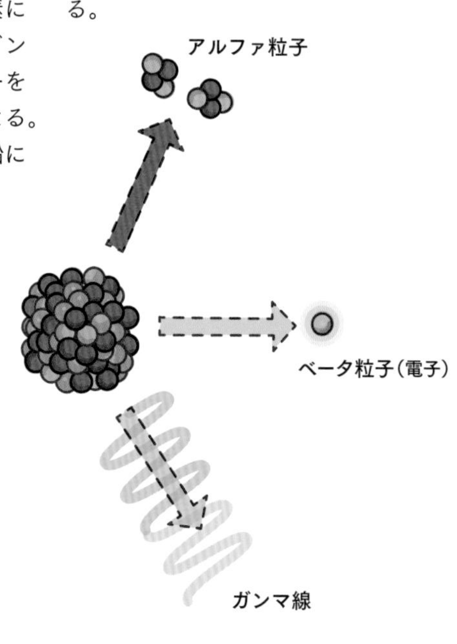

原子核反応とエネルギー

原子核反応には**核分裂**と**核融合**の2種類がある。核分裂では不安定な元素が2つかそれ以上に分裂する。このしくみは**原子力発電**に利用されている。核融合では2つの原子核が、陽子の反発力に打ち勝つだけの運動エネルギーをもっていれば、衝突して融合し別の元素の原子核に変わる。実際には陽子の反発力はとても大きく、1億Kもの高温と高密度、および超高圧が必要なので、実現はきわめて困難である。

原子力発電所ではおもにウラン235を使っている（19ページ）。1つの中性子がウラン235に当たると、たとえばバリウム141とクリプトン92に分裂して高エネルギーの中性子3つとガンマ線を放出する。この3つの中性子を減速すると、さらに3つのウラン235に当たって分裂し、エネルギーを放出する。このエネルギーを利用するのが原子力発電で、このように次々に起こる反応を核分裂の**連鎖反応**という。

9個の ^{235}U が分裂

3個の ^{235}U が分裂

中性子

ウラン235（^{235}U）

3個の中性子放出

9個の中性子放出

ウラン235（^{235}U）

バリウム141（^{141}Ba）

クリプトン92（^{92}Kr）

中性子

星の核融合

恒星は核融合によって輝いている。恒星は中心の部分で水素を重水素に融合し、さらにヘリウムの軽い同位元素であるヘリウム3（^{3}He）にして、その過程で高エネルギーのガンマ線を放射する。核融合に必要な温度、密度、圧力は莫大で星の中心部にしか存在しない。実際にはそれでもエネルギーは不足で、量子力学的なトンネル効果と呼ばれる現象（159ページ）によって星の核融合は実現している。

今のところ、科学者たちは地球上で核融合を有効に利用することには成功していない。

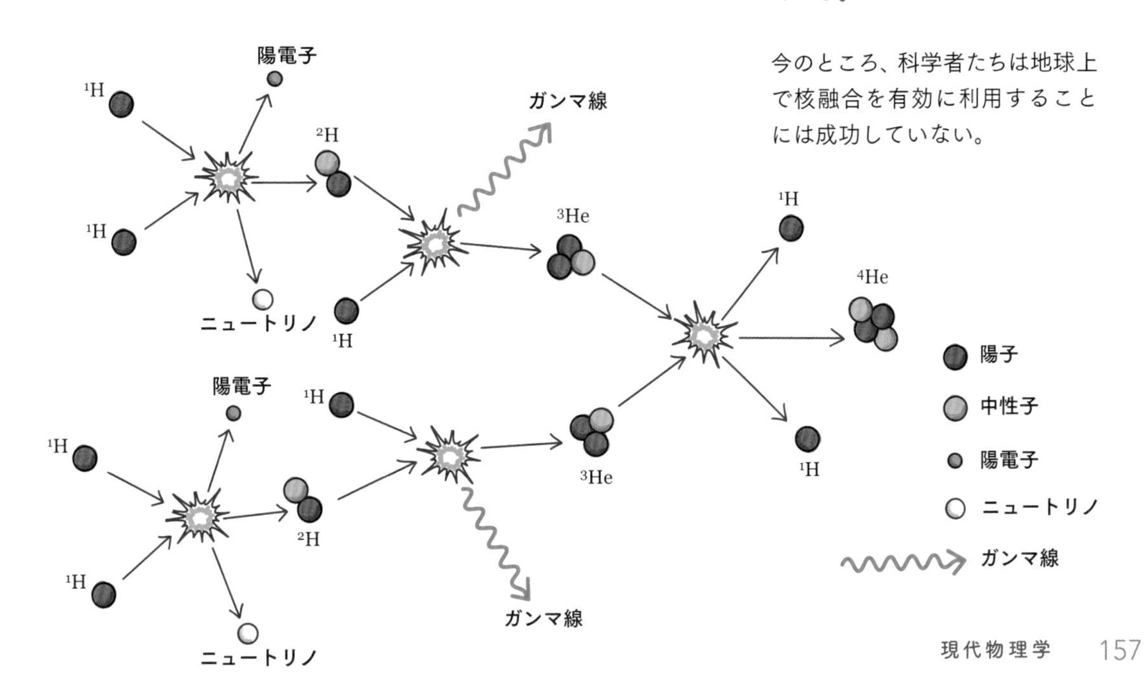

量子力学

古典的な物理学では説明できない直感に反する多くの不思議な現象を考えるのが量子力学である。

「光が微粒子であれば反射の現象が説明できる」と最初に述べたのはニュートンであった。クリスチャン・ホイヘンス（1629-95）は1678年に「光は波動である」と主張した。不思議なことに彼らはどちらも正しく、光は粒子のようにも、波動のようにも振る舞う。これを**光の二重性**という。

波動性

波でもあり粒子でもある

粒子性

光が連続的なエネルギーの波であるというよりは、**フォトン**（光子）と呼ばれるとびとびのエネルギーをもつ微小な粒子（**エネルギー量子**）である、という考え方が量子力学の始まりであった。

量子力学の歴史

ドイツの物理学者マックス・プランク（1858-1947）は理論と観測を一致させるために、物体を加熱するとエネルギーが**量子**と呼ばれる単位で増加する、と推測した。彼はこの理屈があまりに急進的であったので「破壊的だ」と記述したほどである。1905年になるとまだ若かったアインシュタインがこの考えを「**光の量子化**」として確立した。それによって、**水素の吸収線**のような特別な波長のスペクトルに見られる現象を説明することができた。

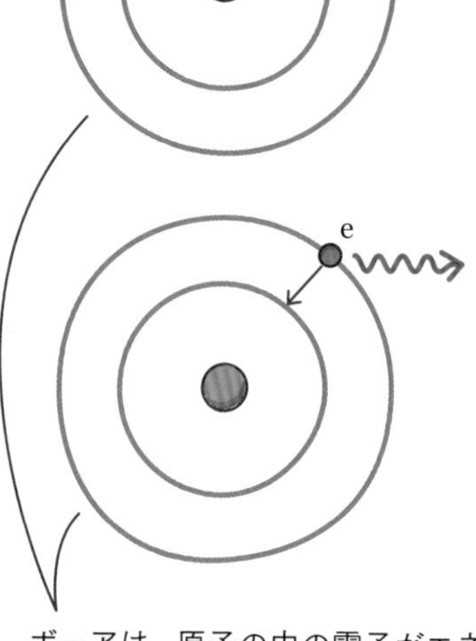

ボーアは、原子の中の電子がエネルギーの決まった同心球殻に存在して、そのエネルギーの差に相当するエネルギーを吸収、または放射して殻を移動することができると説明した。それがスペクトルの吸収線、あるいは輝線となる。

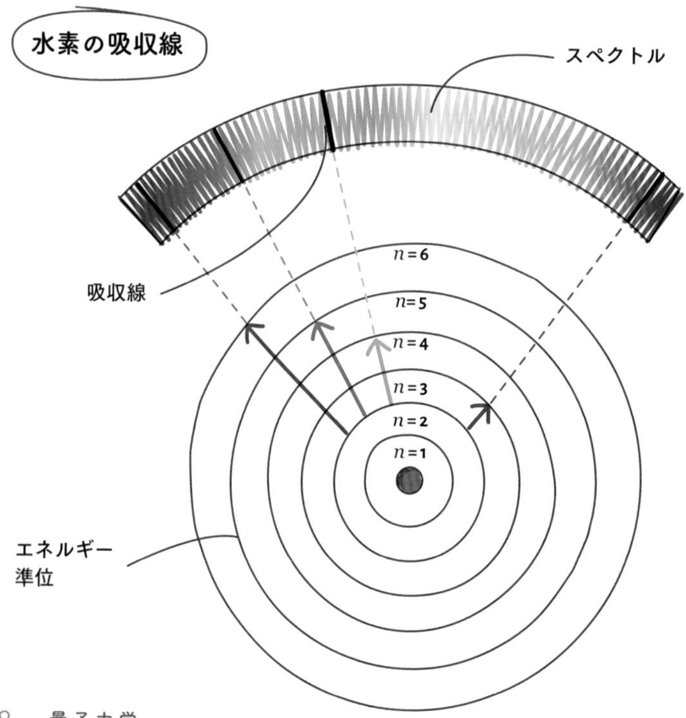

水素には電子は1個しかないが、エネルギーの異なる電子殻がたくさんある。これをエネルギー準位という。電子は準位間のエネルギー差に相当するフォトンを吸収して高い準位へ（吸収線）、あるいは放射して低い準位へ（輝線）移ることができる

頭脳の協働作業

1923年、フランスの物理学者ルイ・ド・ブロイ（1892-1987）は、波がフォトンのような粒子性を示すならば、粒子も波動性を示すに違いない、と主張した。さらに彼は、粒子はその運動量に相当する波長をもつと述べた。この波は**物質波**（またはド・ブロイ波）と呼ばれ、その波長である**ド・ブロイ波長**λ_{dB}と運動量mvには次のような関係がある。ここでhはプランク定数という量子力学の世界の特徴的な定数である。

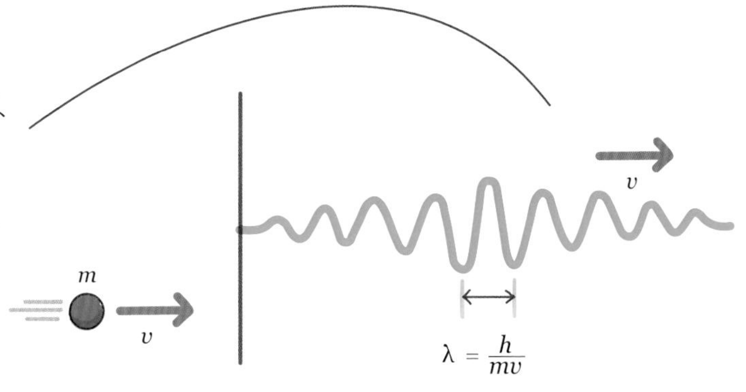

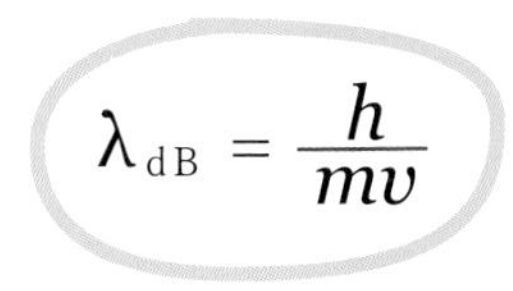

これが本当であれば、物質波にも回折や干渉のような波動の特徴が見られるはずである。これはのちになって光の二重スリットの実験と同様の電子線回折の実験で確認された。

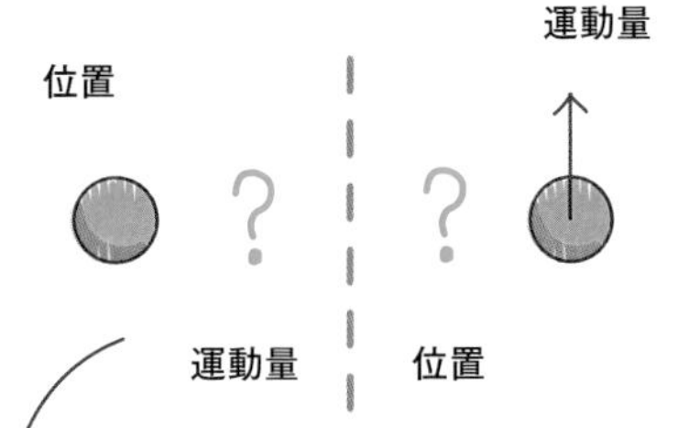

1927年、ヴェルナー・ハイゼンベルク（1901-76）はある粒子の位置と運動量を同時に確定することはできないという**不確定性原理**を発表した。

同じ頃、ヴォルフガング・パウリ（1900-58）は「2つの電子は量子力学的に同じ状態に存在できないので、原子核のまわりには同心球殻状のエネルギーの殻があって、それぞれに収容できる電子の最大数が決まっている」と述べた。**パウリの排他原理**と呼ばれるものである。

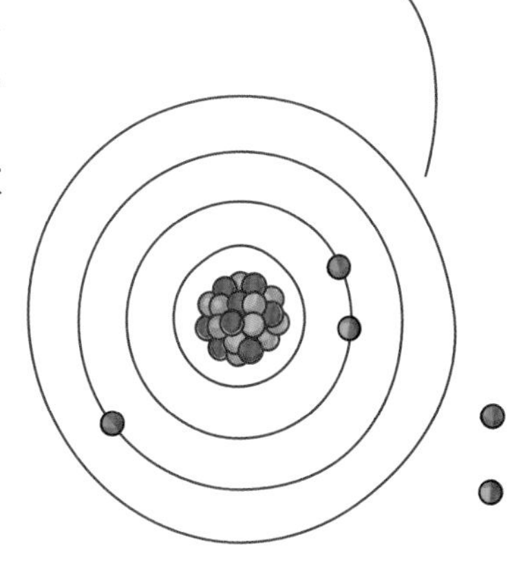

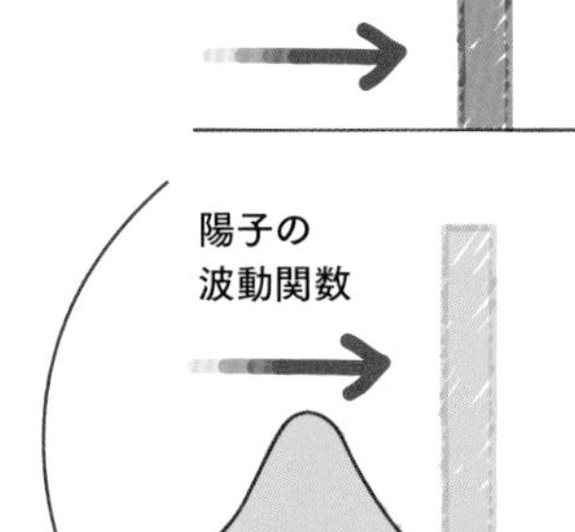

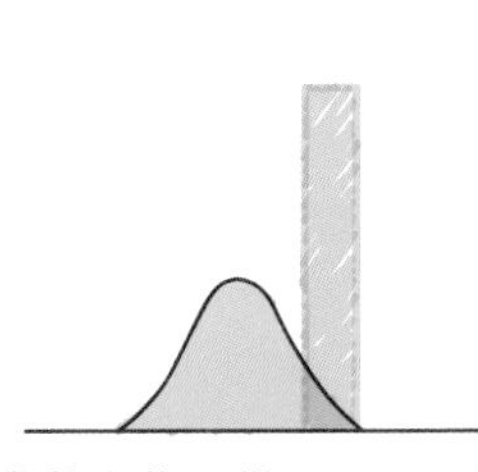

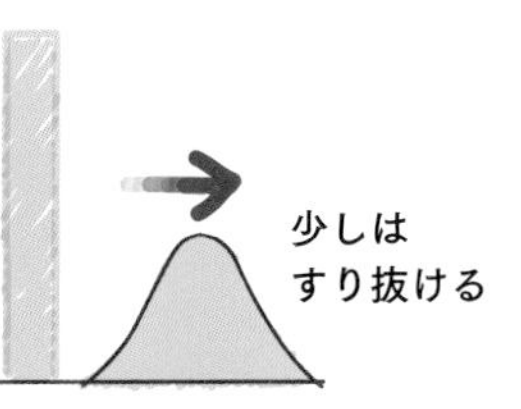

オーストリアのエルヴィン・シュレーディンガー（1887-1961）が物質波の概念を発展させて**波動力学**を構築したのは1926年であった。粒子の存在確率を記述する彼の**波動方程式**には粒子の質量も含まれていて、粒子と波動の二重性を示すものである。

古典的な物理学では不可能なことが量子力学では起こりうる。157ページに紹介したように恒星の中心では2つの陽子が核融合によってヘリウムになる。しかし恒星の中心温度での陽子の運動エネルギーは、2つの陽子間のクーロン斥力に打ち勝てるほど大きくはない。陽子が量子力学で記述されるような波動の状態になっていると考えて解析すると、高い斥力エネルギーの壁をこの波動がすり抜ける確率は依然として大きくはないが、0ではなくなって、核融合が可能になる。このすり抜け現象を**トンネル効果**と呼ぶ。

素粒子の標準模型

ここまでに原子を構成している陽子、中性子、そして電子を紹介した。標準模型というのは、これらをさらに素粒子と呼ばれる微粒子にまで分解する理論である。その微粒子はまずフェルミオンとボソンに分類される。標準模型は1970年前後に提案され、完成された。当時までにわかっている素粒子はすべて分類され、その時点で存在を予言されたものもあった。ヒッグスボソンが確認されたのは2012年であった。

フェルミオンとボソン

フェルミオンはまさしく物質を構成する粒子である。これはさらに**クォーク**と**レプトン**に分類される。クォークには、アップ、ダウン、チャーム、ストレンジ、トップ、そしてボトムがある。複合粒子である陽子と中性子はアップクォークとダウンクォークでできている。

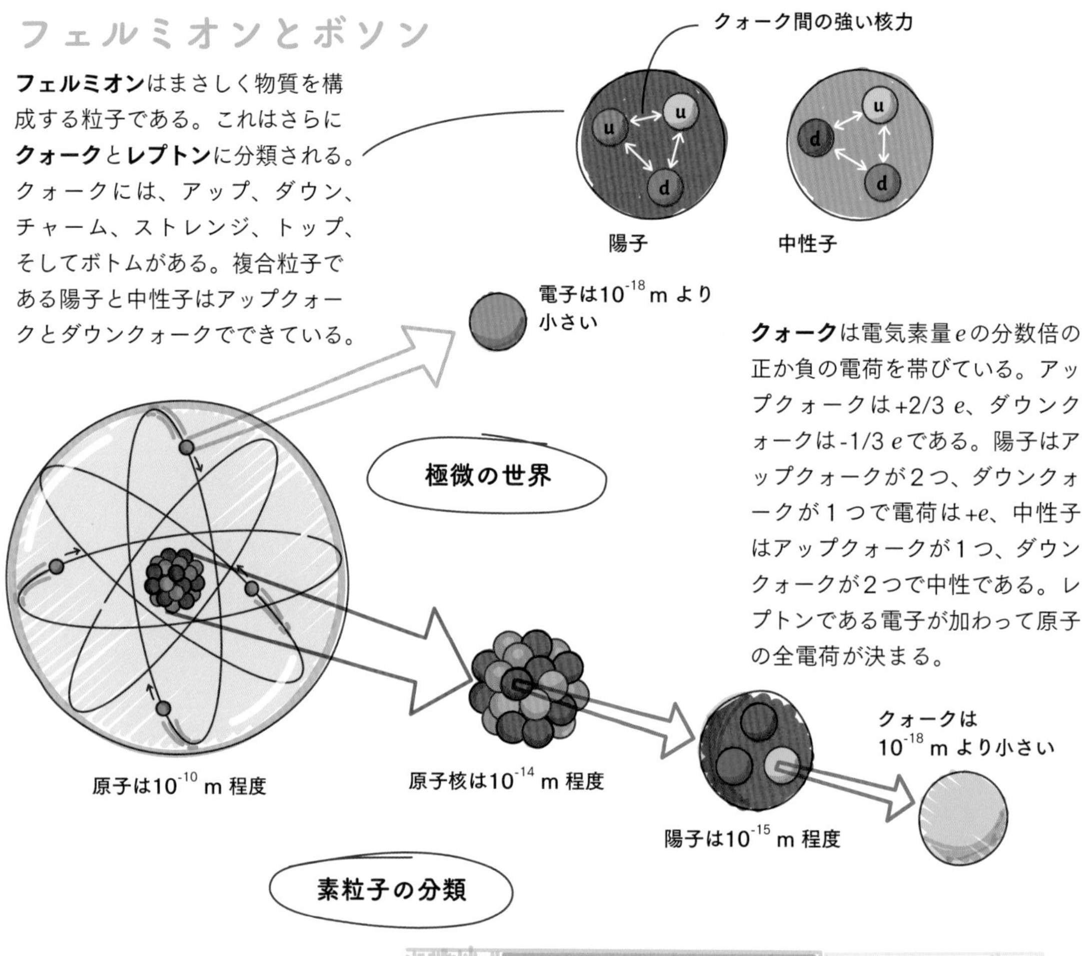

クォークは電気素量eの分数倍の正か負の電荷を帯びている。アップクォークは+2/3 e、ダウンクォークは-1/3 eである。陽子はアップクォークが2つ、ダウンクォークが1つで電荷は+e、中性子はアップクォークが1つ、ダウンクォークが2つで中性である。レプトンである電子が加わって原子の全電荷が決まる。

ボソンは粒子間の相互作用を媒介するので、「力の粒子」と呼ばれることもある。たとえば**グルーオン**にはクォークを集めて陽子や中性子を形成するために強い核力を媒介する役割がある。相互作用をする粒子間には必ずボソンが必要である。この表の粒子を特に基本粒子と呼ぶこともある。

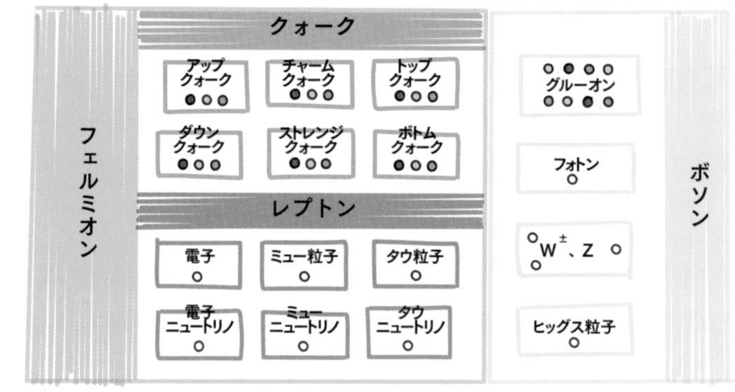

素粒子の分類

素粒子には、**電荷**、**スピン**、**色荷**、**質量**などの量子力学的に区別される性質がある。スピンは粒子の固有の角運動量、色荷はクォークを3つに分類する性質で、その性質を赤、緑、青の色で区別しているが、目に見える色とは関係がない。また、ここでは触れないが、すべての粒子には質量が同じで電荷の符号や色荷が逆である**反粒子**が存在する。たとえば、電子に対する陽電子、陽子に対する反陽子、W^+ボソンに対するW^-ボソンなど。力を伝達するグルーオンと呼ばれる粒子はクォークと反クォークの色荷の組み合わせから、力を伝えない1組を除いて8種類となる。クォークは単独では存在しないと考えられている。以下の表には素粒子の分類と電荷、および存在が予言され、のちに発見された年代をまとめてある。ハドロンには記載以外にも多くの粒子がある。

分類			粒子名	予言 / 発見		電荷（単位：e）
フェルミオン（フェルミ粒子）	クォーク	u	アップクォーク	1964	1968	+2/3
		d	ダウンクォーク	1964	1968	-1/3
		c	チャームクォーク	1970	1974	+2/3
		s	ストレンジクォーク	1964	1968	-1/3
		t	トップクォーク	1973	1995	+2/3
		b	ボトムクォーク	1973	1977	-1/3
	レプトン	e	電子	1874	1897	-1
		μ	ミュー粒子	—	1936	-1
		τ	タウ粒子	—	1975	-1
		ν_e	電子ニュートリノ	1930	1956	0
		ν_μ	ミューニュートリノ	1940年代	1962	0
		ν_τ	タウニュートリノ	1970年代	2000	0
	ハドロン	p	陽子	1815	1917	+1
		n	中性子	1920	1932	0
ボソン（ボース粒子）	ゲージ粒子	g	グルーオン	1962	1978	0
		γ	フォトン（光子）	—	1899	0
		W^+	W^+ ボソン	1968	1983	+1
		Z	Zボソン	1968	1983	0
	ヒッグス粒子	H	ヒッグスボソン	1964	2012	0

半導体

半導体は、電気的な性質としては、ゴムのような絶縁体と銅のような導体の中間にあって、必要に応じてその性質を切り替えることができるので、きわめて有用な材料である。

半導体の代表はケイ素（Si）とゲルマニウム（Ge）で、ケイ素は地殻に豊富にあり、その有用性が室温付近の温度で発揮されるのでエレクトロニクス材料として最適である。

原子番号14番の
ケイ素原子

Si

半導体とは？

155ページのボーアの原子模型のように、各元素の原子には電子を収容する殻が原子核に近い方から$n=1$、2、3、……と存在し、たとえば$n=1$の殻には軌道が1個あって電子を2個収容することができ、$n=2$の殻には軌道が4個で電子を8個収容できる。原子内の電子はこのような殻内の軌道に内側から順に配置される。半導体の代表であるケイ素の14個の電子を内側の軌道から順に収容すると、一番外側の$n=3$の殻の軌道に入る電子は4個であり、これを**価電子**という。隣り合ったケイ素原子どうしは価電子を共有して（**共有結合**という）結晶になっている。

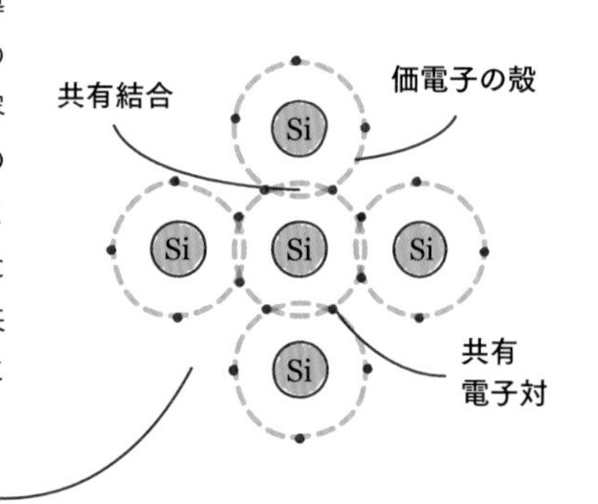

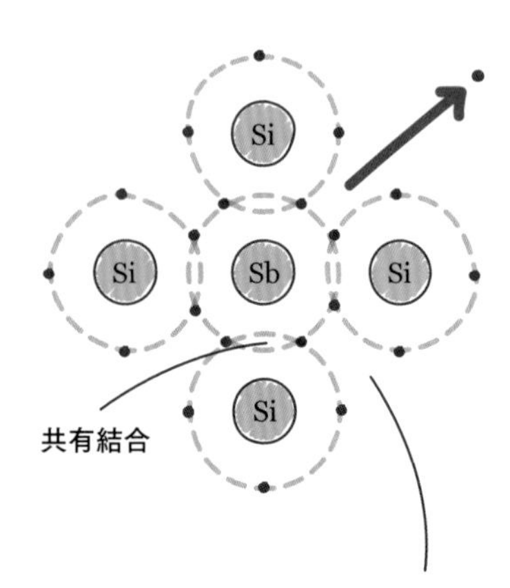

ケイ素の結晶に価電子が5個のアンチモン（Sb）を少し加えると、余った1個の電子は自由電子となって電圧がかかれば電流が流れる。負電荷による電流なので**n型半導体**と呼ぶ。このように価電子数の違うものを加えることを**不純物ドーピング**（添加）という。

ケイ素の結晶の中に価電子が3個しかないホウ素（B）を少し添加すると、電子の殻には空いた軌道ができる。軌道の空いたところをホールと呼び、隣の原子から電子が移ってくることができる。次々と電子が移ると、ホールが逆方向に移動するように見える。これを**p型半導体**と呼ぶ。この半導体に電圧をかけるとホールの移動が電流となる。pというのは正電荷による電流という意味である。

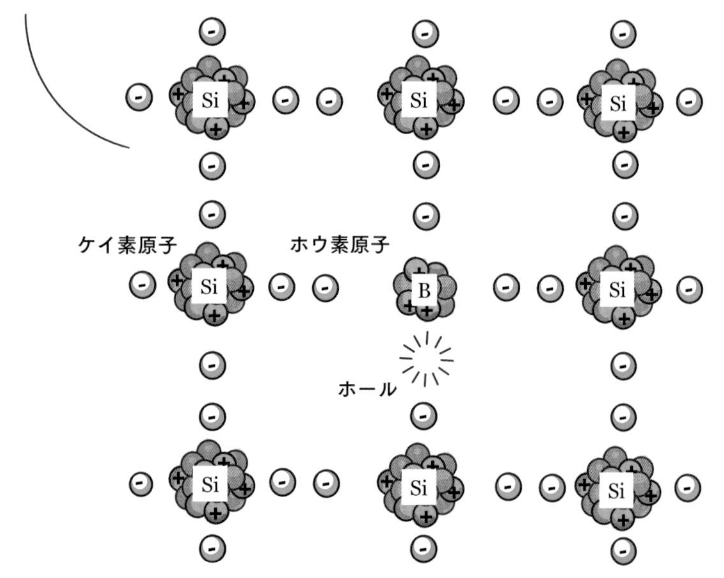

半導体の利用

半導体の電気的性質を決める要素はいくつかあって、半導体の型、添加する不純物の種類とその量、そして材料の温度である。温度が上がると抵抗が大きくなる金属とは違って、半導体は温度が上がると抵抗が急激に小さくなる。

電気回路の素子として紹介したダイオードやLED、あるいは太陽電池の基本構造は、n型とp型の半導体を接合（1つの結晶中にn型部分とp型部分がつながって存在するように作成すること）したものである。

トランジスタや集積回路（IC）などさらに複雑な機能素子の基本構造も接合半導体であり、携帯電話、コンピュータのハードウェア、記憶素子など、エレクトロニクスのさまざまな分野に利用されている。

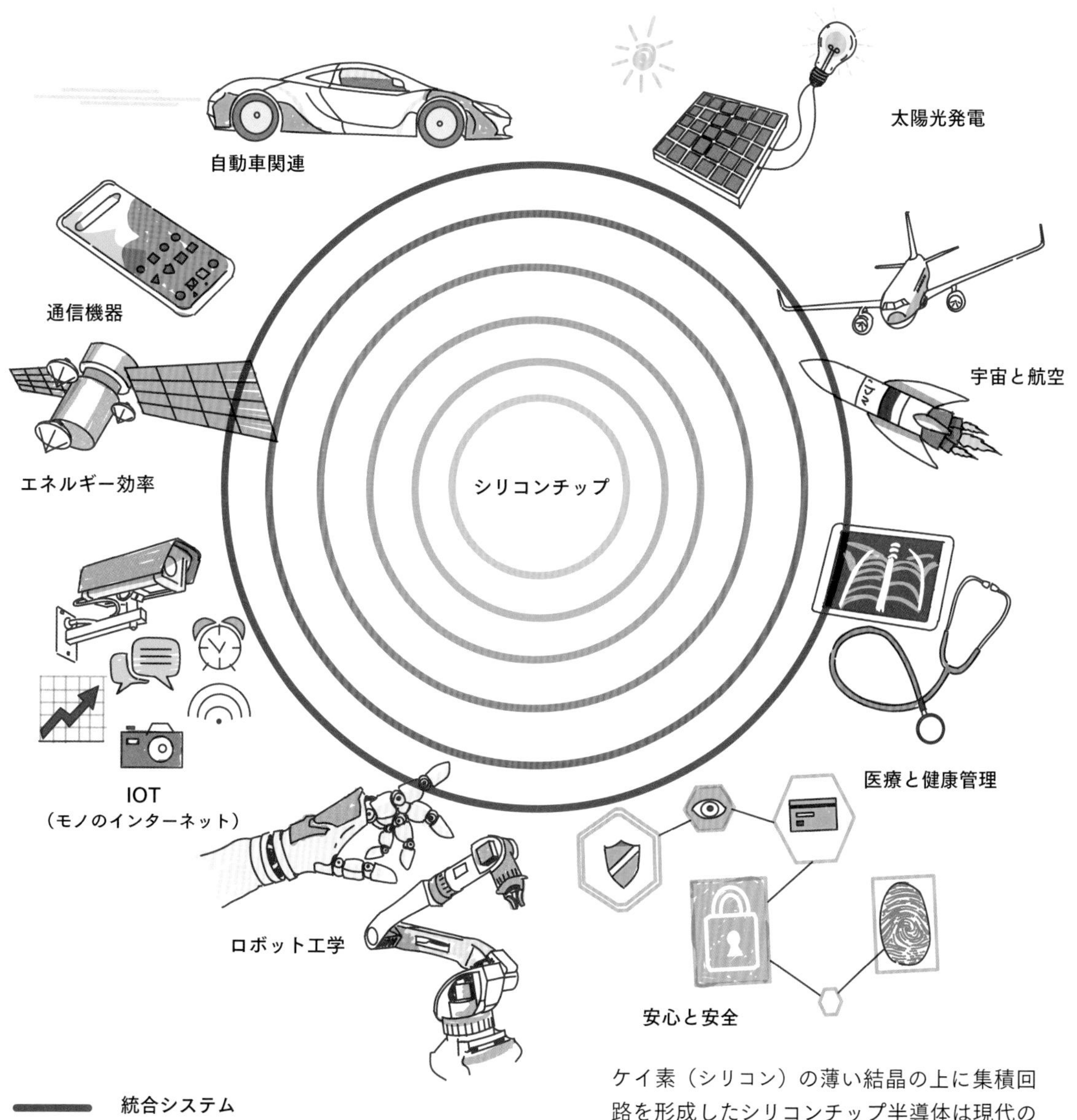

統合システム
サブシステムレベル：印刷回路基板、表面実装基板
パッケージデバイスとモジュール
小型電子デバイス：光素子、電子素子
集積回路、チップ

ケイ素（シリコン）の薄い結晶の上に集積回路を形成したシリコンチップ半導体は現代の技術の心臓部ともいえる。上図の中心から広がる同心円は、半導体によって可能になった技術と、省電力の集積回路基板から複雑な統合システムの制御までの段階的な進展を示している。現代の生活はほとんどすべてがシリコンチップなしには考えられない。

まとめ

特殊相対性理論

アインシュタインの理論

動いている2人の観測者の相対速度は決して光速を超えない。

時間の遅れ

動いている座標系での時間の経過は、静止している座標系にいる観測者の時間の経過より遅い。

一般相対性理論

等価原理

重力の働くところで加速度運動をしている座標系と、外力によって加速度運動をしている座標系に違いはない。

時空の歪み

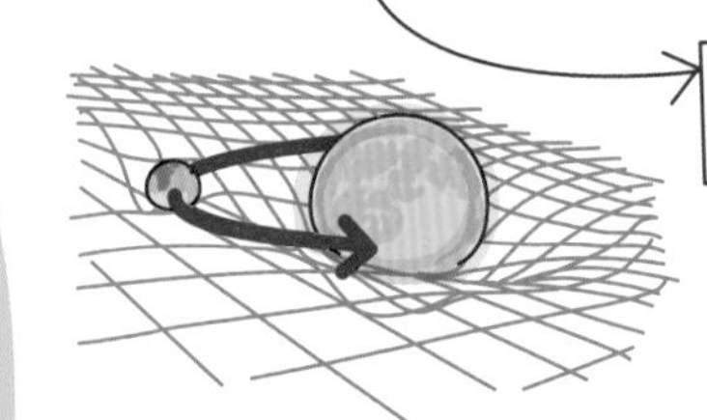

重力は時空を歪める。

現代物理学

量子力学

半導体

伝導状態と絶縁状態を切り替えることができ、エレクトロニクスに広く使われている。

標準模型

素粒子は物質を構成するフェルミ粒子と、力を伝えるボース粒子に分類できる。

素粒子

物質を構成する素粒子には電荷、スピン、色荷、質量などの特徴がある。

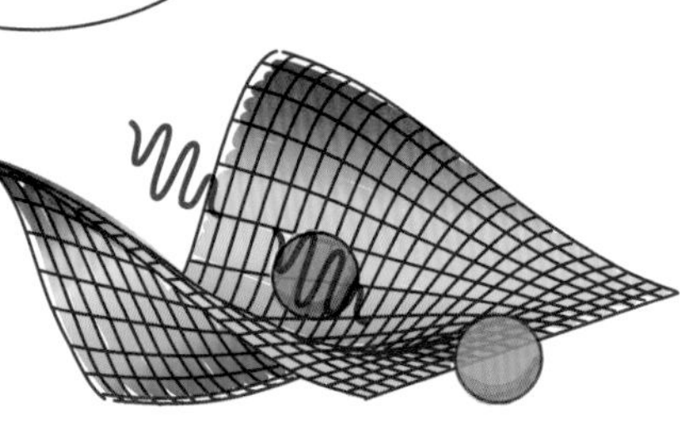

多くの頭脳の協働

量子力学は多くの発見や探究の協働によって発展した。

マックス・プランク
量子論。

ヴォルフガング・パウリ
排他原理。

エルヴィン・シュレーディンガー
波動方程式の構築。

ヴェルナー・ハイゼンベルク
不確定性原理。

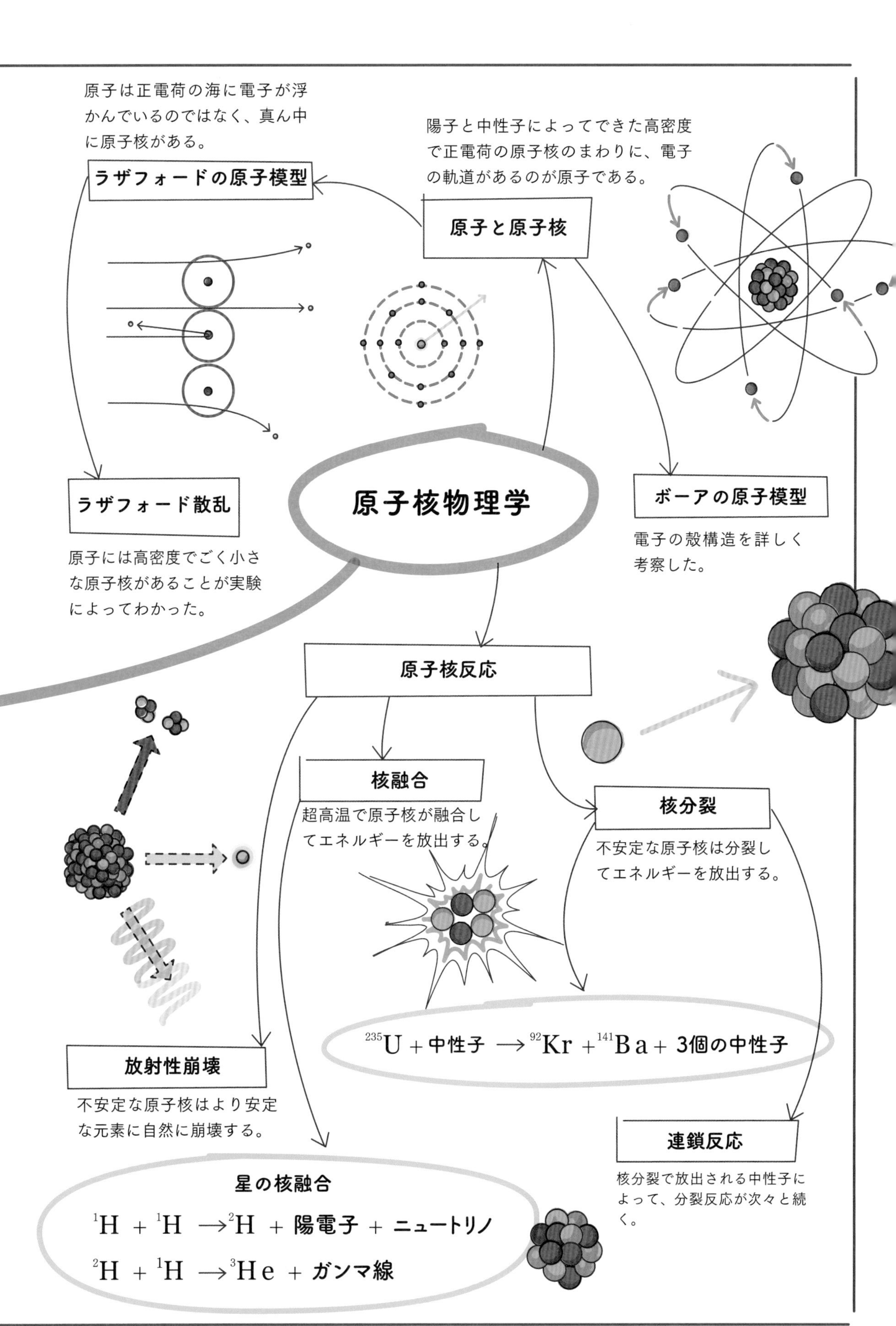
原子は正電荷の海に電子が浮かんでいるのではなく、真ん中に原子核がある。
ラザフォードの原子模型
陽子と中性子によってできた高密度で正電荷の原子核のまわりに、電子の軌道があるのが原子である。
原子と原子核
ラザフォード散乱
原子には高密度でごく小さな原子核があることが実験によってわかった。
原子核物理学
ボーアの原子模型
電子の殻構造を詳しく考察した。
原子核反応
核融合
超高温で原子核が融合してエネルギーを放出する。
核分裂
不安定な原子核は分裂してエネルギーを放出する。
^{235}U + 中性子 $\rightarrow$ ^{92}Kr + ^{141}Ba + 3個の中性子
放射性崩壊
不安定な原子核はより安定な元素に自然に崩壊する。
連鎖反応
核分裂で放出される中性子によって、分裂反応が次々と続く。
星の核融合
$^{1}H + {}^{1}H \rightarrow {}^{2}H$ + 陽電子 + ニュートリノ
$^{2}H + {}^{1}H \rightarrow {}^{3}He$ + ガンマ線

Chapter

13

天体物理学

天体物理学は比較的新しいけれども、それでも物理学の中では古い分野である。天文学者と呼ばれる人たちは文明の夜明けから存在していたが、使える器具は限られていてごく初歩的な観測しかできなかった。四分儀や六分儀などを使った天体の観測は航海にも必要であった。望遠鏡の発明は1608年、コペルニクスやケプラーやガリレオの活躍は望遠鏡のない時代から始まっていた。

抜群の撮像力を備えたハッブル宇宙望遠鏡が1990年に打ち上げられたとき、天文学と天体物理学は新しい活気に満ちた時代へと突入した。さらに、ヨーロッパ南天天文台が1998年に南米チリに開設した口径8.2mもの反射鏡を備えた超大型望遠鏡VLTのような強力な地上の望遠鏡の出現は、宇宙の不思議の扉を大きく開くことになった。

〔訳注：天文学で使う距離の単位
1光年＝0.95×10^{16} m
1pc（パーセク）＝3.26光年＝3.1×10^{16} m〕

恒星の進化

地球に最も近い恒星は太陽。地球から太陽までの平均距離を1天文単位（1 au＝約1.5億km）と決めている。太陽は何十億年もの間、毎日確実に地球へエネルギーを注ぎ続けている。それでも太陽は恒星としてはごく平均的なものに過ぎない。

原始惑星系円盤
原始星
ジェット

恒星の誕生

星雲はダストとガスの巨大な雲であって、おもに水素とヘリウムでできており、他の元素はわずかしかない。重い元素は、何十億年も前の**超新星**という巨大な星の爆発の際に形成された。

星雲の中で特に密度の高い領域は、重力による引力で中央部分に集まり始める。ガスの大部分が中心へ流れ込むと雲の密度は上がり、体積は小さくなる。角運動量が保存されるので回転が激しくなる。ついにはガス円盤の中央にできた**原始星**の中心の密度が上がって核融合が始まり、輝く星が誕生する！

周囲の円盤は新しい星を周回しながら、重力で互いに固まって惑星となり恒星が存続する限り回り続ける。

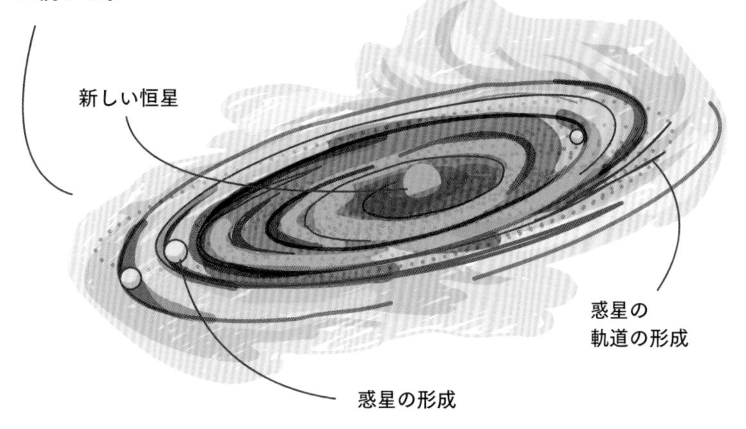

恒星はまず中心部のコアで核融合（155ページ）によって水素をヘリウムに変換する。この核融合の経過や新しい星の最終的な運命は、星が誕生したときの質量によって決まっている。

馬頭星雲

太陽の生涯

太陽のような比較的小さな恒星はコアで穏やかに核融合を進め、その一生は長く安定している。太陽を周回する惑星にとって理想的なその安定した環境は何十億年も継続し、生命を進化させ繁栄させることができる。

太陽はすでに45億年以上もこの状態が続いていて、同じように核融合を継続すれば、おそらくさらに数十億年は安定しているであろう。恒星の一生の中でこの状態は**主系列星**（171ページ）といわれ、現在の太陽はまさに主系列星である。

現在の太陽の表面温度はおよそ5,800Kである。コアの水素はあと数十億年で枯渇するだろうと考えられている。コアはその後、不安定になって崩壊を始める。外側の層は膨張し、温度が下がって赤くなる。これが**赤色巨星**の状態である。

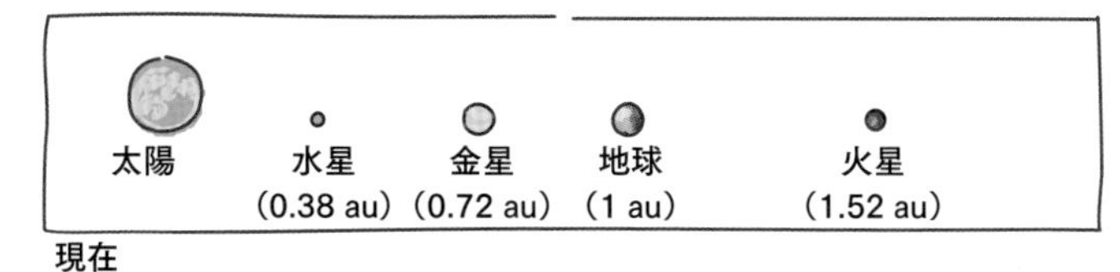

現在

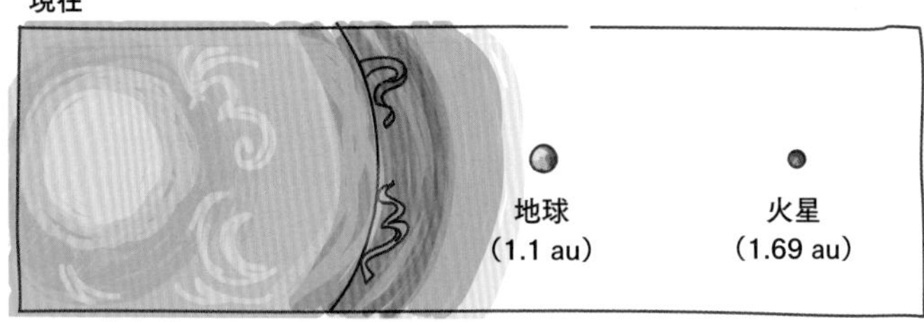

75.88億年後

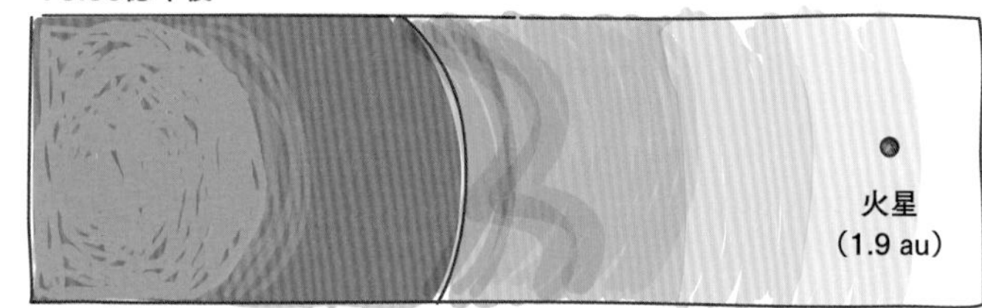

75.9億年後

赤色巨星の外側の層がさらに膨張して離れ去ってしまうと、中央のコアを高温のガスが取り巻いて美しく輝く惑星状星雲になる。これは惑星とは関係がないが、昔の天文学者には惑星のように見えたらしい。砂時計星雲もそのような惑星状星雲の1つである。

惑星状星雲のガスがすべて放出されてしまうと、中央の高温領域がむき出しになって、**白色矮星**となる。白色矮星は地球程度の大きさしかないけれども数万Kを超える高温で、残ったエネルギーを徐々に放出し続けて、ゆっくりと冷えていく。このような恒星の一生を天文学では**星の進化**と呼んでいる。

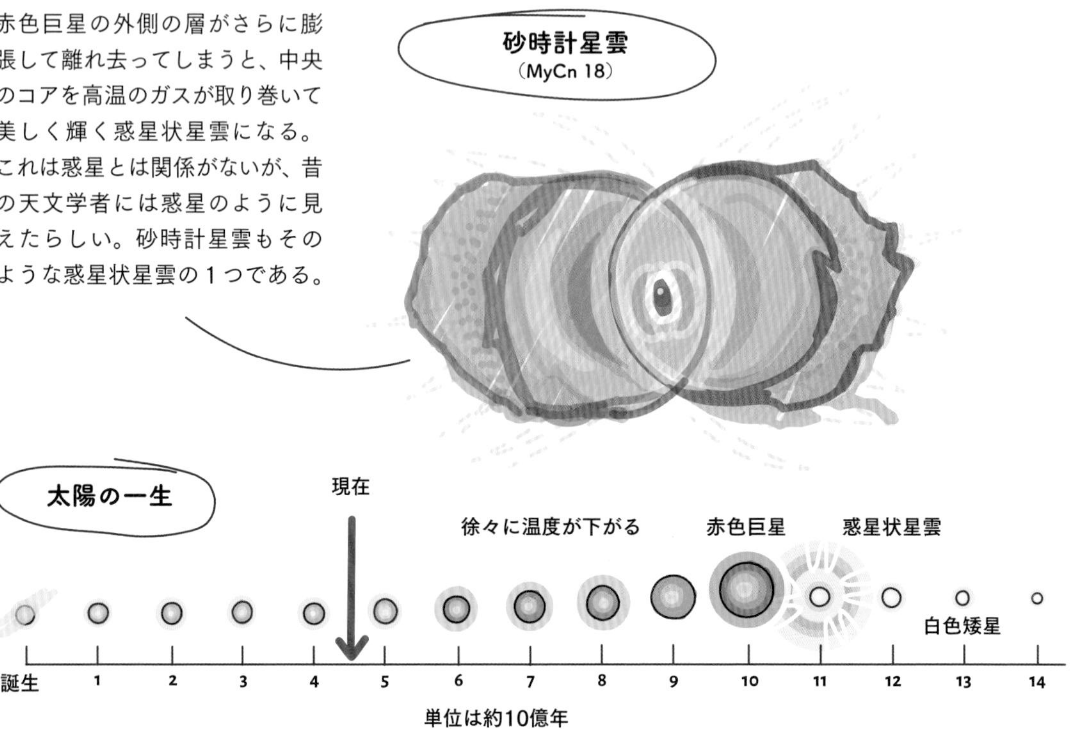

大質量の恒星の生涯

太陽の質量の10倍を超える大きな星の生涯は、太陽とはかなり違ってはるかに華々しい。大きな星ほど核融合の規模が大きく、表面の温度は10,000 Kから50,000 Kにもなる。レグルスは地球からおよそ80光年のところにある**青色巨星**で、表面温度は13,000 Kに近い。

多くの青色巨星は、核融合の燃料を使い尽くすまでの1億年から10億年程度にわたって安定である。燃料が枯渇すると、星は不安定になり、赤色超巨星を経て**超新星爆発**という壮絶な最期を迎える。

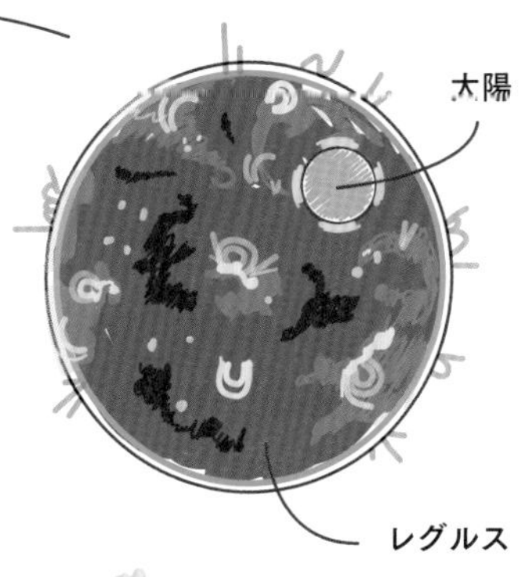

燃料がなくなったコアは内側に向かって突然崩壊し、温度が急激に上昇して爆発する。この超新星爆発で衝撃波が発生し、高密度の波になる。高密度の領域では水素やヘリウムより重い元素の核融合が起こって、これが宇宙に存在する他のもっと重い元素の製造のメカニズムになっていると考えられている。超新星爆発の光は何週間も、あるいは何ヶ月も銀河の明るさを超えて輝き続ける。

爆発の残骸は質量が太陽の1.4倍程度で、直径が20 km程度まで圧縮されて**中性子星**になることもある。

星の質量がもっと大きければ、残ったコアは自身の重力によって崩壊する。その結果、**ブラックホール**となり、そのきわめて密度の高い中心部分に捕らえられた光は逃げ出すことができない。

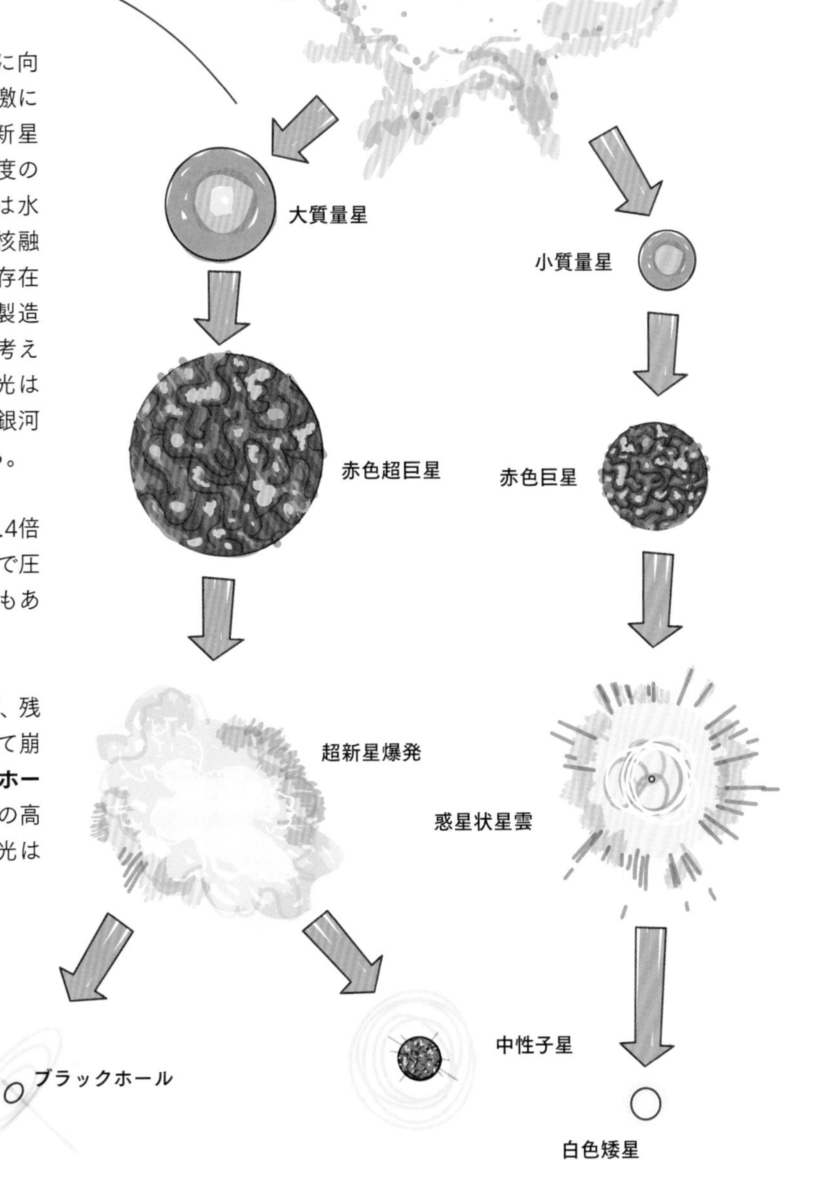

ヘルツシュプルング–ラッセル図

HR図と呼ばれるこのグラフでは、横軸に恒星の表面温度、縦軸に光度をとってさまざまな恒星を描いている。銀河に散らばる星の温度も光度も数値の範囲がとても広いので、対数を使ってこの図のように描くことが多い。

表面温度と光度

星を分類して一覧図にすることはとても難しい。そこで、星の光度でグループに分け、相対的な明るさと表面温度を尺度にした。この図を提案者の名前をとって、**ヘルツシュプルング–ラッセル図（HR図）**と呼んでいる。これは1910年ごろにアイナー・ヘルツシュプルング（1873-1967）とヘンリー・ノリス・ラッセル（1877-1957）が独立に考案したもので、星の進化の理解への大きな手掛かりとなった。

縦軸は太陽の光度を10とする対数の刻み、横軸は恒星の表面温度（左が高温、右が低温）であるが、スペクトル型で分類しておよその温度を対応させてある。恒星は、同じスペクトル型ならば明るいほど半径が大きく、同じ明るさならば表面温度が低いほど半径は大きい。たとえば、太陽半径を単位として、その0.1倍、1倍、10倍など半径が同じ程度の星をグループにすると、HR図上では同じ半径のグループごとに右下がりに星が並ぶ。そのような着眼点でHR図を作成することもある。

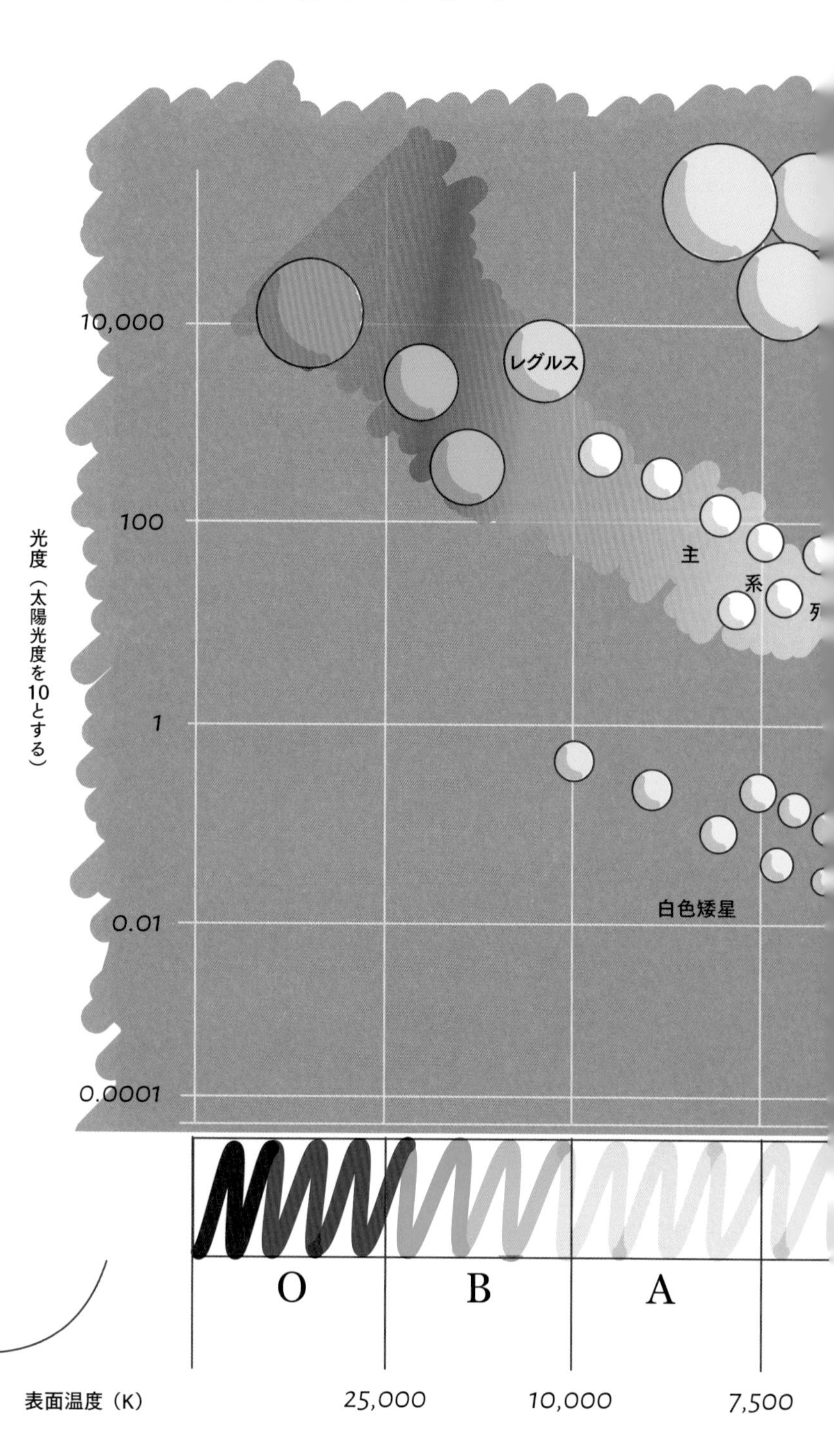

恒星は大きさ、色、表面温度、そして**光度**で分類できる。星の光度は明るさ、すなわち星が発するエネルギーで測られ、単位はW（ワット）である。太陽の光度は$4×10^{26}$ W、赤色超巨星のアンタレスの光度は太陽のおよそ8万倍である。

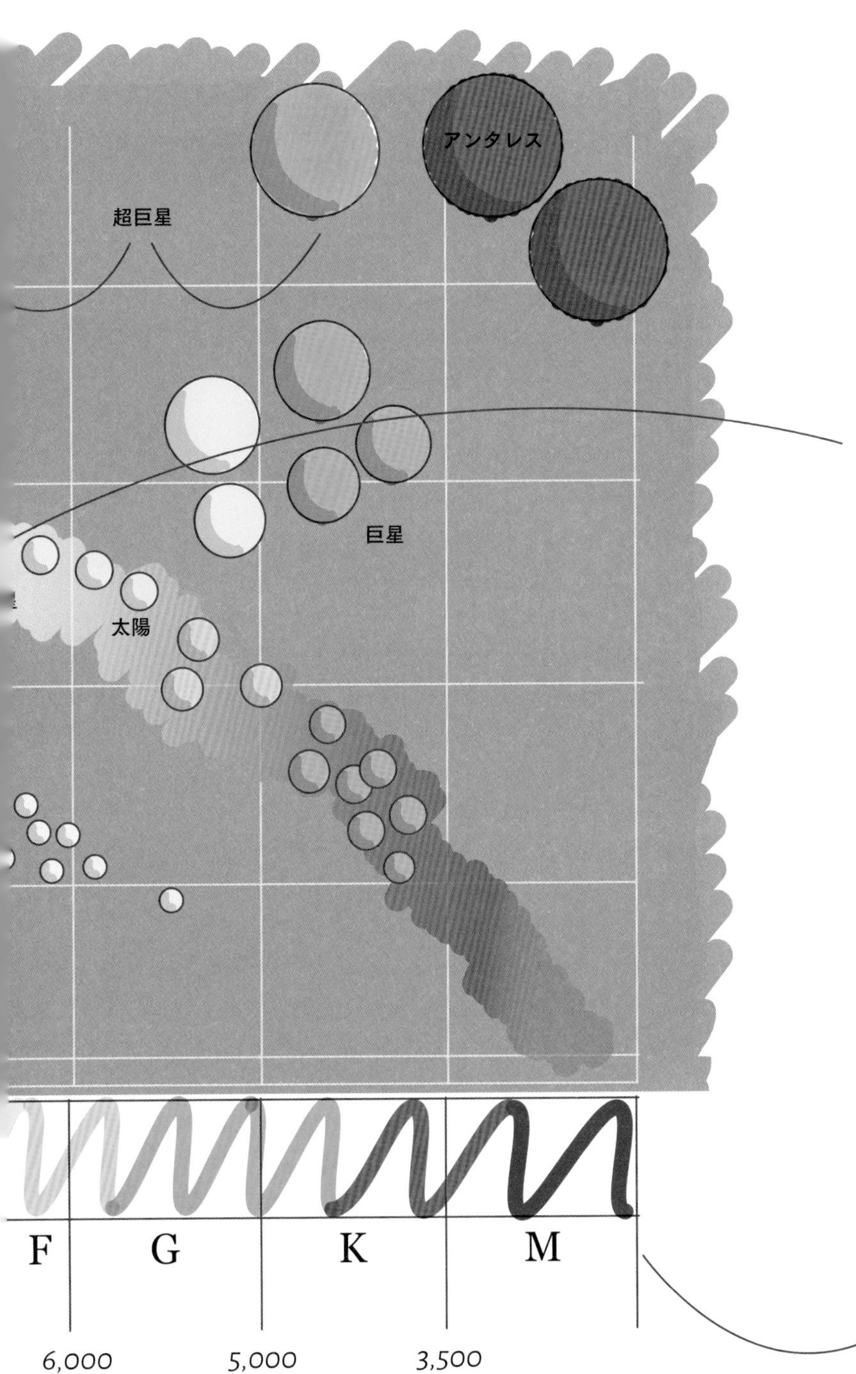

主系列星

HR図の左上から右下に至る対角線の上には多くの星が並ぶ。このグループを主系列星と呼んでいる。主系列にあたる光度と温度は、恒星がその生涯のほとんどを過ごす、もっとも安定した状態である。星のコアの燃料が尽きて温度や光度が変化するとHR図の中での位置も移動する。HR図の中にははっきりと区別できる領域があって、青色から赤色をした主系列星、赤色巨星、赤色超巨星、青色巨星、青色超巨星、さらに白色矮星などである。

ハーバード分類とモルガン−キーナン分類

恒星を光度とスペクトル型（色指数）の両方で分類するためには**ハーバード分類**とモルガン−キーナン分類を使う。最高温のOから順にB、A、F、G、K、Mとアルファベットをあて、それぞれに0から9までの細分類をしたものがハーバード分類で、左のHR図の下に示している。モルガン−キーナン分類では光度を明るい星から順にIからVIIまでに分類している。現在はこの2つの分類を合わせてMK分類と呼んでいる。この分類では、太陽はG 2V型、さそり座のアンタレスはM1.5 I型である。

銀河の活動

太陽系が属する天の川銀河はかなり大きな渦巻銀河で何十億もの星があり、直径はおよそ10万光年、中央部分の厚みが１万光年以上ある。太陽系は天の川銀河の渦状の腕の１つにあって銀河の中央からおよそ26,000光年である。

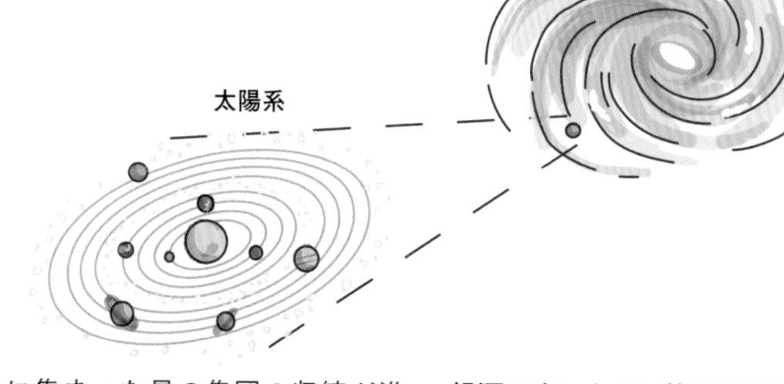

銀河

宇宙には何千億という銀河があり、そのそれぞれの大きさに応じて何千万から何兆という星が属している。銀河はビッグバンの4億年後にでき始めた。ガスが十分に冷えて、やがてあるところに集まり、密度が高くなり最初の星の集団ができ始めた。その領域に集まった星の集団の収縮が進むと角運動量が保存されるので回転の速度が増して、円盤状の渦を巻くようになる。星は渦巻銀河の中心のまわりを時速80万 km もの速度で回る。

銀河の古いものは楕円形であることが多く、渦巻にはなっていない。これはおそらく、宇宙の初期に銀河どうしの衝突があって回転運動が合成されて**楕円銀河**になったからであろう。

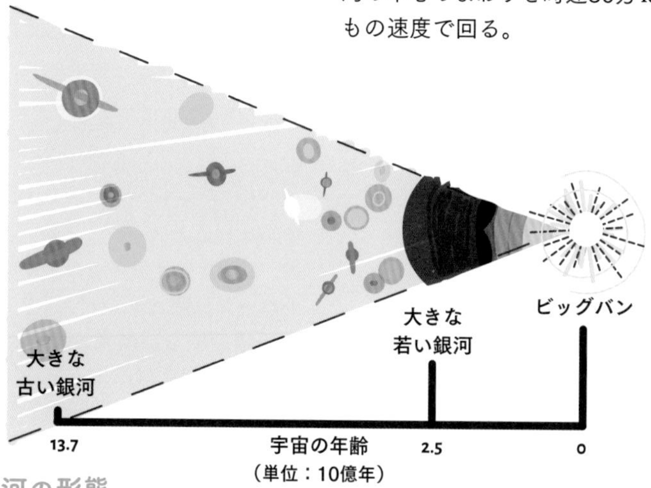

銀河の形態

すべての銀河の中央には大質量のブラックホールがあると考えられている。これは基本的に銀河の形成と運動、さまざまな形状への進化と本質的にかかわっているようである。銀河の形状はハッブル（176ページ）によって右の図のように**形態学的**に分類されている。この分類では天の川銀河は**棒渦巻銀河**である。

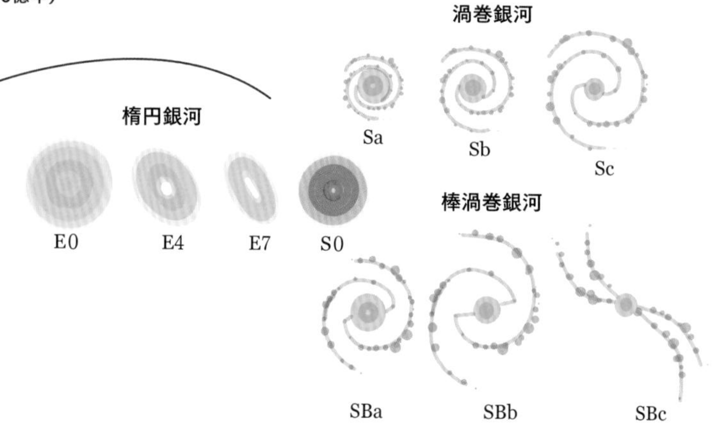

銀河の回転速度

銀河の回転のようすは、それができたときの運動状態の名残である。回転しているガスのかたまりが収縮を続けると、58ページで説明したように角運動量が保存されるので収縮が進むほど銀河の回転は速くなる。

銀河の内側にあるすべての質量は互いに万有引力で引き合っている一方で、**回転の速度**が上がれば銀河には外向きに引き離す方向の力が働く。これは回転木馬に乗るこどもがしがみつかなければ振り落とされそうになるのと同じである。太陽は秒速およそ240 kmで天の川銀河の中心のまわりを回り、その周回軌道の内側のすべての質量が万有引力の働きでいっしょに回っている。

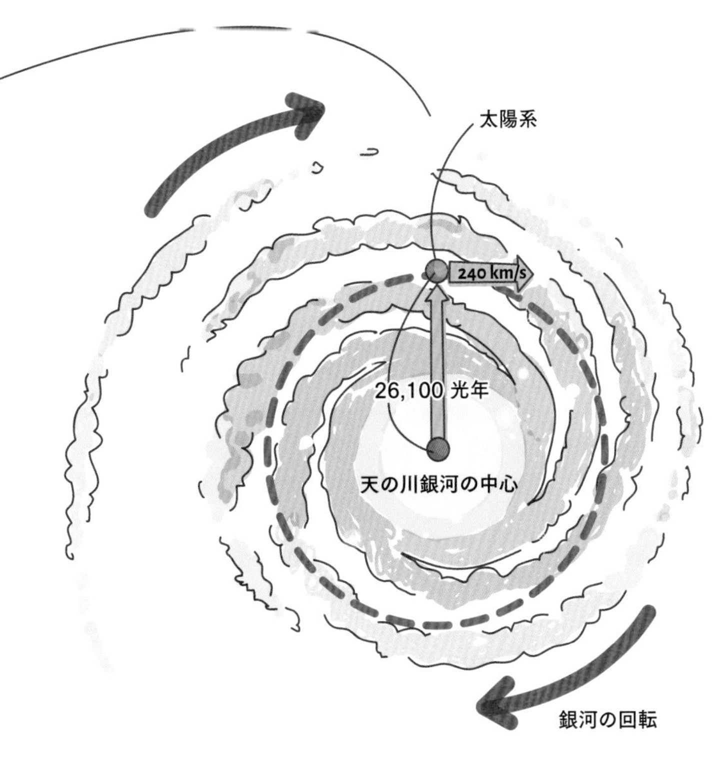

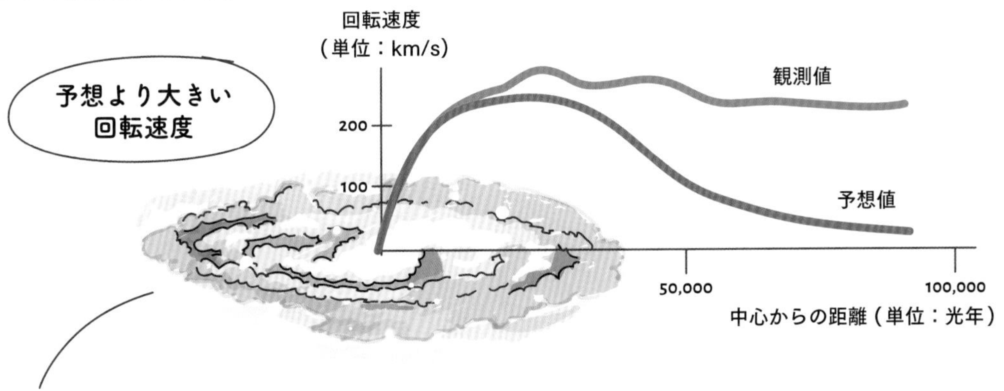

ダークマター

天文学ではすべての星の明るさを測って銀河の総質量を見積もることができる。観測に基づいて銀河にある多くの星の数を見積もると、天の川銀河の星の数は遠くに行くほど少なくなり、飛び散らないように銀河を保つために必要な質量には足りない。観測された星の質量に対して予想される回転速度は、上のグラフに示すように実際に観測されている速度よりもずっと小さい。特に銀河の中心から遠く離れたところでは違いが大きい。

では何が銀河をまとめているのだろうか。これが問題になっていて、多くの可能性が考えられているが、今もっとも支持されているのは私たちには見ることのできない**ダークマター**（暗黒物質）の存在である。

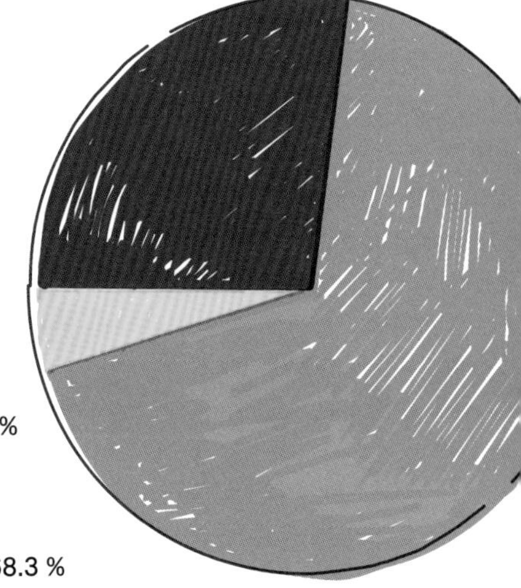

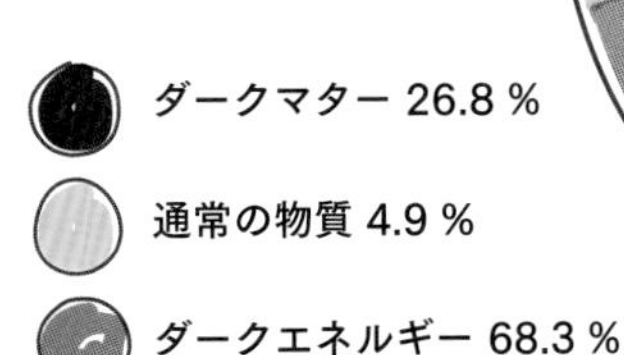

赤方偏移と後退速度

宇宙の膨張にともなって銀河は高速で移動している。地上の大きな望遠鏡で銀河を観測すれば、地球に対する相対的な速度を測ることができる。天文学者は分光という方法で、光を波長ごとに分解してこの測定を実行した。

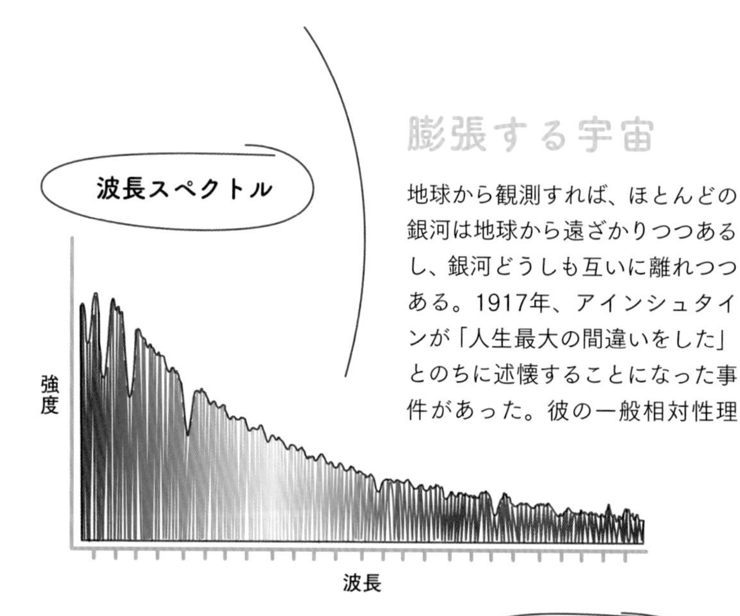

膨張する宇宙

地球から観測すれば、ほとんどの銀河は地球から遠ざかりつつあるし、銀河どうしも互いに離れつつある。1917年、アインシュタインが「人生最大の間違いをした」とのちに述懐することになった事件があった。彼の一般相対性理論の方程式は宇宙の膨張を正しく予言していたにもかかわらず、彼自身は納得していなかった。そして、「宇宙が膨張しているという明らかな証拠がないのだから」と言って、彼は静止した宇宙になるように宇宙定数Λを付け加えて修正（！）してしまったのだ。

今日では、**赤方偏移**を測定することによって、宇宙が膨張しているという事実と銀河が地球から遠ざかる速度を知ることができる。赤方偏移はドップラー効果（111ページ）と同じように、遠ざかる銀河からの光の波長が引き伸ばされてスペクトルが赤色の方へ移動して見える現象である。

膨張の割合

膨張は加速中

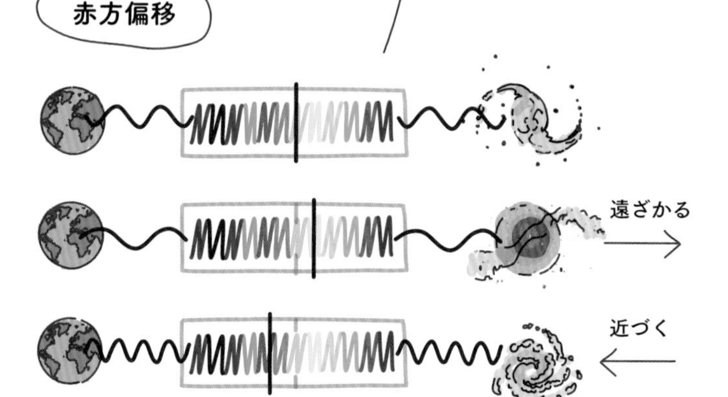

銀河が観測者から遠ざかるときのスペクトルに観測される赤方偏移に対して、銀河が観測者の方へ近づいていれば青方偏移となる。ハッブル宇宙望遠鏡によるM90銀河の観測で青方偏移が確認された。これはM90銀河が天の川銀河からもっとも近いおとめ座銀河団にあり、M90がその中で太陽系に近づく方向に運動していることによる。

後退速度

宇宙の膨張とともに地球から遠ざかり、しかも加速しているという銀河を考えよう。遠くの銀河ほど宇宙膨張の影響が大きいので、**後退速度**、つまり銀河が地球から離れていく速度は、地球から遠い銀河ほど大きい。

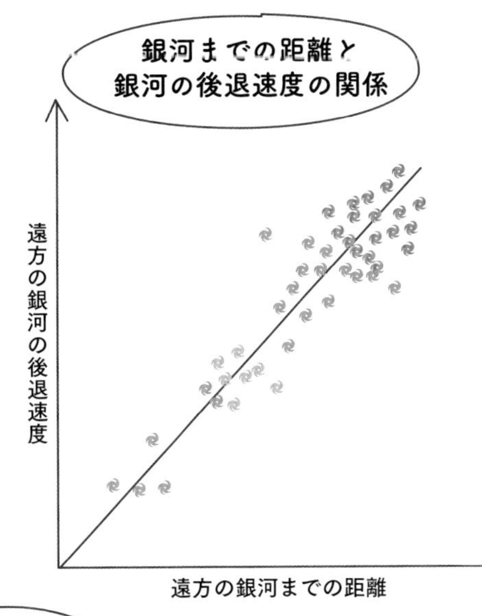

遠ざかる救急車（111ページ）と同じように、地球上の望遠鏡で観測した光の振動数は、銀河を出発したときよりも振動数が下がり波長が大きくなっている。波長のずれは後退速度に比例するので、銀河の遠ざかる速度を算出することができる。

銀河のスペクトルには波長のわかっている**輝線**や**吸収線**が含まれている。これは銀河のガスに含まれる元素によるもので、線の波長を調べれば何の元素かは簡単に同定できる。地上では元素のスペクトルは**実験室系**と呼ばれる決まった波長のスペクトルとして観測される。遠くの銀河の光が観測されたときには、そのスペクトルは低い振動数、つまり長い波長へと赤方偏移していて、そのずれの大きさ$\Delta\lambda=\lambda'-\lambda_0$は銀河の後退速度に対応している。

赤方偏移の比較

λ'

とても遠い銀河

遠い銀河

近くの銀河

恒星

実験室系での基準スペクトル

400 λ_0 500 600 700

波長（単位：nm）

波長のわかっている輝線、あるいは吸収線の波長のずれ$\Delta\lambda$を測って、もとの波長λ_0で割ったものが赤方偏移zと定義されている。

$$z=\frac{\Delta\lambda}{\lambda_0}$$

z＝1のときに波長のずれはもとの波長に等しく、観測される波長はもとの2倍、その天体までのおよその距離は70億光年ほどである。天の川銀河の属する銀河団にもっとも近いおとめ座銀河団までは0.59億光年でz＝0.0039である。

後退速度が光速よりずっと小さい場合には、赤方偏移zは後退速度vと光速cの比に等しいので、次のような関係が得られる。

$$z=\frac{v}{c}$$

これらの関係から、遠くの銀河の速度をかなり正確に知ることが可能である。

ハッブル定数

アメリカの天文学者エドウィン・ハッブル（1889-1953）はアインシュタインと同時代の人であった。彼は、宇宙には何十億という銀河が遠方まで存在し、しかも高速で地球から遠ざかりつつあるということを明らかにした科学者として広く知られている。この事実はハッブル宇宙望遠鏡によって、既知の光源を含まない暗くてごく狭い領域の観測画像を撮るというハッブルディープフィールド観測（HDF）で確認された。

ハッブルは注意深い観測で、遠方の銀河の後退速度vが地球からその銀河までの距離dに比例するということも発見した。また、ベルギーのジョルジュ・ルメートル（1894-1966）は、ハッブルとは別にアインシュタインの理論から宇宙が膨張することを導いて発表していたので、現在、次の式で示されるこの事実はハッブル－ルメートルの法則と呼ばれている。

この式の中のH_0がハッブル定数で、

$$v = H_0 d$$

ハッブル定数の数値は1929年の彼の報告以降、km/(s·Mpc) の単位で50から100の間で数十年間も議論が続いた。

これは銀河までの距離を求める際の観測データの精度や観測方法の信頼性が原因であって、現在のより正確なデータから、ハッブル定数は71 km/(s·Mpc) が一般に支持されている。

赤方偏移と後退速度

ハッブル定数は宇宙の年齢の計算にも使われる。先ほどの式を次の形に書き換えよう。

$$\frac{d}{v} = \frac{1}{H_0}$$

距離を速度で割った数値の単位は時間である。ハッブル定数の逆数であるこの数値はハッブル時間と呼ばれ、およそ138億年と推定されて宇宙の年齢の目安とされている。

$$1\text{Mpc} = 3.26 \times 10^6 \text{光年} = 3.1 \times 10^{19} \text{km}$$

ハッブル－ルメートルの法則

ハッブル定数は、銀河までの距離をMpc（メガパーセク）で測るときに、1 Mpc離れるごとに後退速度が71 km/s だけ大きくなることを意味している。距離を光年で測ると、およそ22 km/(s·100万光年) となる。

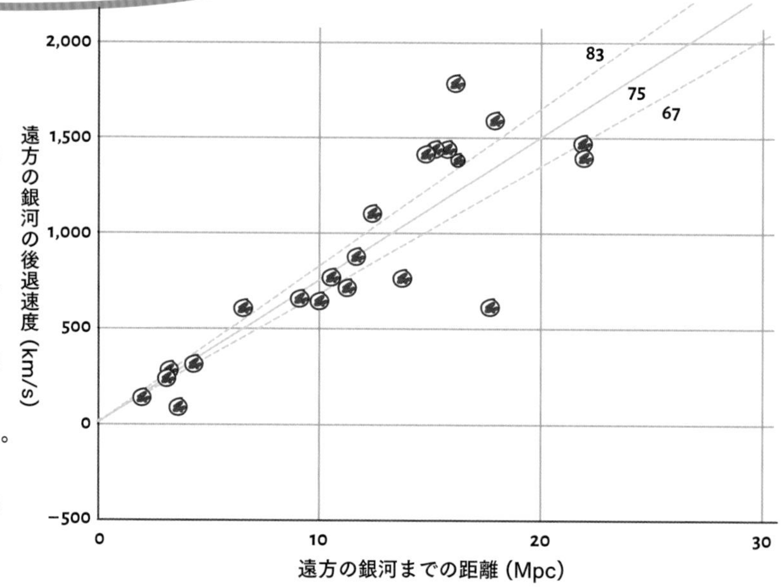

クエーサーを探せ！

クエーサー（準恒星状天体）の中心核には、天の川銀河全体の1,000倍ものエネルギーをあらゆる波長領域で放射する超大質量ブラックホールがある。天の川銀河からは遠く離れた深宇宙にあるにもかかわらず、きわめて明るく赤方偏移$z=7$を超えるものも発見されている。下の図でわかるようにビッグバンの数億年後という宇宙の情報を得ることができる。

クエーサーJ043947.08+163415.7 はこれまでに初期宇宙の中に見つかったクエーサーの中ではもっとも明るい。地上の望遠鏡VLTとハッブル宇宙望遠鏡の高解像度画像を組み合わせて確認された。

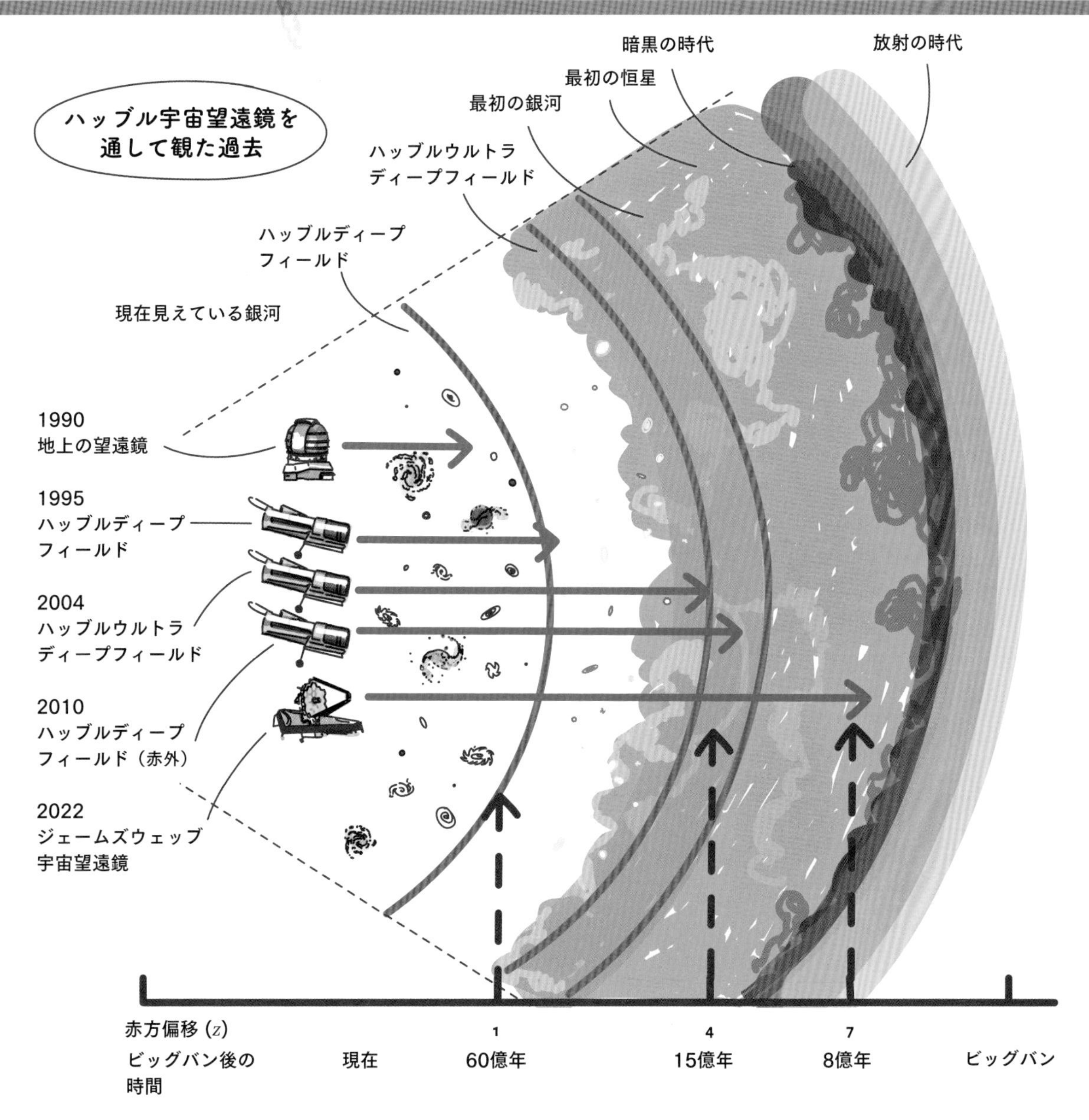

宇宙の始まり

宇宙には始まりがあった。天体物理学者たちは、現在の私たちに見えるものも見えないものも、あらゆる質量が、ある時点では、「特異点」と呼ばれる無限に小さく、無限に密度の高い点に集中していたと信じている。そしてこの点の無限の質量が爆発的に膨張して宇宙となったということも。

ビッグバン理論

ビッグバン、というのは実は内容にふさわしい名称ではない。大きさがなく、音もたてないのだから。宇宙の始まりは無限に小さく、音を伝えるような空気もまったく存在していない。

天体物理学者によれば、宇宙はおよそ138億年前、密度が無限大の特異点が爆発的に膨張して出現した。

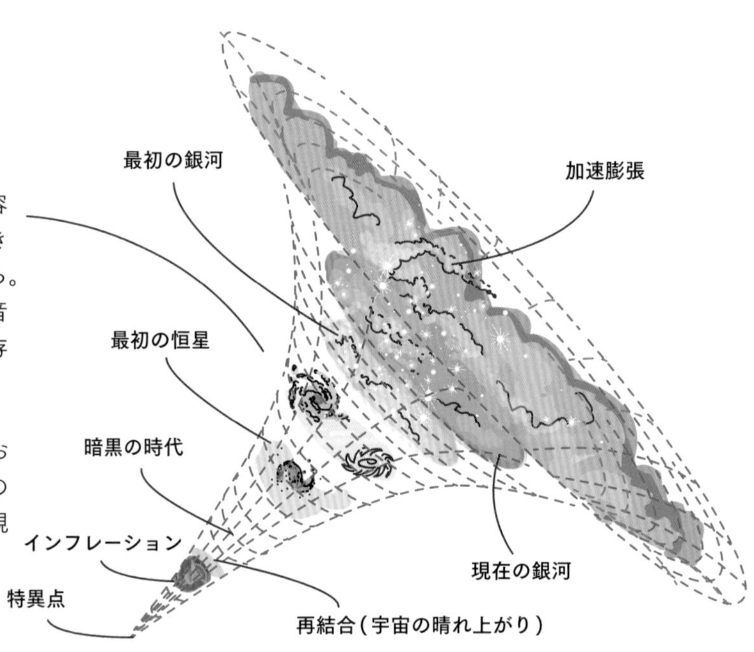

この理論が矛盾のないものであることを示す証拠がある。地球から観測できるあらゆる銀河は、その後退速度に応じた赤方偏移を示しながら、地球から遠ざかりつつある。銀河が遠くにあるほど、その後退速度は大きい。

表面に小さな水玉模様のある風船を、銀河のたくさんある宇宙であると考えてみよう。風船が膨らむにつれて、表面も大きくなり、水玉どうしの間隔が大きくなる。これが膨張宇宙のモデルである。

銀河を表す表面の水玉はそれぞれの間隔に比例した速度で離れていく。地球から銀河を観測する状況と同じである。宇宙全体が膨張し、すべての銀河は総じて互いに離れていく。

現在の宇宙

まだ若い宇宙

初期の宇宙

宇宙マイクロ波背景放射

1964年、アメリカの電波天文学者であるアルノ・ペンジアス（1933- ）とロバート・ウィルソン（1936- ）は偶然、ビッグバンのエコーと言われる現象を発見し、1978年のノーベル物理学賞を受賞した。電波を使って実験をしていた２人は絶えず存在するおかしな電波信号に気がついた。これは異常で、最初はハトのふんによるアンテナの雑音ではないかと考えた。アンテナを念入りに掃除したあとに、ペンジアスとウィルソンはこの信号が本物だと認め、宇宙空間のあらゆるところからわずかに強度の違う電波（マイクロ波）が来ていることを確認した。

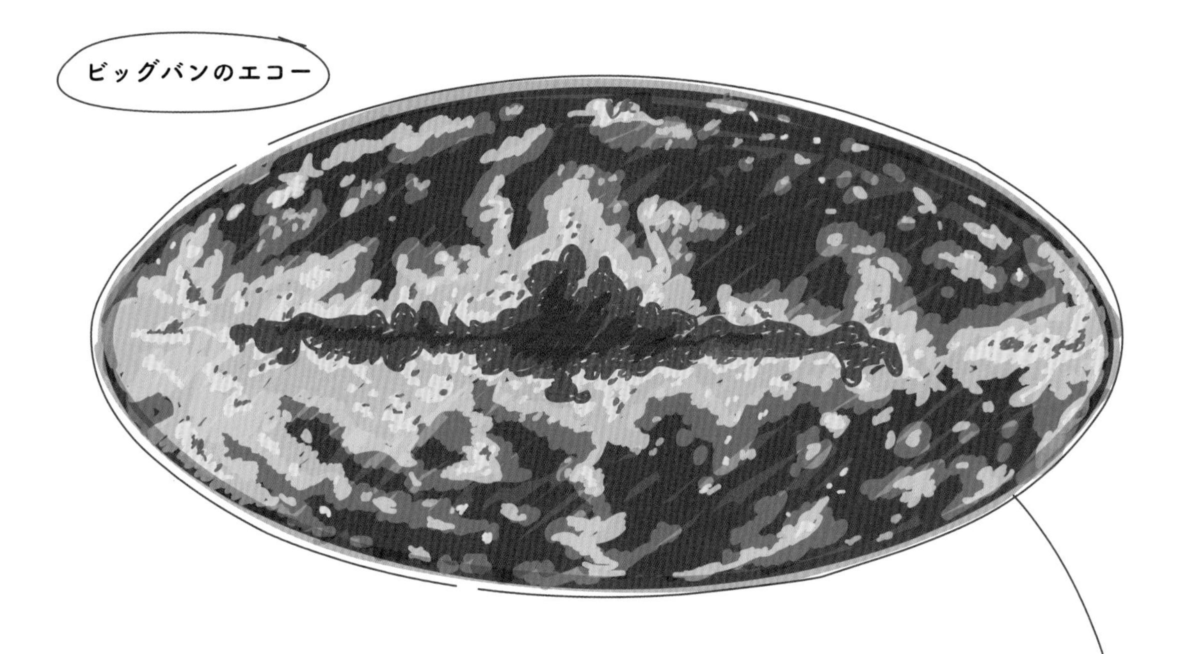

マイクロ波の信号はおよそ３Kの宇宙の温度に対応し、ビッグバンの残光と考えられた。その電磁波の振動数（92、94ページ）に基づいて**宇宙マイクロ波背景放射（CMB）**と名づけられた。

ビッグバン直後の宇宙の温度とエネルギーは凄まじいものであったが、約38万年後にはやや温度が下がって、それまでばらばらだった陽子と電子が再結合し、光子は自由に動けるようになった。これを「宇宙の晴れ上がり」という。この時期に発せられた放射は宇宙の膨張につれて引き伸ばされながら現在に続いている。観測されるマイクロ波背景放射の波長は、ビッグバンから約38万年後に、まだきわめて高いエネルギーで放射され、ハッブル時間（176ページ）に等しいほぼ138億年の膨張の間に赤方偏移したものと一致している。

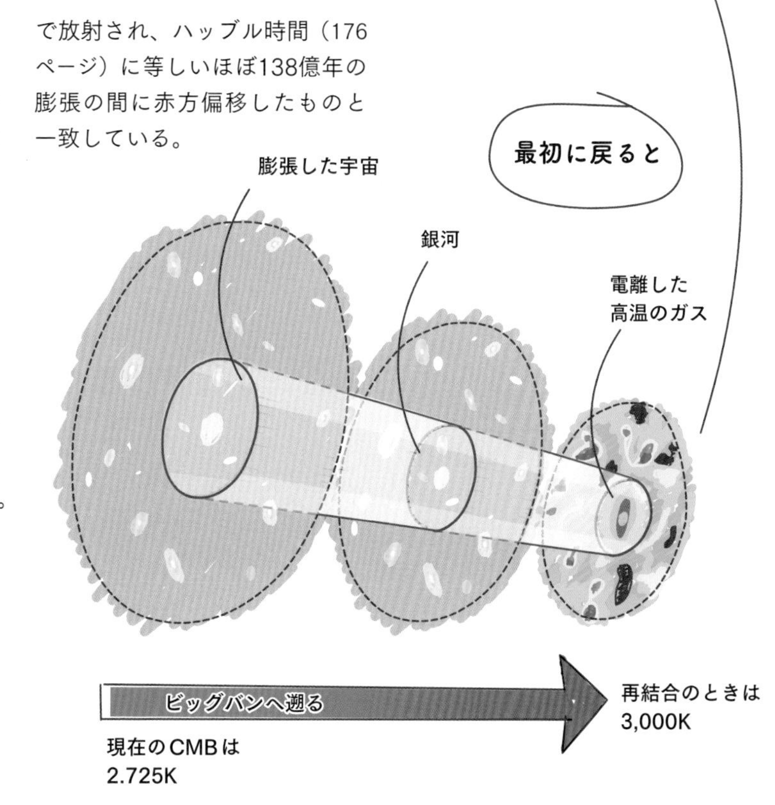

宇宙の終わり

観測から明らかになったように宇宙は膨張を続けている。しかしこの膨張が減速するのかどうかはわかっていない。空中に投げ上げても重力によって減速して地表に引き戻されるボールのように、宇宙がその重力で減速するかもしれない。つかみどころがなくて謎に満ちた「ダークエネルギー」と呼ばれるものが、間違いなくものごとを複雑にしている。

見えている物質

臨界密度

天文学者たちは宇宙の平均密度について議論を続けている。星の光として見えているものだけが宇宙に存在するすべてではない。

宇宙は暗黒のキャンバスなので、暗い対象物はほとんど見ることができない。その存在はそれらのもたらすものから推測するだけである。ダークマターは見えているもののおよそ5倍もある。

ダークマター

宇宙の密度についての重要な数値があり、宇宙の命運にとって転換点になる**臨界密度**と呼ばれている。その密度は宇宙の将来が次のどれになるかを決めることになる。無限に膨張を続ける開いた加速宇宙か、あるいは閉じて減速する宇宙となって崩壊からビッグクランチ（収縮した高密度状態）に至るのか。

宇宙の地平線

F v

超球宇宙

球体状の宇宙

宇宙が球体であって（かなり無理な仮説ではあるが）、速度vで膨張しており、その密度ρが一様であるとすると、球面上の銀河には、球体内にあるすべての物質の質量による重力Fが球体の中心方向へ働く。膨張が続くか、収縮に転じるかが密度で決まるとすると、その臨界密度ρ_cはハッブル定数H_0を用いて次のようになる。

$$\rho_c = \frac{3H_0^2}{8\pi G} \approx 1 \times 10^{-26}\ \mathrm{kg/m^3}$$

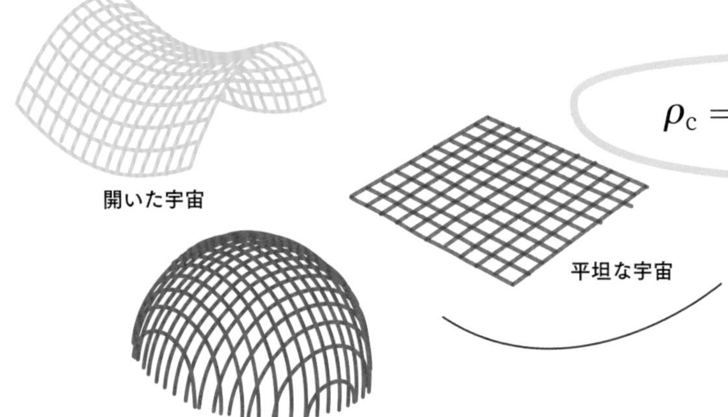

平坦な宇宙

宇宙の密度が臨界密度より小さければ開いた宇宙、大きければ閉じた宇宙、宇宙の密度と臨界密度が等しいと、平坦な宇宙になる。現在までの観測では、宇宙はほぼ平坦であるらしい。

宇宙の命運

これはまさに**臨界密度と現在の宇宙の密度のどちらが大きいか**によって決まる。

もし**宇宙の密度が臨界密度より小さ**ければ、減速して宇宙の膨張を覆すためにじゅうぶんな重力が働かず、銀河は永久に膨張を続ける。あらゆる銀河の星はやがて燃え尽きて、冷たくて暗黒の巨大な空間が残るだけとなる。冷静に考えれば、これは自然の循環や宇宙のグランドデザインとは異なっているように見える。

もし**宇宙の密度が臨界密度より大き**ければ、宇宙の膨張は減速しやがて止まって、別の特異点に向かって加速度的に逆行する。特異点に押し戻された宇宙は、別の循環の始まりになるのかもしれない。

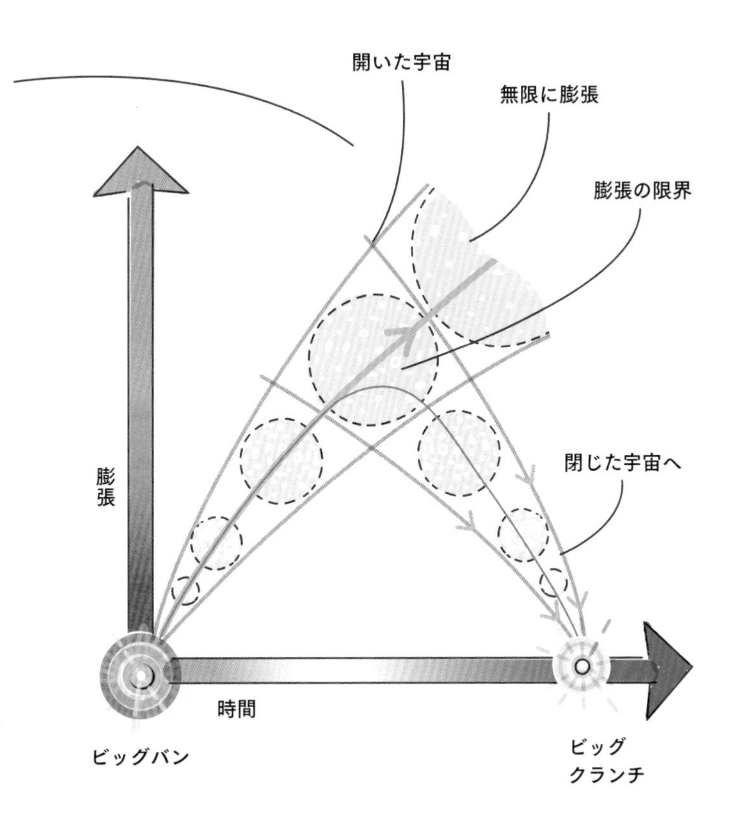

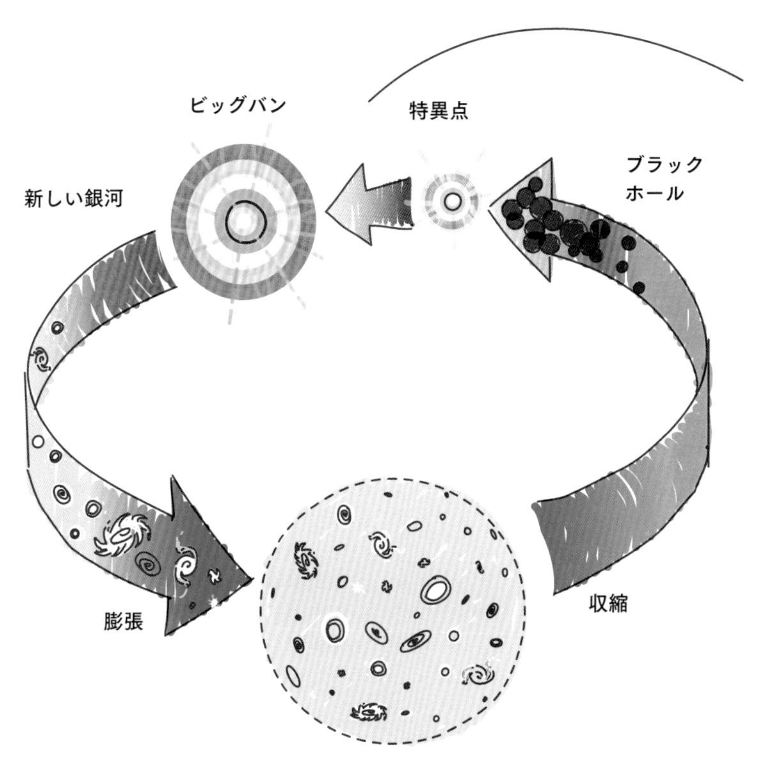

ビッグクランチ

ハッブルによる宇宙の膨張の発見を認めて、アインシュタインは彼の式の宇宙定数を0にした。そして、1932年にはオランダの共同研究者ウィレム・ド・ジッター（1872-1934）とともに、ビッグバンから**ビッグクランチ**へと宇宙は膨張と収縮を繰り返すということを提唱した。これは宇宙のアインシュタインード・ジッターのモデルとして知られている。

重力レンズと重力波

一般相対性理論は時間と空間を結びつけ、3次元の空間と4番目の時間の次元を合わせて時空と呼んだ。この新しい枠組みは、私たちの宇宙や、重力と光と時間がどのように相互作用をするかということに対する理解に大きな影響を与えた。

重力レンズ効果

レンズ効果とは、光がレンズを通ってくることで進路が曲げられて物体の像を変化させるという作用である（153ページ）。重力は宇宙空間の光の進路に影響を与え、光の方向を変えるというレンズ作用をする。これを**重力レンズ効果**という。また、恒星程度の天体がレンズの働きをして、遠方の天体の見かけの明るさが増す現象を重力マイクロレンズ効果という。

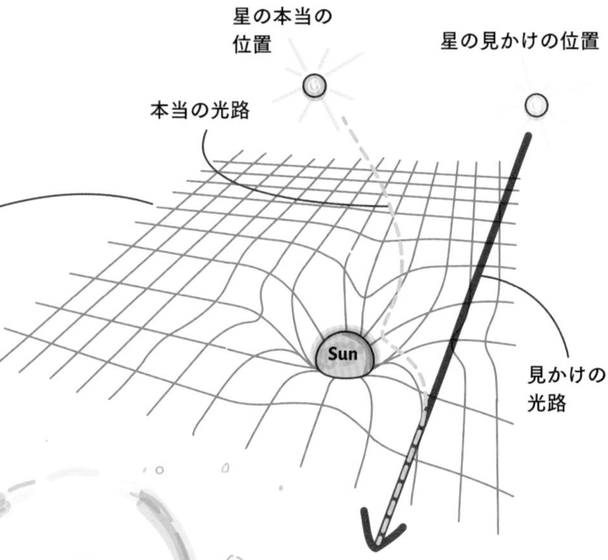

星の本当の位置
星の見かけの位置
本当の光路
Sun
見かけの光路

銀河とその向こうにある天体の位置などの条件が揃えば、重力レンズ効果による像はその銀河を中心とする円環のように見えることがある。これを**アインシュタインリング**と呼んでいる。

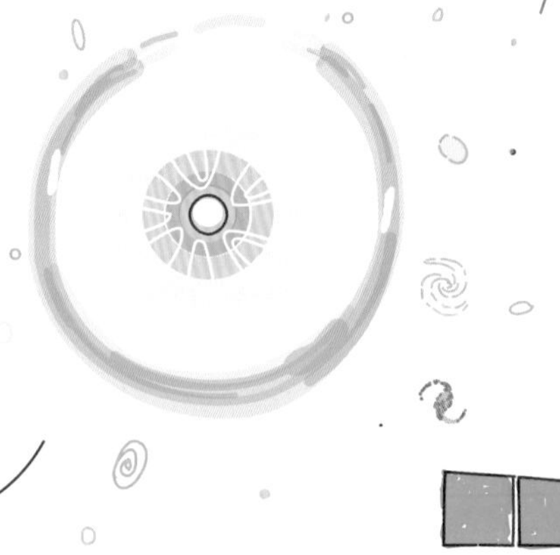

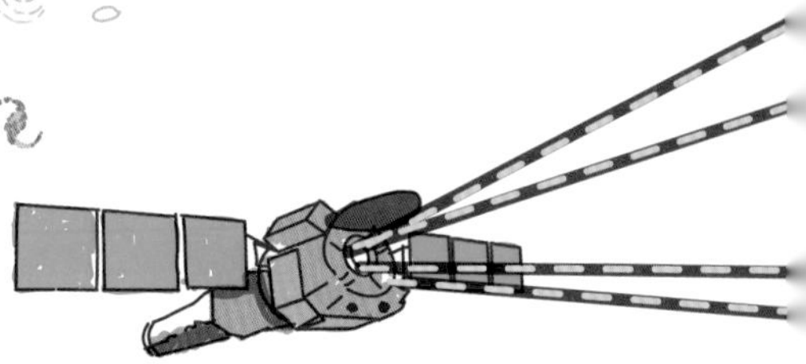

チャンドラX線観測衛星

太陽ほどの質量があればこの現象を見ることができる。遠方の星からの光が太陽の近くを通過するとき、光は太陽の方へ曲げられ方向を変えるに違いない、とアインシュタインは予想した。太陽が明るすぎて観測は難しいと思われたけれども、皆既日食のときならば太陽と星を同時に観測できる。

アインシュタインが一般相対性理論を発表した1916年の3年後、皆既日食を利用して太陽の近くの３つの恒星の位置が記録された。そして、その３つの星が太陽によって曲げられていないときの位置と比較して、アインシュタインの理論が正しいことが実証された。

大きな銀河も光を曲げる。NASAのチャンドラX線観測衛星による画像には、銀河の向こうにある光源の像がA、B、C、Dなどの複数の位置に同時に見えていた。

重力波

再びアインシュタインの登場、重力波の存在を主張したのも彼だった。アインシュタインの一般相対性理論によれば、重力波はあるところで放射され、時空を通って光速でやってくる小さな波である。重力波は、たとえば連星になったブラックホール（ブラックホール連星）のような２つの巨大な物体が相互作用によって失ったエネルギーが、時空の乱れとして伝搬されるものである。

重力波の存在は1915年には予言されていたにもかかわらず、その検出は極めて困難であった。重力波は長距離を伝わってくる間に広がってしまって、地球を通過するときにその小さな乱れを検出できるほど敏感な検出器が当時はなかった。重力波は通過する天体の大きさや形を変えるが、その影響はとても小さく、検出はほとんど不可能である。

アメリカ合衆国カリフォルニア工科大学のLIGOプロジェクトでは4 kmという長さの巨大なマイケルソン干渉計（124ページ）を使う。これだけの大きさと感度を備えた干渉計でようやく重力波の検出が可能になり、2015年に初めて観測に成功した。以後も複数台の干渉計による国際観測網を組織した観測が続いている。

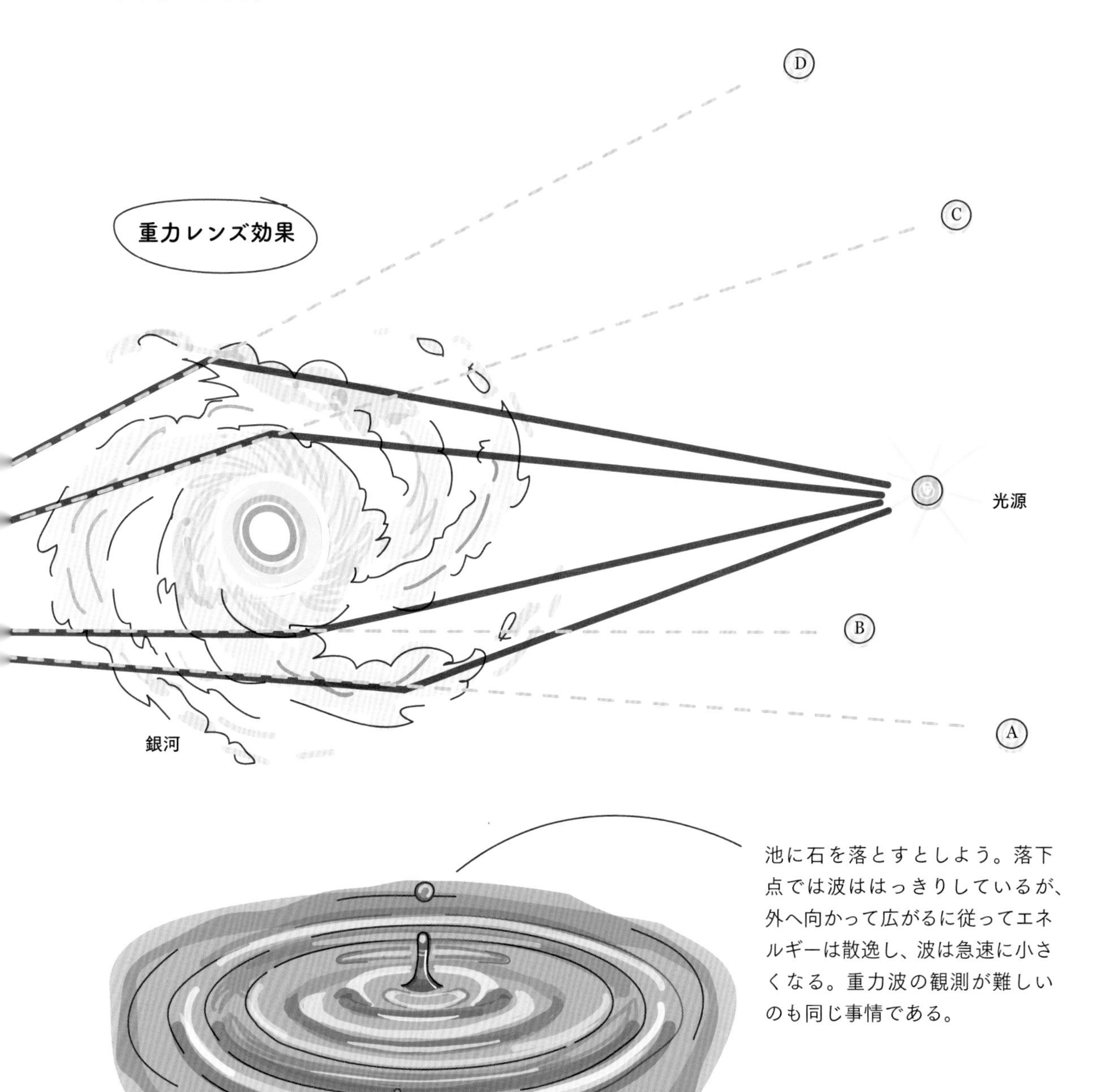

池に石を落とすとしよう。落下点では波ははっきりしているが、外へ向かって広がるに従ってエネルギーは散逸し、波は急速に小さくなる。重力波の観測が難しいのも同じ事情である。

ブラックホール

異様で不思議なブラックホールは、その周囲の空間や天体に甚大な影響を与えている。ブラックホールは超巨星の終焉のあとに残され、ほとんどの銀河の中心には存在していて、その重力で星をつなぎとめていると考えられている。

ブラックホールとは？

質量のあるものはすべて、すぐ近くの物体に対して万有引力によって重力を働かせ、その質量に接する空間の領域を歪ませている。重力が強くなれば、その影響も大きくなる。

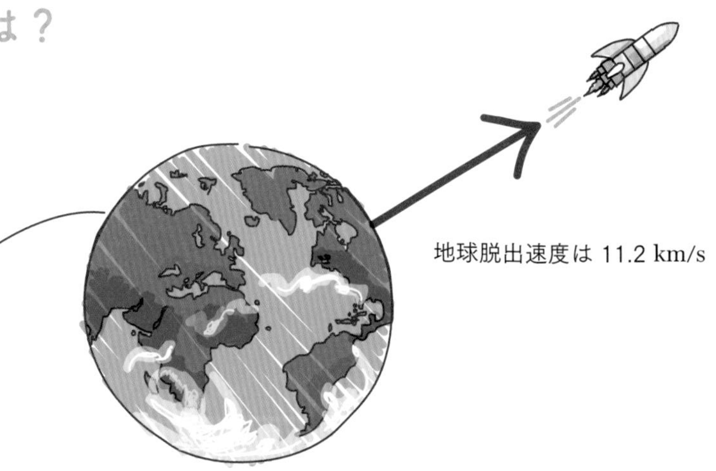

地表からまっすぐ上にボールを投げるとしよう。エネルギーが十分あれば、つまり速度が十分速ければボールは地球の重力を振り切って重力の影響を受けなくなる。この速度を**脱出速度**と呼び、惑星によってその大きさは異なる。

地球の重力に打ち勝つために必要なエネルギー（地表での位置エネルギー）と、ボールの運動エネルギーが等しいという式から、地球脱出速度を求めることができる。

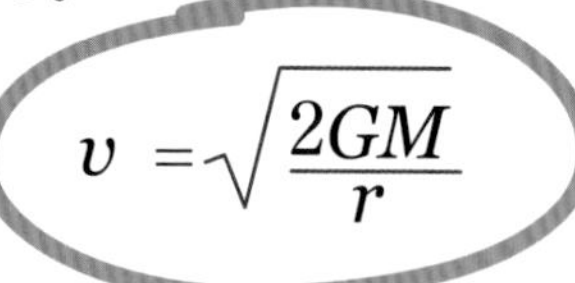

$$v = \sqrt{\frac{2GM}{r}}$$

Gは万有引力定数、Mとrは地球の質量と半径である。

地球の場合には脱出速度はおよそ11.2 km/sである。もし崩壊した巨星のように大きな質量が中心に集中しているような天体の場合には、脱出に必要な速度は光速を超えてしまい、その天体からはどんな光も出ないために真っ暗で、ブラックホールとなる。

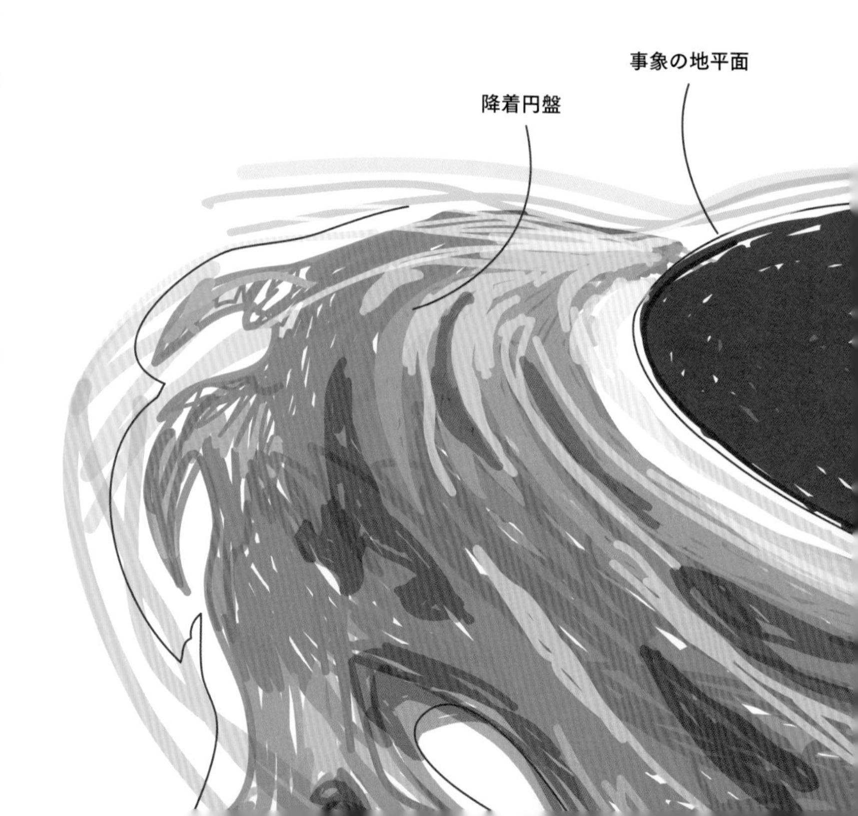

ブラックホールはどうやってできる？

きわめて質量の大きな星が終末を迎えると、その最期は華々しい超新星爆発で、あとには核融合をしなくなった超高温で高密度のコアが残る。

そのコアが太陽質量のおよそ5倍よりも大きければ、重力によってさらに崩壊することを止めるには外向きの圧力が足りない。その結果、残ったコアの質量はどんどん圧縮されて半径が小さくなり、脱出速度が光速を超えるような領域になって、ブラックホールとなる。

光が脱出できなくなった領域の半径を**シュバルツシルト半径**と呼ぶ。ドイツの物理学者カール・シュバルツシルト（1873-1916）に因んだ名で、この半径R_{Sch}は次のように書ける。

$$R_{\mathrm{Sch}} = \frac{2GM}{c^2}$$

Gは万有引力定数、Mは星のコアの質量、cは光速である。

太陽の質量と同程度のブラックホールの場合、この半径は3.2 kmより少し小さい程度であろう。

ブラックホールの構造

すべての星は自転していると考えられるので、角運動量の保存（第4章）のために、星の崩壊につれて、その自転の速度は大きくなる。半径がシュバルツシルト半径に近づくと、光はその球面状の表面から脱出できない。この面を**事象の地平面**と呼ぶ。このような高速で自転する表面の内側では物理学の法則は有効ではなく、その中の情報は一切失われてしまう。この情報の吸い込みの回転の中心が、密度が無限大で体積が0の**特異点**である。一方で、回転の軸に沿って加速された超高速の粒子の流れが**宇宙ジェット**となって事象の地平面の外側に見られる。

複数の恒星が共通の重心の周囲を公転している連星系では、それぞれの星の質量が十分でなくてもブラックホールが形成されることがある。2つの恒星のうち質量の大きい方がブラックホールになる一方で、伴星はその大気をはぎ取られ、ブラックホールに物質を送り込みながらブラックホールを強烈に過熱して、大量のエネルギーをX線として放射する。

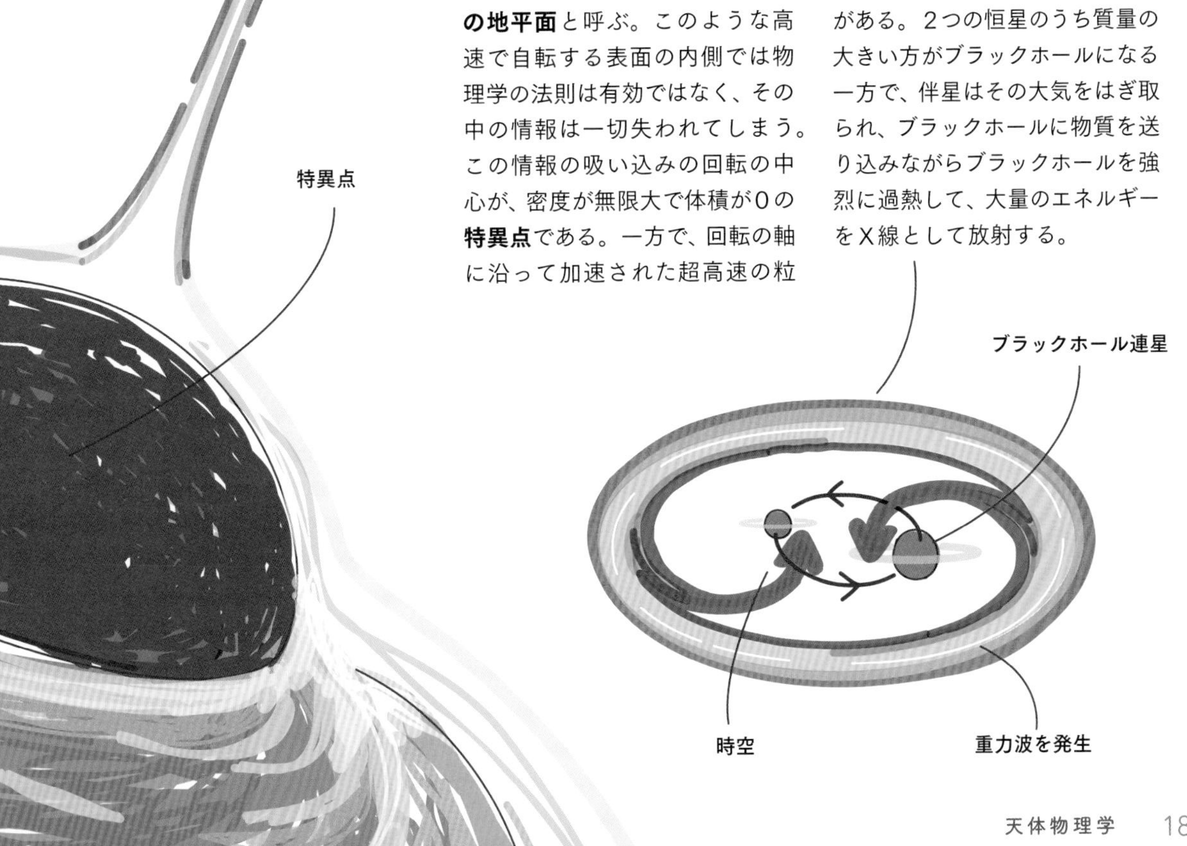

まとめ

恒星の進化

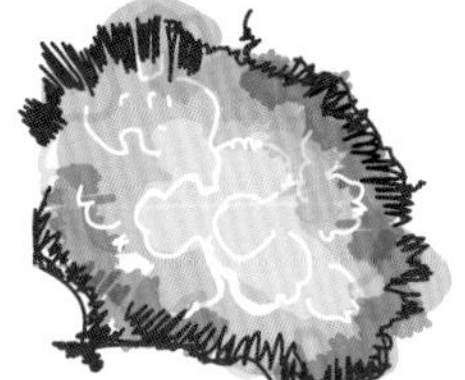

星雲

ダストやガスの大きな雲は恒星が生まれるところ。

中間質量の星

太陽質量の10倍程度までの中間質量の恒星は赤色巨星を経て白色矮星になる。

大質量の星

太陽質量の10倍程度以上の恒星は崩壊して超新星になって爆発し、残骸は中性子星かブラックホールになる。

ヘルツシュプルング－ラッセル図

表面温度と光度による恒星の分類図。

天体物理学

宇宙の命運

重力レンズ効果

大きな天体によって光の経路が曲げられて天体は別の位置に見える。

重力波

巨大な天体が相互作用をしたときに時空に発生する波。

ブラックホール

超巨星が崩壊し収縮したあと。大きな重力で光さえも逃げられない。

臨界密度

宇宙の将来を決定する特別な密度。

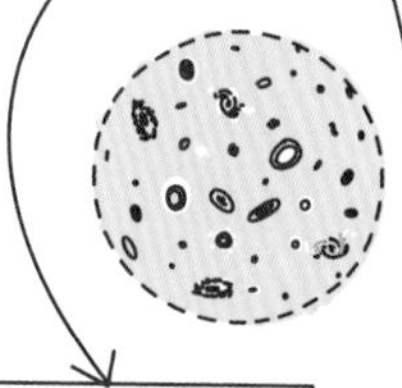

膨張

宇宙は無限に膨張し、星々はやがて死ぬ。

ビッグクランチ

宇宙は特異点に収縮し、循環が再び始まると考えられている。

銀河

銀河の形態

銀河は何十億という星の集まりで、楕円や渦巻などさまざまな形態がある。

回転速度

銀河は見えている質量から予想されるよりもずっと広い範囲で速く回転している。

ダークマター

宇宙には正体のわからない見えない質量が27%ほども存在する。

赤方偏移

赤方偏移とは？

地球から見て後退している銀河の光は波長が引き伸ばされて本来よりも赤色の方にずれている。

ハッブル-ルメートルの法則

$$v = H_0 d$$

銀河の後退速度は地球から銀河までの距離に比例し、遠い銀河ほど速い。

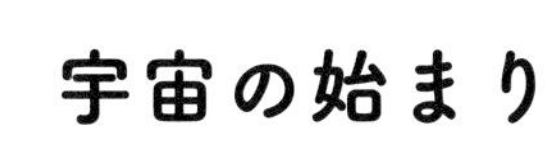

宇宙の始まり

ビッグバン

無限に高密度の特異点の急激な膨張によって宇宙はできた。

CMB（宇宙マイクロ波背景放射）

宇宙マイクロ波背景放射はビッグバンの残光と言われ、現在でも観測される。

索 引

著者

カート・ベイカー　Kurt Baker

ウェールズのカーディフ大学卒業後、イギリス・ブリストル大学にて天体物理学の博士号を取得。NASAの天体物理学専門誌に掲載された複数の論文を執筆している。

訳者

東辻千枝子（とうつじ・ちえこ）

お茶の水女子大学大学院修士課程、岡山理科大学大学院博士課程修了、博士（理学）。専門は物性物理学。東京大学海洋研究所、岡山大学大学院自然科学研究科、工学院大学学習支援センター勤務を経て、現在は理系分野の翻訳を行う。訳書に『現代の凝縮系物理学』（共訳、吉岡書店、2000年）、『タイム・イン・パワーズ・オブ・テン』（講談社、2015年）、『プラネットアース』（創元社、2019年）、『イラストで学ぶ地理と地球科学の図鑑』（創元社、2020年）、『ひと目でわかる宇宙のしくみとはたらき図鑑』（創元社、2022年）など。

「科学のキホン」シリーズ①

イラストでわかるやさしい物理学

2023年1月20日　第1版第1刷発行

著　者　カート・ベイカー
訳　者　東辻千枝子
発行者　矢部敬一
発行所　株式会社 創元社
https://www.sogensha.co.jp/
本　　社　〒541-0047　大阪市中央区淡路町4-3-6
TEL 06-6231-9010（代）　FAX 06-6233-3111
東京支店　〒101-0051　東京都千代田区神田神保町1-2 田辺ビル
TEL 03-6811-0662

装丁組版　文図案室
印刷所　図書印刷株式会社

ISBN978-4-422-40075-4　C0342